質量管理學（第二版）

主　編　游浚
副主編　楊萬福、李艷

第二版前言

　　滿足社會對產品質量的要求需要組織中所有主要部門的積極努力。目前，將公司主要職能部門中的質量活動匯集起來組成的職能部門，稱為「質量職能部門」。質量職能部門的成功管理要求更專業的知識、更多專業化工具以及經過培訓的專業人員。

　　全書在繼承傳統質量管理理論與方法的基礎上，注重質量管理實踐能力的培養，突出高校應用型人才培養的需要，充分體現了理論與實踐結合的原則。本書的編寫目的在於結合當前各行業的發展動態，培養既能掌握質量管理理論基礎知識，又能實踐應用的應用型管理人才。

　　本書共分為三個部分進行論述。

　　第一個部分首先介紹質量管理的發展史，以及質量管理理論的重要貢獻者，包括戴明、朱蘭、費根堡姆、石川馨和克勞士比等；然後介紹質量管理的基礎，包括概述、質量成本、服務質量管理和全面質量管理，指出認為質量管理僅適用於製造業的錯誤觀點。

　　第二個部分則應用統計方法來解決管理問題，主要包括抽樣管理、統計工具的應用、統計過程控制（包括過程能力與過程能力指數的應用）、實驗設計（主要介紹田口方法）、質量功能展開。統計概念涉及本書許多章節，本書無意講述統計學的高級知識，因為許多優秀書籍已包含了有深度的統計知識。本部分僅立足於如何應用統計知識來進行質量改進。

　　第三個部分是質量管理的發展篇，介紹了質量管理體系和 ISO 9000 的關係以及六西格瑪的基本概念與使用方法。

　　本書適用於全國各大高校，特別是與通信相關的技術、管理、市場等專業，

也可作為管理人員、業務人員和技術人員的參考書。本書所有章節都結合了營運過程中的實際問題。這些問題要求使用者面對客觀事實，提出設想，從實踐中得出結論。

在本書即將出版之際，感謝彭華、劉鵬和楊朝林的參與，感謝所有關心、支持本書出版的各位同仁，本書從霍德華的《質量管理》中引用了多個案例，同時，從其他書籍中引用了大量的參考知識。

因時間倉促，加之筆者水平所限，書中錯誤或不妥之處難免，懇請使用本書的廣大師生提出寶貴意見，以便完善。

筆者

目 錄

1 質量管理概述 …………………………………………………… (1)
   1.1 質量管理發展簡史 ………………………………………… (1)
   1.2 質量理論的重要貢獻者：戴明 …………………………… (5)
   1.3 質量理論的重要貢獻者：朱蘭 …………………………… (10)
   1.4 質量理論的重要貢獻者：費根堡姆 ……………………… (14)
   1.5 質量理論的重要貢獻者：石川馨與菲利浦·克勞士比 …… (16)

2 質量管理基礎 …………………………………………………… (20)
   2.1 基本概念 …………………………………………………… (20)
   2.2 質量成本 …………………………………………………… (22)
   2.3 服務質量管理 ……………………………………………… (25)
   2.4 全面質量管理 ……………………………………………… (30)

3 統計學基礎和數據 ……………………………………………… (40)
   3.1 概率的相關術語 …………………………………………… (40)
   3.2 統計參數 …………………………………………………… (40)
   3.3 正態分佈 …………………………………………………… (43)
   3.4 其他分佈 …………………………………………………… (47)
   3.5 數據的類型 ………………………………………………… (48)
   3.6 質量因素 …………………………………………………… (49)
   3.7 質量數據的整理與圖示 …………………………………… (50)
   3.8 在工作中統計工具為何有時會失靈 ……………………… (51)

4 抽樣檢驗 ………………………………………………………… (52)
   4.1 質量檢驗 …………………………………………………… (52)
   4.2 名詞術語 …………………………………………………… (55)

4.3　抽樣檢驗概述 ……………………………………………… (56)
　　4.4　抽樣檢驗的方法 …………………………………………… (58)
　　4.5　計數抽樣原理與方案 ……………………………………… (60)
　　4.6　計數標準型一次抽樣方案 ………………………………… (67)
　　4.7　計數調整型抽樣方案 ……………………………………… (70)
　　4.8　計量抽樣方案 ……………………………………………… (74)
　　4.9　監督抽樣檢驗 ……………………………………………… (75)

5　統計過程控制 ……………………………………………………… (83)
　　5.1　概述 ………………………………………………………… (83)
　　5.2　統計過程控制圖 …………………………………………… (84)
　　5.3　過程控制圖 ………………………………………………… (93)
　　5.4　計量值控制圖 ……………………………………………… (96)
　　5.5　計數控制圖 ………………………………………………… (99)
　　5.6　計點控制圖 ………………………………………………… (100)
　　5.7　控制圖的選用 ……………………………………………… (104)
　　5.8　統計過程控制中的問題與解決對策 ……………………… (107)
　　5.9　過程能力 …………………………………………………… (108)

6　質量改進 …………………………………………………………… (118)
　　6.1　質量管理的七種工具 ……………………………………… (119)
　　6.2　質量管理的新工具 ………………………………………… (139)
　　6.3　其他質量管理工具 ………………………………………… (152)

7　試驗設計 …………………………………………………………… (165)
　　7.1　試驗設計的基本概念 ……………………………………… (165)
　　7.2　常用正交試驗設計與分析 ………………………………… (167)
　　7.3　有交互作用的正交設計 …………………………………… (171)

8 質量功能展開 ······(181)
  8.1 質量功能展開簡介 ······(181)
  8.2 質量功能展開的原理與方法 ······(182)
  8.3 質量功能展開表的製作 ······(184)

9 質量管理體系與 ISO 9000 族標準 ······(192)
  9.1 質量管理體系的基本知識 ······(192)
  9.2 ISO 9000 族國際標準的產生和發展 ······(195)
  9.3 ISO 9000 族標準簡介 ······(197)
  9.4 ISO 9001 和 ISO 9004 標準簡介 ······(202)

10 六西格瑪 ······(217)
  10.1 什麼是六西格瑪 ······(217)
  10.2 六西格瑪的組織設計 ······(228)
  10.3 DMAIC 模式 ······(231)
  10.4 六西格瑪案例研究：上海移動通信推行六西格瑪管理 ······(233)

附錄 GB/T 2828.1－2003 中的抽樣檢驗用表 ······(239)

1 質量管理概述

【案例】質量與日本的崛起

如果想瞭解質量對企業的影響，看看第二次世界大戰後日本企業的崛起就明瞭了。

日本在戰後廢墟上迅速崛起的歷史伴隨著其質量改善的歷史。日本的質量改善為其創造了戰後無與倫比的經濟繁榮，並成為日本品牌得以立足全球的根本依據。日本在追求高質量方面功力深厚，並為世界質量管理的革新做出了卓越貢獻。1951 年，日本設置「戴明獎」(The Deming Prize)，由日本科技聯盟 (Union of Japanese Scientists and Engineers, JUSE) 主辦；1960 年開始舉辦「質量月」活動，推進「全面質量管理」和「消費者質量管理」活動；1969 年，日本在東京召開第一屆質量管理國際大會，其後設置「日本質量管理獎」；1971 年，日本成立質量管理協會。準時制生產 (Just in Time, JIT)、看板管理 (kanban)、改善 (kaizen)、質量功能展開 (Quality Function Development, QFD)、企業範圍質量保證 (Company Wide Quality Assurance, CWQA)、田口方法 (Taguchi Method) 等富有日本特色的質量管理理論和方法飲譽世界，石川馨、田口玄一、狩野紀昭、大前研一等世界著名質量管理專家名噪一時，由日本質量專家開發總結的新舊七大工具成為全球質量管理的通用方法。日本產品也成為「高質量」的代名詞。日本產品暢銷全球，在消費者的心目中，日本產品幾乎是優良質量的代名詞。

1.1 質量管理發展簡史

要全面瞭解質量對企業發展的重要性，我們需要回顧質量管理發展的歷史，這與世界經濟發展密切相關。縱觀質量管理的發展過程，基本可以分為以下四個階段：

1.1.1 傳統質量管理階段

20世紀以前，由於產品相對簡單，生產規模也比較小，生產方式以手工操作為主。那時候的產品質量基本是依靠操作者本人的技能和經驗來保證。產品從頭到尾，都由同一人負責製作，有了質量問題，也由同一人來處理。他們既是操作者，又是質量檢驗者和質量管理者。如果說有什麼質量標準的話，那就是他們的經驗，他們把這些經驗通過師傅帶徒弟的方式延續下來。因此，有人把這樣的管理稱為「操作者的質量管理」，消費者對操作者生產的產品質量的信任成為大家接受該產品的依據。

1.1.2 質量檢驗管理階段

從20世紀初到20世紀30年代末，工業革命的結果是機器工業生產逐漸取代了手工作坊式生產，勞動者集中到一個工廠內共同進行批量生產勞動，使生產中的分工與協作變得越來越複雜。過去那種操作者的管理方式由於「質量標準」的不一致和工作效率的低下，已越來越不適應生產力的發展。1918年前後，美國出現了以泰勒（F. W. Taylor）為代表的「科學管理運動」派，主張將全部工作劃分為若干職能，強調工長在保證質量方面的作用，把執行質量檢驗的責任從操作者轉移給了工長，即所謂的「工長的質量管理」。後來，一些工廠為了保證產品的正確生產，開始設立專職的檢驗部門，利用一定的檢測工具來鑑別產品的質量，區別合格產品與不合格產品，保證合格產品出廠。因此，檢驗工作成為這一階段執行質量職能的主要內容，形成了所謂的「檢驗員的質量管理」。

這種做法的實質是在產品中挑廢品、劃等級。這樣做雖然對保證出廠產品質量方面有一定的成效，但也有不可克服的缺點：一是出現質量問題容易扯皮、推諉，缺乏系統的觀念；二是只能事後把關，而不能在生產過程中起到預防、控製作用，待發現廢品時已經成為事實，無法補救；三是對產品的全數檢驗，有時在技術上是不可能做到的（如破壞性檢驗），有時在經濟上是不合理、不合算的（如檢驗工時太長、檢驗費用太高等）。隨著生產規模進一步擴大，在大批量生產的情況下，其弊端就突顯出來。

1.1.3 統計質量管理階段

早在20世紀20年代前後，一些著名統計學家和質量管理專家就注意到質量檢驗的問題，並嘗試運用數理統計學的原理來解決，使質量檢驗既經濟又準確。1924年，美國的休哈特（W. A. Shewart）提出了控制和預防缺陷的

概念，並成功地創造了「控制圖」，把數理統計方法引入到質量管理中，使質量管理進入了一個新的階段。

第一次世界大戰後期，為了在短時期內解決美國 300 萬參戰士兵的軍裝規格問題，休哈特提出軍裝規格是服從正態分佈的，因此他建議將軍裝按十種規格的不同尺寸加工不同的數量。美國國防部採納了他的建議，結果，制成的軍裝基本符合士兵體裁的要求。

後來他又將數理統計的原理運用到質量管理中來，並發明了控制圖。他認為質量管理不僅要搞事後檢驗，而且在發現有廢品生產的先兆時就應進行分析改進，從而預防廢品的產生。控制圖就是運用數理統計原理進行這種預防的工具。因此，控制圖的出現是質量管理從單純事後檢驗轉入檢驗加預防的標誌，也是形成一門獨立學科的開始。第一本正式出版的質量管理科學專著就是 1931 年休哈特著的《工業產品質量經濟控制》。

1926 年，休哈特又提出了「事先控制，預防廢品」的質量管理新思路，並應用概率論和數理統計理論，發明了具有可操作性的「質量控制圖」。後來，他的同事道奇（H. F. Dodge）和羅米格（H. G. Romig）又提出了抽樣檢驗法，並設計了「抽樣檢驗表」，在 1929 年發表了《抽樣檢查方法》。他們是最早將數理統計方法引入質量管理的人，為質量管理科學做出了貢獻。然而，休哈特等人的創見，只有少數美國企業採用。特別是由於資本主義的工業生產受到了 20 世紀 20 年代開始的經濟危機的嚴重影響，先進的質量管理思想和方法沒有能夠推廣。直到第二次世界大戰開始以後，統計質量管理才得到了廣泛應用。在戰爭時期，美國軍工生產急遽發展，儘管大量增加檢驗人員，產品積壓待檢的情況日趨嚴重，有時又不得不進行無科學根據的檢查，結果不僅廢品損失驚人，而且在戰場上經常發生武器彈藥的質量事故，比如炮彈炸膛事件等，對士氣產生了極壞的影響。在這種情況下，美國軍政部門隨即組織了一批專家和工程技術人員，於 1941—1942 年先後制訂並公布了 Z1.1《質量管理指南》、Z1.2《數據分析用控制圖》、Z1.3《生產過程中質量管理控制圖法》，強制生產武器彈藥的廠商推行，並收到了顯著效果。從此，統計質量管理的方法才得以廣泛應用，統計質量管理的效果也得到了廣泛的承認。

第二次世界大戰結束後，美國許多企業擴大了生產規模，除原來生產軍火的工廠繼續推行質量管理的條件方法以外，許多民用工業也紛紛採用這一方法。美國以外的許多國家，如加拿大、法國、德國、義大利、墨西哥、日本也都陸續推行了統計質量管理，並取得了成效。

這一階段的特點是利用數理統計原理在生產工序間進行質量控制，預防產生不合格品並檢驗產品的質量。在方式上，責任者也由專職的檢驗員轉移

到專業的質量控制工程師和技術人員。這標誌著事後檢驗的觀念改變為預測質量事故的發生並事先加以預防的觀念。但是，統計質量管理也存在著缺陷，它過分強調質量控制的統計方法，使人們誤認為「質量管理就是統計方法」、「質量管理是統計專家的事」，使多數人感到高不可攀、望而生畏。同時，它對質量的控制和管理只局限於製造和檢驗部門，忽視了其他部門的工作對質量的影響。這樣，就不能充分發揮各個部門和廣大員工的積極性，制約了它的推廣和運用。這些問題的解決，又把質量管理推進到一個新的階段。

1.1.4 現代質量管理階段

20世紀60年代，社會生產力迅速發展，科學技術日新月異。產品的複雜性和技術含量不斷提高，人們對產品質量的要求也更高更多了。過去，對產品要求一般注重於產品的使用性能，既而又增加了耐用性、美觀性、可靠性、安全性、可信性、經濟性等要求。而且隨著市場競爭，尤其國際市場競爭的加劇，各國企業都很重視「產品責任」和「質量保證」問題，加強內部質量管理，確保生產的產品使用安全、可靠。對於這些新形勢和新問題，僅僅依賴質量檢驗和運用統計方法是很難保證與提高產品質量的；而把質量職能完全交給專門的質量控制工程師和技術人員，顯然是不全面的。人們逐漸認識到，產品質量的形成，不僅與生產製造過程有關，還與涉及的其他許多過程、環節和因素有關。只有將影響質量的所有因素都納入質量管理的軌道，並保持系統、協調地動作，才能確保產品的質量。同時在管理理論上出現了「行為科學論」，主張改善人際關係，調動人的積極性，突出「重視人的因素」，注重人在管理中的作用。

正是在這種新的社會歷史背景和經濟發展形勢的推動下，全面質量管理的理論應運而生。美國通用電氣公司質量經理費根堡姆（A. V. Feigenbaum）首先提出了全面質量管理概念。1961年，他的著作《全面質量管理》出版。該書強調，執行質量職能是公司全體人員的責任，應該使企業全體人員都具有質量意識和承擔質量的責任。隨後，他的全面質量管理思想逐步被世界各國所接受，並在運用上各有所長。尤其在日本，全面質量管理被稱為全公司的質量控制（CWQC）或一貫質量管理，在世界上最具影響力。

1987年，國際標準化組織（ISO）又在總結各國全面質量管理經驗的基礎上，制定了ISO 9000《質量管理和質量保證》系列標準。其中全面質量管理是企業全體人員及有關部門同心協力，把專業技術、經營管理、數理統計和思想教育結合起來，建立起產品的研究設計、生產製造、售後服務等活動全過程的質量保證體系，從而用最經濟的手段生產出用戶滿意的產品。其基

本核心是強調提高人的工作質量，保證和提高產品的質量，達到全面提高企業和社會經濟效益的目的。基本特點是從過去的事後檢驗和把關為主轉變為預防和改進為主；從管結果變為管因素，把影響質量的諸因素查出來，抓住主要矛盾，發動全員、全部門參加，依靠科學管理的理論、程序和方法，使生產的全過程都處於受控狀態。基本要求是：要求全員參加質量管理；範圍是產品質量產生、形成和實現的全過程、全企業的質量管理；所採用的管理方法應是多種多樣。全面質量管理重視人的因素，強調企業全員參加，全過程的各項工作都要進行質量管理。它運用系統的觀點，綜合而全面地分析研究質量問題。它的方法、手段更加豐富、完善，從而能把產品質量真正地管起來，產生更高的經濟效益。

現代質量管理階段是以全面質量為主，結合各國的特點運用，專家又不斷提出了若干新的理論和方法，如生態質量控制（Ecological Quality Control，EQC）、質量功能展開（Quality Function Deployment，QFD）、六西格瑪（6σ）等，使質量管理方法和手段日趨完善。

1.2 質量理論的重要貢獻者：戴明

愛德華·戴明（W. Edwards Deming）（圖1-1）從1950年到日本指導質量管理工作後，在之後的二三十年中，幾乎每年都去日本。可以這樣說，日本的質量管理基本上是由戴明帶動起來的。戴明博士最初在日本教統計方法，但他很快就發覺，如果只教統計質量管理可能會犯以前美國企業界所犯的錯誤，因此他修正計劃而改向企業灌輸質量經營的理念及重要性，而使日本早期的經營者幾乎都見過戴明而受教於他，並實踐戴明的質量經營理念，從而奠定了日本全面質量管理（Total Quality Control，TQC）或全公司質量控制（CWQC）的基礎。戴明在早期輔導日本企業的質量管理時曾經預言，日本產品在五年內必將雄霸世界市場。果然不出其所料，其預言被證明正確，且提早來到，難怪日本企業界對戴明博士懷有崇高的敬佩之意，並稱其為「日本質量管理之父」。50多年來，戴明一直是日本的英雄，但在其故鄉美國，質量管理理念直到20世紀80年代才得到重視。

圖1-1　戴明

1.2.1　戴明關於質量管理的 14 條原則

　　隨著日本質量管理的成功，美國發現原來成功的背後竟然是一位美國人居功最大，故開始對戴明博士另眼看待。1980 年 6 月 24 日，美國廣播公司（NBC）播了「如果日本可以，為什麼我們不能」（*If Japan Can, Why Can't We*），戴明一夜成名。從此以後，戴明繼續在美國及各國積極講授他的質量經營觀點，即「戴明的 14 條管理原則（Deming's 14 Points）」。事實上，戴明的 14 條質量管理原則就是美國從 1980 年開始沿用迄今的全面質量管理（TQM）的基礎，所有全面質量經營所包含的重點，幾乎都可以在戴明博士的這 14 條裡面找到類似或相同的詮釋。

　　戴明關於質量管理原則的 14 條的全稱是《領導職責的十四條》。這是戴明針對美國企業領導提出來的。從美國各刊物所載原文看，無論是次序還是用語，都各有差異。這可能是因為在十多年的時間裡，戴明本人在不同場合有不同的強調的緣故。

　　第一條　恆久目標。要有一個改善產品和服務的長期目標，而不是只顧眼前利益的短期觀點。為此，要投入和挖掘各種資源。

　　第二條　採用新的觀念。要有一個新的管理思想，即零缺陷的思想，不允許出現交貨延遲或差錯和有缺陷的產品；企業管理者要瞭解自己的責任，並領導轉型。

　　第三條　不再依賴檢驗來提高質量。第一次就把產品做好，而不要依靠檢驗去保證產品質量。檢驗其實是等於準備有次品，檢驗出來已經是太遲，且成本高而效益低。正確的做法，是改良生產過程。

　　第四條　廢除以最低價競標的制度。要有一個最小總成本的全面考慮。在原材料、標準件和零部件的採購上不要只以價格高低來決定對象。

　　第五條　不斷提高生產與服務的系統，以提高質量與生產力，從而成本也會不斷降低。

　　第六條　要有一個更全面、更有效的在職培訓制度。不只是培訓現場操作者怎樣幹，還要告訴他們為什麼要這樣幹。

　　第七條　要有一個新的領導體系，不只是管，更重要的是幫助員工，讓他們表現得更好，更有效率地工作，管理者自己的管理也要檢修。

　　第八條　排除員工不敢提問題、提建議的恐懼心理，使組織內人人都能有效地為公司努力。

　　第九條　破除部門間的藩籬。幫助從事研製開發、銷售的人員多瞭解製造部門的問題，各部門團結合作，並事先發現產品及服務所可能碰到的潛在

的問題。

第十條　消除那些要求員工做到零缺點及高生產力水準的口號、訓示及目標。這些東西只會造成反效果，因為造成低質量與生產力的許多原因是「系統」的問題，而非工人所能控制的。要有一個激勵、教導員工提高質量和勞動生產率的好「系統」。

第十一條　廢除工作現場的工作標準量，代之以領導；廢除目標管理、數字管理法及數值目標，代之以領導。

第十二條　排除那些不能讓工人以技術為榮的障礙。管理者的職責，必須由僅重視數量改為重視質量；排除那些不能讓管理人員與工程師以技術為榮的障礙。

第十三條　要有一個強而有效的教育培訓計劃與自我提高機制，以使員工能夠跟上原材料、產品設計、加工工藝和機器設備的變化。

第十四條　讓公司每個人都致力於轉型。這種轉型是每個人的工作。

1.2.2　提出了著名的全面質量管理工具 PDCA 循環

戴明的質量管理思想集中體現在 PDCA（Plan – Do – Check – Act）循環，也叫戴明循環（Deming Cycle）上，把產品和過程的改進看做一個永不停止的、不斷獲得小進步的過程。「PDCA 是管理的核心，即確保今日的工作並開發明日更好的工作方法。」戴明循環的四大步驟包括：首先，計劃短期目標；其次，執行計劃；再次，檢查計劃是否執行；最後，採取處理措施。

「管理者的成功源於將尋常的事情做得不尋常地好」，這就是改善的力量。這種力量的文化基因在於「系統與循環」，這是日本文化的一大特質，甚至整個日本社會都在追求循環，其表徵就是 PDCA 循環。不管是合面質量管理（Total Quality Management，TQM），還是項目管理知識體系（Project Management Body of Knowledge，PMBOK），不管是六西格瑪的 DMAIC 方法（Define – Measure – Analyze – Improve – Control），還是 IDEAL 模型（Initiating – Diagnosing – Establishing – Acting – Learning），都體現了「連鎖與循環」這一思想。

更詳細的 PDCA 循環分析見本書後續章節。

1.2.3　淵博知識體系

【案例1.1】紅珠實驗

容器裡有 3,200 顆白珠、800 顆紅珠，混合均勻，找 6 個人用一把有 50 個坑的把勺，每人依次取 50 個珠子，算一天的產量，紅珠為不合格品。這個

模擬實驗由主持人擔任主管，以保證每次取珠都是在穩定的系統下。戴明博士長年在世界各地實驗的結果是，不合格品的管制上限是18，下限是1，沒有人能超越上下界限，且上千次的實驗結果形成正態分佈。

這個實驗還有一些其他結果，發人深省。每位工人每日產出紅珠的變異，完全來自過程本身。沒有任何證據顯示，哪一位工人比其他人更高明。工人們已經全力以赴，不可能有更好的表現了。考績制度或員工評鑒，將人員、團隊、工廠、部門排序，都是錯誤並且打擊士氣的做法。主管給工人加薪或處罰，實際上獎勵或處罰的是過程的表現，而非工人的表現。管理者能與珠子的供應商合作，降低紅珠比例，將是美事一樁。管理者認定過去表現最佳的3位工人，將來也會有最佳表現，沒有任何理論依據。

在戴明博士的思想中，專業知識當然重要，但僅靠專業知識卻常會有缺憾，譬如：因果關係除了概念上的認知之外，如何精確地用量化方式來描繪呢？每次投入一樣的因（同樣的原料及操作條件）為何出來的產品卻並不一樣呢？在高科技時代，許多因（各種制程參數）共同造就一個果時，又該如何才能精確地厘清各種因對結果影響程度之大小呢？諸如此類的問題，並不容易僅從專業技術中理出頭緒，而必須借助以統計邏輯為基礎的「系統的理論」及「變異的理論」才容易撥雲見日、柳暗花明。因此，戴明博士才竭力主張只有以專業知識為經、統計邏輯為緯交織而成的知識體系才是在高科技時代中遊刃有餘的「淵博知識體系」。

淵博知識體系由四部分組成：一是系統知識，二是變異理論，三是知識論，四是心理學。

1.2.3.1 系統知識

系統是指組織內部是一個共同作用，從而促使組織實現目標的各項職能或活動的總和。系統中的所有元素是相互關聯、共同作用的，這樣的系統才會有效。一個系統必須有目標，沒有目標就不構成系統。系統也必須加以管理。系統各部分之間的相互依賴愈高，就愈需要彼此之間的溝通與合作，而同時整體性的管理也愈重要。事實上，正是由於管理者未能瞭解各組成部分的互賴性，才由目標管理而造成了損失。雖然公司內各部門都各有職責，但其產生的效果不是相加的，而是相互影響的，某一部門為達到本身的目標而獨行其是，或許會影響到另一部門的成果。

而企業中的一般員工通常處在系統之中，對系統無法全面瞭解，而領導則在系統之上，對系統全局有清楚的認識，因此很多問題的責任在於領導而不是下屬。因此，戴明在其培訓中，非常強調領導的參與。

1.2.3.2 變異理論

生活就是變異，到處都有變異存在，不論是在人與人之間，或在產出、服務、產品之中。變異的知識，包括瞭解「穩定系統」，以及認知變異的特殊原因和共同原因，這些都是管理一個系統（包括人事管理）不可或缺的。

沒有學過統計理論的人，無論教育程度多高，往往易把每一件事都歸類為特殊原因，而不瞭解共同原因和特殊原因的區別。如前面紅珠實驗中，一個人一天「次品」的多少其實並不是個人所努力的結果（特殊原因）。如果一發現大家每天的「產品質量」有差別，就對其採取行動如對次品少的人加以獎勵。任意干預的後果，只不過是增加未來的不良品或錯誤，同時也增加成本——結果與我們想要達成的目的正好相反。

當我們不能認識變異理論時，常會犯兩種錯誤：

錯誤一：把源自於共同原因的變異誤認為源自特殊原因，而做出反應。如對紅珠實驗中「次品」少的人進行獎勵或者對「次品」多的人進行懲罰。

錯誤二：把源自於特殊原因的變異誤認為源自共同原因，而未做出反應。

精通變異才不會庸人自擾，才能避免上述兩種錯誤。

1.2.3.3 知識論

理論是進入世界之窗，引領我們做出預測。理論必須根據許多實例才能建立起來，但是，只要出現一個與理論不符的情況，這個理論就需要修正或甚至完全放棄。而知識需要時間的累積，知識源自理論。

知識理論告訴我們，某項陳述如果在傳達知識，那麼在預測未來結果時，雖會有錯誤的風險，但卻能與過去的觀察完全吻合。因此，質量決策必須以事實為基礎，並不斷在實踐中累積新的知識。即理性的預測有賴理論，同時把實際觀察的情況與預測相比，借以對現有系統休整與擴充。

戴明博士認為，在自我提高方面，大家要牢記在心，好的人才並不缺乏，我們所缺少的是較高層次的知識（各行各業都一樣）。而且，我們不應該期望某一課程會立刻產生效果。只針對眼前需要所設的課程，也不一定是最明智的。一般人普遍都對知識感到恐懼，可是想要取得競爭的優勢就必須扎根於知識。

1.2.3.4 心理學

心理學有助於我們瞭解人，以及人與環境、顧客與供應商、教師與學生、管理者與下屬等任何管理系統的互動。人類與生俱來與人交往的需要，有被愛與受尊重的需要。學習是人類生而有的自然傾向，也是創新的源頭。人人有享受工作樂趣的權利。良好的管理，有助於培養和維護這些先天的正面

特質。

而某些外在動機有助於建立自尊，但是如完全順從外在動機，則會導致個人的毀滅。在目前的體制之下，工作樂趣以及創新，都比不上好的排名來得重要。外在動機發展到極端，將會粉碎內在動機。每個人天生都有內在動機：自重、自尊、合作、好奇心、學習的興趣。這些特質在生命之始都很高，但逐漸被破壞的力量所摧殘。慈愛的母親、和藹的教師、耐心的教練，都會透過讚美、尊重與支持，來提升並強化兒童的榮譽感與自尊心。對某人表達感謝，可能遠比給他金錢回報更有意義。

1.3　質量理論的重要貢獻者：朱蘭

約瑟夫·M.朱蘭（Joseph M. Juran）（圖1-2）於1904年12月24日出生在羅馬尼亞，1912年移民美國，1917年加入美國國籍，1925年獲得電力工程專業理學士學位並任職於著名的西方電氣公司芝加哥霍索恩工作室檢驗部。1928年完成了一本叫《生產問題的統計方法應用》（*Statistical Methods Applied to Manufacturing Problems*）的小手冊。1951年，《朱蘭質量控制手冊》（*Juran Quality Control Handbook*）第1版出版，為他贏得了國際威望。他於1954年抵日並召開中高級管理者專題研討會。

圖1-2　朱蘭

1979年，朱蘭建立了朱蘭學院，廣泛傳播他的觀點，朱蘭學院如今已成為世界上領先的質量管理諮詢公司。

與戴明一樣，朱蘭早期在日本也是一個先鋒人物，20世紀80年代以前，也不被美國所重視。「20世紀是生產率的世紀，21世紀是質量的世紀。」這句話出自朱蘭。身為一代質量管理大師，朱蘭將自己畢生的精力投入到質量管理領域，提出了許多極為重要的理論和方法，對質量管理學科發展產生了深遠的影響。

1.3.1　「質量是一種適用性」與「大質量」觀念

朱蘭提出：「質量是一種適用性。而所謂『適用性』（Fitness for Use）是指使產品在使用期間能滿足使用者的需求」，是對「一個公司要實現其質量目標所需進行的活動的確定和實施過程」。

朱蘭分析道，所有人類團體，無論是工業公司、學校、醫院、教會或是

政府等，都是對人們提供產品或服務。只有當這些貨物和服務在價格、交貨日期以及適用性上適合用戶的全面需要時，這種關係才是建設性的。在這種全面需要中，當一個產品在使用時能成功地適合用戶目的和程度時，我們可以說它是「適用」的。朱蘭認為，適用性是由那些用戶認為對他有益的產品特點所決定的。比如，新烤好麵包的味道、無線電節目清晰收聽的能力、公共汽車的準時到來、鞋子的壽命、一幅油畫的美好等。因此，朱蘭指出，適用性的評定，是由用戶作出，而不是由製造者、商人或修理工場作出的。

與戴明相同，朱蘭認為，在所有「質量」這個詞的諸多含義中，有兩點對質量管理者來說是最重要的：第一，經理人必須認識到，「不是工人，而是經理人自己應擔負起公司表現的大部分責任」；第二，「他們要明白，一旦質量成為首要任務後能夠帶來的經濟效益」。

以此為引導，朱蘭第一次將質量列入了管理範疇，促使質量從最初的統計質量得以拓展，從而發明了著名的結構性概念——「全公司的質量管理」（Company-wide Quality Management，CWQM）。朱蘭認為質量管理涉及組織營運的方方面面，它是核心，也是全部。他說：「提高質量需要一套系統的、全公司範圍的方法；單個小組或部門的微薄之力是不起作用的。」

20世紀80年代，伴隨著日益增長的質量危機，在《朱蘭質量手冊》中，關於質量與質量管理的重新認識、高層管理者在質量管理中的角色等論述中，朱蘭提出了「大質量」的概念。「大質量」與「小質量」概念的區別在於：「小質量」將質量視為技術範疇，而「大質量」將質量視為經營範疇。

1.3.2　朱蘭質量環（Quality Loop）

朱蘭提出，為了獲得產品的適用性，需要進行一系列活動。也就是說，產品質量是在市場調查、開發、設計、計劃、採購、生產、控制、檢驗、銷售、服務、反饋等全過程中形成的，同時又在這個全過程的不斷循環中螺旋式提高，所以也稱為質量進展螺旋。

朱蘭認為，在產品質量的產生、形成和實現過程中，包括一系列循序進行的工作和活動，這些環節之間一環扣一環，互相制約，互相依存，互相促進，不斷循環，周而復始。循環從市場研究開始，以便對適用性有所改進，在旋轉的末端，又開始了一個新的螺旋形旋轉，每旋轉一次，產品質量即適用性就得到一次提高。在這一過程中的所有活動和工作——市場研究、開發（研製）、設計、制訂產品規格、確定工藝、採購、儀器儀表以及設備裝置、生產、工序控制、檢驗、測試、銷售，以及售後服務等，都是保證和提高產品質量必不可缺的環節，質量正是在這種循環中打造的。

朱蘭強調，質量管理是以人為主體的管理。質量環所揭示的各個環節的質量活動，都要依靠人去完成。人的因素在產品質量形成過程中起著決定作用。要使「循環」順著螺旋曲線上升，必須依靠人力的推動，其中領導是關鍵。質量和管理密不可分，要依靠企業領導者做好計劃、組織、控制、協調等工作，形成強大的合力去推動質量循環不斷前進，不斷上升，不斷提高。

1.3.3 「80%的業務來自20%的顧客」

20世紀30年代末，在底特律的一家汽車組裝廠，朱蘭對生產系統為何產生缺陷的問題進行了研究。經過大量的質量調查，他發現，那些把產品質量問題歸咎於工人素質差或不負責任的指責是不公正的。他依據大量的實際調查和統計分析指出，在所發生的質量問題中，究其原因，只有20%來自基層操作人員，而恰恰有80%的質量問題是由管理責任引起的。例如，可能由於配備資源不夠，或者對工人培訓不到位，還可能是領導對質量的重視只停留在口頭上，沒有形成員工公認的質量價值觀導向。一旦管理層發生了這些疏漏，工人自然會對質量問題隨便應付。也就是說，工人的「糊弄」歸根到底來自於管理的「湊合」。因此，各級主管尤其是高層主管，必須積極參與到質量改進活動中。僅僅營造意識、設定目標，然後就把所有事情交給下屬，這是遠遠不夠的。「參與」意味著高層主管必須親自擔任質量活動的各種角色，如參加質量委員會、設定質量目標、提供必需資源、促進質量改進等。這些角色是「不可下授」的。這種全員參與尤其是高層參與的觀念，為全面質量管理（TQM）的理論與方法奠定了基礎。

「80：20法則」並非朱蘭的首創，它來自於19世紀的義大利經濟學家帕累托（Vilfredo Pareto），這位洛桑學派的主要代表在分析社會財富分配狀況時，從大量統計資料中發現，占人口比例很小的少數人，擁有絕大部分社會財富，而佔有少量社會財富的卻是大多數人，即關鍵的少數和次要的多數。朱蘭根據帕累托曲線，把「關鍵的少數」引入質量管理領域。這是他對管理學的一個顯著貢獻。中國在20世紀80年代推行過的「ABC管理法」，也是來自這一法則。

1.3.4 朱蘭質量改進三部曲

根據質量螺旋的全過程，朱蘭又把它概括為三個管理環節，即質量計劃、質量控制和質量改進。

1.3.4.1 質量計劃

質量管理中的質量計劃，是指為達到質量目標而進行策劃的過程。這一

過程需要編製各種層次和用途的質量文件，如組織的質量戰略規劃、年度質量計劃、新產品研製計劃等。

1.3.4.2　質量控制

質量控制是指在實際營運中達到質量目標的過程。質量計劃制訂之後，一旦付諸實施就必須進行質量控制。質量控制可以使實際的生產或服務過程按照質量計劃所規定的步驟和方式向預定的目標發展，保證產品或服務質量符合質量要求。

1.3.4.3　質量改進

質量改進是指通過突破來實現前所未有的績效水平過程。質量螺旋表明，產品或服務質量是不斷上升、不斷提高的。但這種上升提高是通過質量的持續改善及創新突破來實現的。同時，通過質量改進，組織的質量管理水平和體系的功能得到提升，產品或服務的質量競爭力增強，更好地滿足和超越顧客的需求。

1.3.5　朱蘭的「突破歷程」

朱蘭所提出的「突破歷程」，綜合了他的基本學說。以下是此歷程的七個環節。

1.3.5.1　證明改進的必要性

管理層必須證明突破的急切性，然後創造環境使這個突破能實現。要去證明此需要，必須搜集資料說明問題的嚴重性，而最具說服力的資料是質量成本。為了獲得充足資源去推行改革，必須把預期的效果用貨幣形式表達出來，以投資回報率的方式來展示。

1.3.5.2　突出關鍵的少數項

在紛紜眾多的問題中，找出關鍵性的少數。利用帕累托分析法，突出關鍵的少數，再集中力量優先處理。

1.3.5.3　尋求知識上的突破

成立兩個不同的組織去領導和推動變革。其一可稱之為「指導委員會」，另一個可稱為「診斷小組」。指導委員會由來自不同部門的高層人員組成，負責制定變革計劃、指出問題原因所在、授權作試點改革、協助克服抗拒的阻力及貫徹執行解決方法。診斷小組則由質量管理專業人士及部門經理組成，負責尋根問底、分析問題。

1.3.5.4 進行分析

診斷小組研究問題的表徵、提出假設，以及通過試驗來找出真正原因。另一個重要任務是決定不良產品的出現是操作人員的責任或者是管理人員的責任。若說是操作人員的責任，必須是同時滿足以下三個條件：操作人員清楚知道他們要做的是什麼、有足夠的資料數據表明他們所做的效果，以及有能力改變他們的工作表現。

1.3.5.5 決定如何克服變革的抗拒

變革中的關鍵任務必須表明變革對他們的重要性。單是靠邏輯性的論據是絕對不夠的，必須讓他們參與決策及制定變革的內容。

1.3.5.6 進行變革

所有要變革的部門必須要通力合作，這是需要說服力的。每一個部門都要清楚知道問題的嚴重性、不同的解決方案、變革的成本、預期的效果，以及估計變革對員工的衝擊及影響。必須給予足夠時間去醞釀及反省，並提出適當的訓練。

1.3.5.7 建立監督系統

變革推行過程中，必須有適當的監督系統定期反應進度及有關的突發情況。正規的跟進工作異常重要，足以監察整個過程及解決突發問題。

1.4　質量理論的重要貢獻者：費根堡姆

阿曼德·費根堡姆（Armand V. Feigenbaum）（圖1-3）於1920年出生於紐約市，先後就讀於聯合學院和麻省理工學院，1951年畢業於麻省理工學院，獲工程博士學位。

費根堡姆因提出了「全面質量管理」而廣為人知。他指出，「控制必須伴隨顧客的質量需求而開始，直到產品交付到顧客的手中，並且顧客對其表示滿意為止」，通過全面質量管理來達到人、機器、信息的全面協調。這一觀點要求在產品形成的早期就建立質量，而不是在既成事實後再做質量的檢驗和控制。

圖1-3　費根堡姆

1.4.1　用顧客滿意的視角綜合、全面定義「質量」

費根堡姆在 1983 年提出：「質量是由顧客建立在對產品或服務實際感受的基礎上、對照自己的要求進行測定；而不是工程師、市場或者高層管理者測定的。這種要求可能已經有表述或者尚沒有明文表述，有意識或者完全是感覺，屬於技術操作層或者完全是主觀印象；這種要求通常被表達成為競爭市場上實際在變動的一個目標。」該定義的要點是：用顧客滿意的視角綜合、全面定義質量；質量應該是有多種水平，而不是只有「可接受」和「不可接受」兩種；由於顧客的需求和期望是變化的，所以質量是動態的。鑒於這樣的認識，他認為：「高層管理者的關鍵任務是：在產品發展的不同階段，確認顧客關於質量定義的演變。」

1.4.2　設計與規範

1983 年，費根堡姆將管理過程規範為三個階段和第四項任務。第一階段是「新產品設計控制」（提出新產品→工程設計→工藝設計）；第二階段是「原材料控制」（原材料採購→原材料接收與檢驗）；第三階段是「產品控制」（產品加工與製造→產品檢驗與檢測→產品存儲與發送→安裝與服務）。第四項任務覆蓋整個過程。他用定義方法詳細規範各項要求，其中對第四項任務的定義是「通過調查與測試，確定不合格產品的原因，決定改進其質量特性的可能性，確保所採取的改進與糾正措施的持久與完整」，並命名為「special process studies」，即「不合格產品原因確定與糾正措施」。這個模型在理論和實踐意義上，對 1987 年國際標準化組織發布 ISO 9000 系列質量管理國際標準起到了重大推動作用。

1.4.3　TQM 四項基本原理

1987 年費根堡姆提出，傳統控制思想是預先設定和建立明確的產品和服務的「質量水平」（Quality Level），然後全力滿足和維持這個水平；但是在現代市場競爭中，由於顧客的需求和競爭者的追求，國際市場的領先者會不斷刷新、超越這個水平，質量目標會被迅速突破，因此在現代管理概念中不存在這樣一個不變的「質量水平」。

1.4.4　全面質量管理的十個準則

費根堡姆關於全面質量管理的十個準則，如表 1-1 所示。

表 1-1　　　　　　　　費根堡姆全面質量十個準則

	全面質量十個準則	準則關鍵詞
1	質量成為全公司的過程	過程（也可叫程序）
2	質量是由顧客來評價的	顧客
3	質量與成本是統一的	成本
4	質量的成功需要公司整個團隊協作的熱情、承諾	團隊協作
5	質量是一種管理的文化	文化
6	質量與變革是相輔相成的	變革
7	質量是一種道德規範	道德規範
8	質量需要持續改進	持續改進
9	質量是對公司生產效率的最大貢獻者	效率（或績效）
10	質量是由內外顧客和供應商的全面體系(或系統)來實現的	體系（或系統）

1.5　質量理論的重要貢獻者：石川馨與菲利浦·克勞士比

1.5.1　石川馨

石川馨（圖1-4）1915年出生於日本，畢業於東京大學工程系，主修應用化學。1960年，獲工程博士學位。他的《質量控制》（Quality Control）一書獲「戴明獎」「日本 Keizai 新聞獎」和「工業標準化獎」。1968年，石川馨出版了一本為QC小組成員準備的非技術質量分析課本——《質量控制指南》（Guide to Quality Control）。1971年，其質量控制教育項目獲美國質量控制協會「格蘭特獎章」。1981年，他在紀念日本第1000個QC小組大會的演講中，描述了他的工作是如何將他引入這一領域的：「我的初衷是想讓基層工作人員最好地理解和運用

圖1-4　石川馨

質量控制，具體說是想教育在全國所有工廠工作的員工；但後來發現這樣的要求過高了，因此，我想到首先對工廠裡的領班或現場負責人員進行教育。」

石川馨的名字是與戴明和朱蘭訪日後 1955—1960 年發起「全面質量控

制」運動相聯繫的。在此系統下，日本從高層管理人員到底層員工都形成了質量控制的觀點。質量控制的概念和方法可用於解決生產過程中出現的問題；用於進料控制和新產品設計控制；用於分析、幫助高層管理人員制定和貫徹政策；用於解決銷售、人員、勞動力管理和行政部門問題。此項活動之中還包括質量審核——內部審核和外部審核。

石川馨是20世紀60年代初期日本「質量圈」運動的最著名的倡導者。

石川馨強調有效的數據收集和演示。他以促進質量工具如帕累托圖和因果（石川或魚骨）圖用於優化質量改進而著稱。石川馨認為因果圖和其他工具一樣都是幫助人們或質量管理小組進行質量改進的工具。因此，他主張公開的小組討論與繪製圖表有同等的重要性。石川圖表作為系統工具是有用的，可以用它查找、挑選和記錄生產中質量變化的原因，也可以使它們之間的相互關係有條理。

他認為推行日本的質量管理是經營思想的一次革命，其內容歸納為6項：①質量第一；②面向消費者；③下道工序是顧客；④用數據、事實說話；⑤尊重人的經營；⑥機能管理。

1.5.2 菲利浦·克勞士比（Philip Crosby）

1926年6月18日，菲利浦·克勞士比（Philip Crosby）（圖1-5）出生於西弗吉尼亞州的惠靈市，對世人有卓越貢獻及深遠影響，被尊為「本世紀偉大的管理思想家」「質量大師中的大師」「零缺陷之父」「一代質量宗師」。他一生中寫了多本暢銷書，涉及質量與管理的豐富主題，被認為是全球質量界中最多產的領袖。《質量免費》（*Quality Is Free*）由於引發一場美國以及歐洲的質量革命而備受稱讚，該書的銷量已超過250萬冊，被譯成16種文字。

圖1-5 克勞士比

在半個多世紀的質量管理文獻中，克勞士比是這個領域內被引用得最多的作者之一。克勞士比的著作被公認為是質量與管理科學中最好的著作。美國《時代》雜誌將他譽為「本世紀偉大的管理思想家」，是他開創了現代管理諮詢在質量競爭力領域的新紀元。克勞士比在管理領域的卓越貢獻，以至於美國哈佛商學院、沃頓商學院、耶魯大學管理學院等專門開設了「克勞士比管理哲學」（Crosbyism）課程，美國多所著名機構也把克勞士比譽為「全美首席管理諮詢大師（在質量競爭力領域）」。更重要的是，他率先提出「第一次就做對」的理念，並掀起了一個時代自上而下的零缺陷運動。克勞士比影

響了美國 20 世紀眾多的質量領袖和企業家。在今天，為了繼續推進克勞士比先生提倡的現代管理理念，眾多組織如美國競爭力協會及美國質量學會都分別設立「克勞士比獎」以鼓勵那些為質量事業做出巨大貢獻的個人和組織。

1.5.2.1 克勞士比論質量

質量是免費的，它不是禮品，但它是免費的。

質量的定義必須是「符合要求」。這樣的定義可以使企業的營運不再只是依賴意見或經驗，這表示，公司中所有的腦力、精力、知識都將集中於制定這些要求，而不再浪費於解決爭議之上了。

對一個組織的最終產品或服務不滿就叫做「質量有麻煩」。

1.5.2.2 克勞士比論戰略質量

質量並不是只要用一種特殊的方式跳舞就可以達到的。人們必須接受幫助，以使他們知道他們可以適應要求「行動正確、工作圓滿」的企業文化。避免混戰的方法便是「無火可救」。

質量管理是一種理念和哲學上的訓練和紀律，它能把所有這些帶入一種人們能欣賞和運用的舒暢文化。

質量是一種可以獲得的、可以衡量的並且可以帶來效益的實體。一旦你對它有了承諾和瞭解，並且準備為之付出艱苦努力時，質量便可以獲得。

1.5.2.3 克勞士比論文化變革

改變心智是最難的管理工作，但它正是金錢和機會的隱身之處。

一個公司若想永久地免於困擾，就必須要改變公司的企業文化，從根本上消除造成產品（或服務）不符合要求的原因。

改變公司的文化並不是教給員工一堆新技術，或強迫他們在生活方式上追求潮流，而是改變價值觀並提供典範，這是必須由基本態度的改變做起的。

1.5.2.4 克勞士比論領導力

一個領導，如果沒有太多的事情給下屬做，那麼他很快就會被一個願意努力工作的新領導所代替。

領導者必須是一個組織靈魂的反應。

經理圈子中最重要的三件事情是：關係、關係、關係！

管理階層需要高度注意：只是設定一些複雜的技術，無助於公司文化的改變。

人生成功的關鍵在於是否有很強的個人信仰。

1.5.2.5 克勞士比論零缺陷

第一次就把工作做對總是較便宜的。

「零缺陷」就是缺陷預防的吶喊，它意味著「第一次就把事情做對」。

所謂第一次就做對，是指一次就做到符合要求，因此，若沒有「要求」可循，就根本沒有一次就符合「要求」的可能了。

我們基本的工作哲學便是預防為主，堅持「第一次就把事情做對」的態度，使質量成為一種生活方式。

1.5.2.6 克勞士比論管理

管理風格創造性的最重要的方面，是不要養成承認自己缺乏創造力的習慣。被理解是艱難的工作。管理者被時尚的東西迷惑著。

人們可能因為一點原因而得了心臟病，導致肺癌的原因可能僅僅是吸菸；肥胖和壓力引起高血壓；如果花的比自己掙的還多，那麼你便會有經濟困難。原因雖簡單，但是要想克服它們卻需要想辦法，需要教育和努力。要想成功地改善管理的方式，關鍵就是進行質量教育。

1.5.2.7 克勞士比論可信賴的組織

組織的生存就像森林一樣脆弱和易受攻擊。

可信賴是應用哲學管理和指導組織的結果。如果一個組織真的想成為可靠的，他們必須有具體的行動。

有用的和可信賴的組織就是競爭和利潤。那正是我們想要的。

一個公司想免於困擾，就需要人和人之間不斷地交流、溝通，而教育也必須成為日常生活之事；人人都必須具有共同的語言、工作的技巧，並瞭解每一個人在公司運轉的巨輪中所扮演的角色。

1.5.2.8 克勞士比質量成熟度的五個階段

①不確定期——不知者無畏，不考慮改進，當一天和尚撞一天鐘，但是會在經歷後慢慢學習，只是太慢。②覺醒期——認識到了問題，但是卻因一些固有的觀念所禁錮，害怕改變產生不好的結果，不敢行動。③啟蒙期——由認識轉變到態度的轉變，並採取行動，開始打破現狀，進行交流，此時要防止有人耍詐。④智慧期——小有成就後，要鞏固，要認識到達到真正永久不會倒退還要長年累月地努力，要用成果來溝通並提士氣。⑤確定期——形成一個新的習慣、工作方式、思維方式、團隊精神和理念。

思考題：

1. 質量管理的發展與社會經濟的發展有何聯繫？
2. 戴明和克勞士比關於質量管理的主要思想各是什麼？

2 質量管理基礎

2.1 基本概念

2.1.1 產品

產品是指過程的結果。

過程是指一組將輸入轉化為輸出的相互關聯或相互作用的活動。一個過程的輸入通常是其他過程的輸出，過程應該是增值的，如圖 2-1 所示。

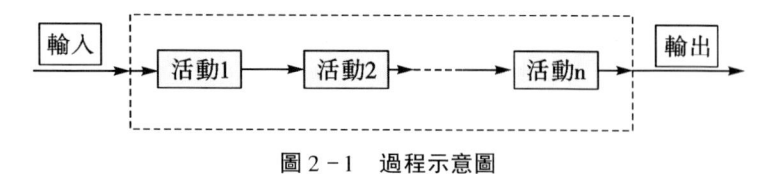

圖 2-1 過程示意圖

產品的類別通常分為以下四種：

①服務。通常是無形的，服務的提供要與顧客接觸，服務不能儲存。如醫療、飲食、旅遊、運輸等。

②軟件。由信息組成，通常是無形產品並可以方法、論文或程序的形式存在。如計算機程序、設計圖紙、手冊等。

③硬件。通常是有形產品，其量具有計數的特性。如機械零件或由零件組裝起來並具有某些功能的成品等。

④流程性材料。由固體、液體、氣體或其組合體構成的，包括粒狀材料、錠狀、絲狀或薄板狀結構的（最終或中間）產品。流程性材料常用容器（如桶、包、罐、盒、管線或成卷交付）包裝。

許多產品是由不同類別的產品構成的，服務、軟件、硬件或流程性材料的區分取決於其主導成分。

2.1.2 質量

質量是指一組固有特性滿足要求的程度。

「固有特性」是指在某事或某物中本來就有的，尤其是那種永久的特性（如螺栓的直徑、機器的功率和轉速、打電話的接通時間等技術特性）。而人為賦予的特性（如產品的價格）不是固有的特性，不反應在產品的質量範疇中。

「要求」是指明示的（如文件中明確規定的），通常隱含的（如組織、顧客和其他相關方的管理或一般做法）或必須履行的（如法律法規、行業規則）需求或期望。全面滿足這些要求才能評定為好的質量。

在理解「質量」時，應注意三個方面的問題：

①質量的「動態性」，質量要求不是固定不變的。

②質量的「相對性」，不同的地區，消費水平不同，產品應具有適應性。

③在作質量比較時，應在同一「等級」的基礎上比較。等級高並不意味著質量一定好，等級低也並不意味著質量一定差。

2.1.3 質量管理

質量管理是指在質量方面指揮和控制組織的協調的活動。

在質量方面的指揮和控制活動，通常包括制定質量方針和質量目標及質量策劃、質量控制、質量保證和質量改進。

對一個組織而言，為滿足顧客的要求，必須對所有的質量要素進行嚴格的控制，並對這些控制活動從技術上和管理上進行系統有效的計劃、組織、協調、審核和檢查。

質量管理是各級管理者的職責，但必須由最高管理者領導。質量管理的實施涉及組織中的所有成員。

2.1.4 質量控制

質量控制是質量管理的一部分，致力於滿足質量要求。

質量控制涉及的作業活動，在於監視過程並排除質量環中所有導致不滿意的原因，以取得經濟效益。它的作用是保證不合格品不流入市場。

2.1.5 質量保證

質量保證是質量管理的一部分，致力於提供質量要求會得到滿足的信任。

為了行之有效，質量保證通常要求對影響預期採用的設計或規範的適合性等諸因素進行連續評價，並對生產、安裝和檢驗工作進行驗證和審核。提供信任也可以包括出示證據。

在組織內部，質量保證是一種管理手段。在合同情況下，質量保證被組

織用於提供信任。

通俗地講，質量保證就是防止不合格品被生產。

2.2 質量成本

著名的美國質量管理專家克勞士比有句名言：「質量是免費的。」他認為，「真正費錢的是不符合質量標準的事情——沒有第一次就把事情做對。」因為那些不符合質量標準的工作，那些沒有第一次就做好的工作，就必須補救，就會使企業產生額外的支出，包括時間、金錢和精力，由此而產生了質量損失。

美國的另一位著名質量管理專家朱蘭也指出：「劣質質量成本，就是因為沒有完美的產品或生產過程而出現的成本，數目是駭人的。」「在 20 世紀 80 年代，整個美國經濟約有三分之一的工作就是因為缺乏完美的產品及生產過程而要做的彌補工作。」他形象地將那些廢次品損失喻為「礦中黃金」。他認為，隨著科學技術的發展，這座「礦中黃金」的可開採蘊藏量越來越大，開發和利用它越來越有利可圖。

為此，我們必須用經濟的眼光來審視質量。這樣，我們就會提出一系列的問題，諸如由於第一次未把事情做對造成的損失有多大？由質量問題所引發的成本是否可以定量和評價？對此類成本和損失如何加以有效控制和降低？如何從降低成本和滿足顧客的適用性要求兩方面來尋求提高企業的效益？這些問題都可以從質量成本管理的方法中找到答案。

2.2.1　質量成本的含義

早在 20 世紀 50 年代，美國質量管理專家、通用電氣公司製造和質量經理費根堡姆就提出了質量成本的概念，首次把產品質量和企業效益結合起來。其後，朱蘭提出「礦中黃金」的概念，同時列出可以避免發生的廢品損失等質量成本類目。60 年代初，費根堡姆提出將質量成本劃分為預防成本、鑒定成本、內部損失成本和外部損失成本四類。這類質量成本的概念和分類方法一直沿用至今。

1994 年，國際標準化組織（ISO）在 ISO 8402：1994《質量管理和質量保證術語》中對質量成本的定義是「為確保和保證滿意的質量而發生的費用以及沒有達到滿意的質量所造成的損失」。

2.2.2 質量成本的構成

質量成本科目通常分為三個級別：一級科目，即質量成本；二級科目，即四個質量成本，包括預防成本、鑒定成本、內部損失成本、外部損失成本；三級科目，即四個質量成本以下的各種費用。

預防成本是預防發生故障而支付的費用。

鑒定成本是為評定是否符合質量要求而進行的試驗、檢驗和檢查費用。

內部損失成本是交貨前因產品未能滿足質量要求所造成的損失。

外部損失成本是交貨後因產品未能滿足質量要求所造成的損失。它同內部損失成本的區別在於產品質量問題是發生在發貨之後。

這四類成本具體包括的費用項目如表2－1所示。

表2－1　　　　　　　　　質量成本構成表

成本大項	費　用　構　成		
預防成本	質量計劃工作費 質量審核費 質量改進措施費	設計評審費 質量情報信息費 質量獎	過程能力研究費 質量培訓費
鑒定成本	進貨檢驗費 試驗設備維修費	工序檢驗費 試驗材料及勞務費	成品檢驗費
內部損失成本	廢品損失 停工損失	返工損失 質量故障處理費	復檢費 質量降級損失
外部損失成本	索賠費用 降價損失	退貨損失 訴訟費用	保修費用

另外，從表2－1可看出絕大部分的質量成本是可以準確核算的，但也有一小部分只能估算，如質量培訓費用、停工損失費用等。另外，以上提到的僅限於「有形損失」所造成的費用，而對大量的「無形損失」則難以準確計算。這些損失包括由於顧客不滿意而產生的未來的銷售收入的損失，企業信譽、顧客忠誠的喪失，由於質量低劣所導致的企業內的不良影響，如員工對企業發展信心的喪失，員工企業自豪感的喪失。因而我們說質量成本是一種既可以準確計算又不可以準確計算的估計性成本。

2.2.3 質量成本特性曲線

質量成本各項費用的大小與產品質量的合格率之間存在內在的聯繫，反應這種關係的曲線稱為質量成本特性曲線，如圖2－2所示。

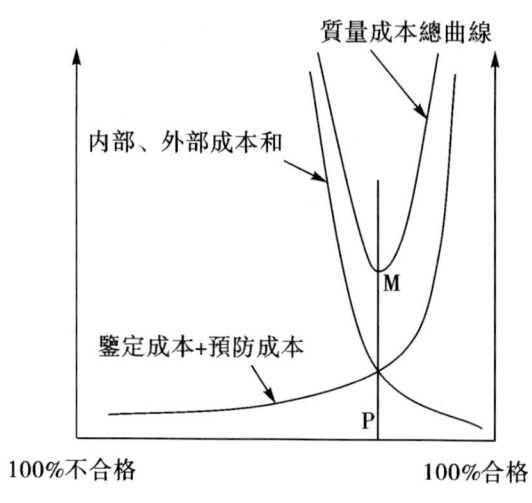

圖 2-2　質量成本特性曲線

　　從圖 2-2 中可以發現質量成本的構成對質量水平影響很大。

　　在 100% 不合格的極端情況下，此時的預防成本和鑒定成本幾乎為零，說明企業完全放棄了對質量的控制，後果是損失成本極大，企業是無法生存下去。

　　隨著企業對質量問題的日益重視，對質量管理的投入逐步加大，從圖 2-2 可以看出，預防成本和鑒定成本逐步增加，產品合格率上升，同時損失成本明顯下降。從圖 2-2 可以看出，當產品合格率達到一定水平以後，如要進一步改善合格率，則預防成本和鑒定成本將會急遽增加，而損失成本的降低率卻十分微小。

　　從質量總成本曲線可以看出存在質量成本的極值點 M，M 點對應著產品質量水平點 P，企業如把質量水平維持在 P 點，則有最小質量成本。但這是一種理論曲線，它沒有考慮因質量不良所造成的企業信譽損失等其他經濟因素影響。如果從組織生產經營的角度出發，將質量經濟性與質量成本結合起來考慮，可以知道：質量成本的最低點不一定是組織利潤的最高點。同時，雖然從變化規律來看，各個企業質量成本變化的模式基本相同，但由於各企業生產類型、產品結構、工藝特點、管理水平等不盡相同，所以質量總成本最低點的位置及其相應的質量水平也各不相同。

2.3 服務質量管理

2.3.1 概念

服務質量是產品生產的服務或服務業滿足規定或潛在要求（或需要）的特徵和特性的總和。特性是用以區分不同類別的產品或服務的概念，如旅遊有陶冶人的性情給人愉悅的特性，旅館有給人提供休息和睡覺的特性。特徵則是用以區分同類服務中不同規格、檔次、品味的概念。服務質量最表層的內涵應包括服務的安全性、適用性、有效性和經濟性等一般要求。

預期服務質量即顧客對服務企業所提供服務預期的滿意度。感知服務質量則是顧客對服務企業提供的服務實際感知的水平。如果顧客對服務的感知水平符合或高於其預期水平，則顧客獲得較高的滿意度，從而認為企業具有較高的服務質量；反之，則會認為企業的服務質量較低。從這個角度看，服務質量是顧客的預期服務質量同其感知服務質量的比較。

2.3.2 服務質量的特性

顧客的需求可分為精神需求和物質需求兩部分。評價服務質量時，從被服務者的物質需求和精神需求來看，可以歸納為以下六個方面的質量特性：

2.3.2.1 功能性

功能性是企業提供的服務所具備的作用和效能的特性，是服務質量特性中最基本的一個。

2.3.2.2 經濟性

經濟性是指被服務者為得到一定的服務所需要的費用是否合理。這裡所說的費用是指在接受服務的全過程中所需的費用，即服務週期費用。經濟性是相對於所得到的服務質量而言的，即經濟性是與功能性、安全性、及時性、舒適性等密切相關的。

2.3.2.3 安全性

安全性是指企業保證服務過程中顧客、用戶的生命不受危害，健康和精神不受到傷害，貨物不受到損失。安全性也包括物質和精神兩方面，改善安全性重點在於物質方面。

2.3.2.4 時間性

時間性是為了說明服務工作在時間上能否滿足被服務者的需求，時間性包含了及時、準時和省時三個方面。

2.3.2.5 舒適性

在滿足了功能性、經濟性、安全性和時間性等方面的需求的情況下，被服務者期望服務過程舒適。

2.3.2.6 文明性

文明性屬於服務過程中為滿足精神需求的質量特性。被服務者期望得到一個自由、親切、受尊重、友好、自然和諒解的氣氛，有一個和諧的人際關係。在這樣的條件下來滿足被服務者的物質需求，這就是文明性。

2.3.3 服務質量的內容

鑒於服務交易過程的顧客參與性和生產與消費的不可分離性，服務質量必須經顧客認可，並被顧客所識別。服務質量的內涵應包括以下內容：

服務質量是顧客感知的對象；服務質量既要有客觀方法加以制定和衡量，更多地要按顧客主觀的認識加以衡量和檢驗；服務質量發生在服務生產和交易過程之中；服務質量是在服務企業與顧客交易的真實瞬間實現的；服務質量的提高需要內部形成有效管理和支持系統。

2.3.3.1 服務水平

好的服務質量不一定是最高水平，管理人員首先要識別公司所要追求的服務水平。當一項服務滿足其目標顧客的期望時，服務質量就可認為是達到了優良水平。

2.3.3.2 目標顧客

目標顧客是指那些由於他們的期望或需要而要求得到一定水平服務的人。隨著經濟的發展和市場的日益成熟，市場的割分越來越細，導致每項服務都要面對不同的需求。企業應當根據每一項產品和服務選擇不同的目標顧客。

2.3.3.3 連貫性

連貫性是服務質量的基本要求之一。它要求服務提供者在任何時候、任何地方都保持同樣的優良服務水平。服務標準的執行是最難管理的服務質量問題之一。對於一個企業而言，服務的分銷網絡越分散，中間環節越多，保持服務水平的一致性就越難。服務質量越依賴於員工的行為，服務水平不一

致的可能性就越大。

2.3.4 服務質量管理

2.3.4.1 服務質量要素

服務質量要素是滿足服務質量特性的基本內容，包括五個方面：可靠性、回應性、保證性、移情性和有形性。

可靠性是指可靠地、準確地履行服務承諾的能力。可靠的服務行為是顧客所期望的，它意味著服務以相同的方式、無差錯地準時完成。可靠性實際上是要求企業避免在服務過程中出現差錯，因為差錯給企業帶來的不僅是直接意義上的經濟損失，而且可能意味著失去很多的潛在顧客。

回應性是指幫助顧客並迅速有效提供服務的願望。讓顧客等待，特別是無原因的等待，會對質量感知造成不必要的消極影響。出現服務失敗時，迅速解決問題會給質量感知帶來積極的影響。對於顧客的各種要求，企業能否給予及時的滿足將表明企業的服務導向。同時，服務傳遞的效率還從一個側面反應了企業的服務質量。研究表明，在服務傳遞過程中，顧客等候服務的時間是個關係到顧客的感覺、顧客印象、服務企業形象以及顧客滿意度的重要因素。所以，盡量縮短顧客等候時間，提高服務傳遞效率將大大提高企業的服務質量。

保證性是指員工所具有的知識、禮節以及表達出自信和可信的能力。它能增強顧客對企業服務質量的信心和安全感。當顧客同一位友好、和善並且學識淵博的服務人員打交道時，他會認為自己找到了公司，從而獲得信心和安全感。友好態度和勝任能力兩者是缺一不可的。服務人員缺乏友善的態度會使顧客感到不快，而如果他們的專業知識懂得太少也會令顧客失望。保證性包括如下特徵：完成服務的能力、對顧客的禮貌和尊敬、與顧客有效的溝通、將顧客最關心的事放在心上的態度。

移情性是指設身處地地為顧客著想和對顧客給予特別的關注。移情性有以下特點：接近顧客的能力、敏感性和有效地理解顧客需求。

有形性是指有形的設施、設備、人員和溝通材料的外表。有形的環境是服務人員對顧客更細緻的照顧和關心的有形表現。對這方面的評價可延伸到包括其他正在接受服務的顧客的行動。

顧客從這五個方面將預期的服務和接受到的服務相比較，最終形成自己對服務質量的判斷，期望與感知之間的差距是服務質量的量度。從滿意度看，既可能是正面的也可能是負面的。

2.3.4.2 服務質量差距

測量服務期望與服務感知之間的差距是那些服務領先的服務企業瞭解顧客反饋的經常性過程。圖2-3是一個服務質量差距模型。在圖2-3中，顧客的服務期望與服務感知間的差距被定義為差距5，它倚賴於與服務傳遞過程相關的其他4個差距的大小和方向。

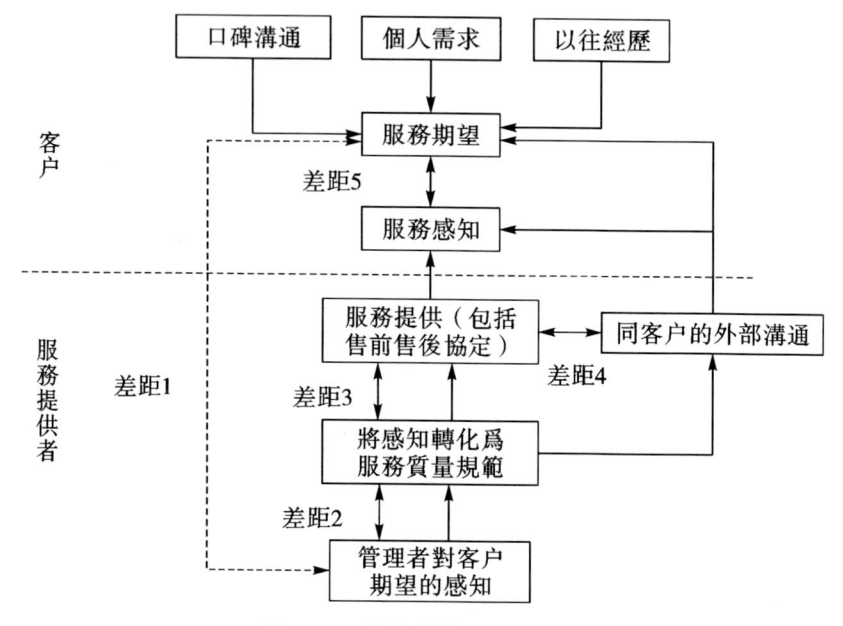

```
                  ┌────────┐  ┌────────┐  ┌────────┐
                  │ 口碑溝通 │  │ 個人需求 │  │ 以往經歷 │
                  └────┬───┘  └────┬───┘  └────┬───┘
                       │           │           │
                       └───────┬───┴───────────┘
                               ↓
  客              ┌─────────────────┐
  戶              │   服務期望       │←─────────────────┐
                  └─────────────────┘                   │
                        ↕ 差距5                         │
                  ┌─────────────────┐                   │
                  │   服務感知       │                   │
                  └────────┬────────┘                   │
  ─ ─ ─ ─ ─ ─ ─ ─ ─ ─ ─ ─ │ ─ ─ ─ ─ ─ ─ ─ ─ ─ ─ ─ ─ ─ ─│
                          ↑                             │
                  ┌─────────────────┐   ┌─────────────────┐
                  │ 服務提供（包括   │←→│ 同客戶的外部溝通 │
                  │ 售前售後協定）   │   └─────────────────┘
  服              └────────┬────────┘       差距4
  務    差距1              ↕ 差距3
  提                ┌─────────────────┐
  供                │ 將感知轉化為    │
  者                │ 服務質量規範    │
                    └────────┬────────┘
                        ↕ 差距2
                    ┌─────────────────┐
                    │ 管理者對客戶    │
                    │ 期望的感知      │
                    └─────────────────┘
```

圖2-3　服務質量差距模型圖

差距1是顧客期望於管理者對這些期望的感知之間的差距。導致這一差距的原因是管理者對顧客如何形成他們的期望缺乏瞭解。顧客期望的形成來源於廣告、過去的經歷、個人需要和朋友介紹。縮小這一差距的戰略包括改進市場調查、增進管理者和員工間的交流，減少管理層次，縮短與顧客的距離。

差距2是指管理者沒有構造一個能滿足顧客期望的服務質量目標並將這些目標轉換成切實可行的服務質量規範。差距2由以下原因造成：缺乏管理者對服務質量的支持，認為滿足顧客期望是不可實現的。然而，設定目標和將服務傳遞工作標準化可彌補這一差距。

差距3是指服務績效的差距，因為實際服務過程不一定能達到管理者制定的要求。許多原因會引起這一差距，如缺乏團隊合作、員工招聘問題、訓練不足和不合理的工作設計等。

差距4是實際傳遞的服務和對外溝通間的差距。對外溝通中可能提出過

度的承諾，而又沒有與一線的服務人員很好地溝通。

企業要提高服務質量，就需要縮小這五個方面的差距，尤其是要縮小前面四個差距，這為企業改進服務質量指明了方向。

【案例2.1】 迪斯尼的服務質量管理理論

迪斯尼對細節的關注非同尋常。首先，在對員工的挑選上，即使是清潔人員，迪斯尼也很重視，先尋找適合的人，然後再訓練他們。迪斯尼負責訓練課程的一名主管表示，清潔人員與顧客的接觸次數在員工中幾乎是最多的，他們是顧客滿意度的重要推手。所以迪斯尼對清潔員工非常重視，將更多的訓練和教育大多集中在他們的身上。

掃地的員工培訓要花三天時間，主要內容包括：

1. 學掃地

第一天上午要培訓如何掃地。掃地有三種掃把：一種是用來扒樹葉的，一種是用來刮紙屑的，一種是用來撢灰塵的，這三種掃把的形狀都不一樣。怎樣掃樹葉，才不會讓樹葉飛起來？怎樣刮紙屑，才能把紙屑刮得很好？怎樣撢灰，才不會讓灰塵飄起來？這些看似簡單的動作卻都應嚴格培訓。而且掃地時還另有規定：開門時、關門時、中午吃飯時、距離客人15米以內等情況下都不能掃。這些規範都要認真培訓，嚴格遵守。

2. 學照相

十幾臺世界最先進的數碼相機擺在一起，各種不同的品牌，每臺都要學，因為客人會叫員工幫忙照相，可能會帶世界上最新的照相機，來這裡度蜜月、旅行。如果員工不會照相，就不能照顧好顧客，所以學照相要學一個下午。

3. 學包尿布

孩子的媽媽可能會叫員工幫忙抱一下小孩，但如果員工不會抱小孩，動作不規範，不但不能給顧客幫忙，反而增添顧客的麻煩。抱小孩的正確動作是：右手要扶住臀部，左手要托住背，左手食指要頂住頸椎，以防閃了小孩的腰，或弄傷頸椎。不但要會抱小孩，還要會替小孩換尿布。

4. 學辨識方向

有人要上洗手間，「右前方，約50米，第三號景點東，那個紅色的房子」；有人要喝可樂，「左前方，約150米，第七號景點東，那個灰色的房子」；有人要買郵票，「前面約20米，第十一號景點，那個藍條相間的房子」……顧客會問各種各樣的問題，所以每一名員工要把整個迪斯尼的地圖都熟記在腦子裡，對迪斯尼的每一個方向和位置都要非常地明確。

另外，在園區發生的每一件事，從迪斯尼人物與小朋友的互動到遊客在園區裡的移動路線，都是精心策劃的。例如，如果你站在睡美人城堡的底部

向後看園區的入口,將會發現當遊客離開主街道,進入觀光區時,引導他們向左或向右的人行道稍有不同。向右的人行道比向左的人行道稍寬些。這是因為總結多年的經驗,迪斯尼發現人們先天較偏好向右拐而非向左拐,所以它將右邊的人行道建造得寬一些,以便很好地解決早晨擁擠問題。類似地,你會發現人行道被設計成蛇形,而非直線。迪斯尼認為蛇形的人行道會讓人感覺路程較短一些,因此它們通過縮短路線的感知長度來提高顧客的滿意度。正因為迪斯尼知道該做什麼,所以它可使遊客隊伍的移動較為平順、遊客遊玩標誌簡單清楚……這些都是依據迪斯尼對遊客行為的預測所精心執行的顧客服務管理。例如,在主題樂園中大部分飲水機一高一矮成對出現,以便同時服務於父母和孩子;且噴口是相對的,以便父母與孩子同時喝水時,父母可以看著孩子,而不是背對著孩子,從而使父母和孩子都有安全感並且可互相分享飲水的樂趣。

　　迪士尼是將理論作為質量管理基礎的範例。通過形成自己的顧客和相關活動理論,像迪斯尼一樣的公司就有能力提升其產品和服務的質量。

2.4　全面質量管理

　　自1961年費根堡姆出版《全面質量管理》一書以來,全面質量管理經歷20世紀50年的發展仍然經久不衰,其理念、原理和方法更加系統與完善。它起源於美國,卻是在日本得到發揚光大。日本在20世紀60年代以後推行全面質量管理並取得了豐碩的成果,引起世界各國的矚目。20世紀80年代後期以來,在質量大師們的大力推動下,全面質量管理得到了進一步的深化,逐漸由早期的TQC演化成為TQM,其含義遠遠超出了一般意義上的質量管理的領域,而成為一種綜合的、全面的經營管理方式和理念,並發展成為質量管理哲學。中國從1978年推行全面質量管理以來,在理論和實踐上都有一定的發展,並取得了成效,這為在中國貫徹實施ISO 9000族國際標準奠定了基礎;反之,ISO 9000國際標準的貫徹和實施又為全面質量管理的深入發展創造了條件。

2.4.1　全面質量管理的概念

　　費根堡姆於1961年在《全面質量管理》一書中首先提出了全面質量管理的概念:「全面質量管理是為了能夠在最經濟的水平上,並考慮到充分滿足用戶要求的條件下進行市場研究、設計、生產和服務,把企業內各部門研製質

量、維持質量和提高質量的活動構成為一體的一種有效體系。」這個定義強調了以下三個方面。首先，這裡的「全面」一詞首先是相對於統計質量控制而言，強調要提供顧客滿意的產品，單靠統計方法控制生產過程是很不夠的，必須綜合運用各種管理方法和手段，充分發揮組織中的每一個成員的作用，從而更全面地去解決質量問題。其次，「全面」還相對於製造過程而言，強調產品質量形成要經歷一系列的過程，包括市場研究、研製、設計、制訂標準、制訂工藝、採購、配備設備與工裝、加工製造、工序控制、檢驗、銷售、售後服務等多個環節，它們相互制約、共同決定了產品最終質量水準，而僅僅局限於對製造過程實行控制是遠遠不夠的。最後，質量應當是「最經濟的水平」與「充分滿足顧客要求」的完美統一，離開經濟效益和質量成本去談質量是沒有實際意義的。

費根堡姆的全面質量管理觀點在世界範圍內得到了廣泛的接受，並在各國質量管理實踐中得到了不斷創新。特別是 20 世紀 80 年代後期以來，全面質量管理得到了進一步的擴展和深化，其含義遠遠超出一般意義上的質量管理的領域，而成為一種綜合的、全面的經營管理方式和理念，並發展成為了質量管理哲學。同時，全面質量管理的概念也得到了進一步的發展。1994 年版 ISO 9000 標準中對全面質量管理的定義為：一個組織以質量為中心，以全員參與為基礎，目的在於通過讓顧客滿意和本組織所有成員及社會受益而達到長期成功的管理途徑。這是將組織所有的管理職能納入質量管理的範疇，是「質」的飛躍，是一套管理思想、理論觀念、手段、方法的綜合體系，是以質量為核心的經營管理，是一種由顧客的需要和期望驅動的管理哲學。

2.4.2 全面質量管理的基本要求

全面質量管理是從過去的事後檢驗，以「把關」為主，轉變為以預防、改進為主；從「管結果」轉變為「管因素」，即提出影響質量的各種因素，抓住主要矛盾，發動各部門全員參加，運用科學管理方法和程序，使生產經營所有活動均處於受控制狀態之中；在工作中將過去的以分工為主轉變為以協調為主，使企業聯繫成為一個緊密的有機整體。中國專家總結實踐中的經驗，提出了「三全一多樣」的觀點。

2.4.2.1 全過程的質量管理

任何產品或服務的質量，都有一個產生、形成和實現的過程。從全過程的角度來看，質量產生、形成和實現的整個過程是由多個相互聯繫、相互影響的環節所組成的，每一個環節都或輕或重地影響著最終的質量狀況。為了保證和提高質量就必須把影響質量的所有環節和因素都控制起來。因此，全

過程的質量管理包括了從市場調研、產品的設計開發、生產（作業），到銷售、服務等全部有關過程的質量管理。換句話說，要保證產品或服務的質量，不僅要搞好生產或作業過程的質量管理，還要搞好設計過程和使用過程的質量管理。要對形成質量的全部過程中各個環節進行有效管理，形成一個綜合性的質量管理體系，做到以預防為主，防檢結合，重在提高。為此，全面質量管理強調必須體現如下兩個思想：

①預防為主、不斷改進的思想。優良的產品質量是設計和生產製造出來的，而不是靠事後的檢驗決定的。事後的檢驗面對的是已經既成事實的產品質量。根據這一基本原理，全面質量管理要求把管理工作的重點，從「事後把關」轉移到「事前預防」上來；從「管結果」轉變為「管因素」，實行「預防為主」的方針，把不合格品消失在它的形成過程之中，做到「防患於未然」。當然，為了保證產品質量，防止不合格品出廠或流入下道工序，並把發現的問題及時反饋，防止再出現、再發生，加強質量檢驗在任何情況下都是必不可少的。強調預防為主、不斷改進的思想，不僅不排斥質量檢驗，而且甚至要求其更加完善、更加科學與更加有效的質量檢驗制度。

②為顧客服務的思想。顧客有內部和外部之分：外部的顧客可以是最終的顧客，也可以是產品的經銷商或再加工者；內部的顧客是企業的部門和人員。實行全過程的質量管理要求企業所有各個工作環節都必須樹立為顧客服務的思想；內部顧客滿意是外部顧客滿意的基礎。在企業內部要樹立「下道工序是顧客」，「努力為下道工序服務」的思想。現代工業生產是一環扣一環，前道工序的質量會影響後道工序的質量，一道工序出了質量問題，就會影響整個過程以至產品質量。因此，要求每道工序的工序質量，都能滿足下道工序即「顧客」的要求。當每道工序在質量上都堅持高標準，都為下道工序著想，為下道工序提供最大的滿足時，企業必能生產出符合最終顧客要求的產品。

可見，全過程的質量管理就意味著全面質量管理要「始於識別顧客的需要，終於滿足顧客的需要」。

2.4.2.2 全員的質量管理

產品質量是企業各方面、各部門、各環節工作質量的綜合反應。企業中任何一個環節，任何一個人的工作質量都會不同程度地直接或間接地影響著產品質量。因此，產品質量人人有責，人人做好本職工作，全員參加質量管理，才能生產出顧客滿意的產品。要有效實現全員的質量管理，既要讓員工有對工作質量有高度的熱情，又要有全面的工作能力，再輔以合適的組織方式方可。因此企業應當做好以下三個方面的工作。

①抓好全員的質量教育和培訓。教育和培訓的目的有兩個方面。第一，加強職工的質量意識，牢固樹立「質量第一」的思想。第二，提高員工的技術能力和管理能力，增強參與意識。在教育和培訓過程中，要分析不同層次員工的需求，有針對性地開展教育和培訓。

②落實全員質量責任制。明確任務和職權，各司其職，密切配合，以形成一個高效、協調、嚴密的質量管理工作的系統。首先要求企業的管理者要勇於授權、敢於放權。授權是現代質量管理的基本要求之一。一方面，顧客和其他相關方能否滿意、企業能否對市場變化做出迅速反應決定了企業能否生存，尤其是服務企業的一線員工能根據顧客需要進行決策非常重要；另一方面，通過授權讓職工有強烈的參與意識，夠激發他們的積極性和創造性。同時，在明確職權和職責的同時，各部門和相關人員應對質量做出相應的承諾。

③開展豐富的群眾性質量管理活動。群眾性質量管理活動的重要形式之一是質量管理小組（QCC）。除了質量管理小組之外，還有很多群眾性質量管理活動，如合理化建議制度和質量相關的勞動競賽等。總之，企業應該發揮創造性，採取多種形式激發全員參與的積極性。

2.4.2.3　全企業的質量管理

全企業的質量管理強調企業是一個整體系統，企業各層級、各部門相互作用相互聯繫，不是孤立存在的，因此在落實質量管理工作時，企業高層管理者一定要有全局的眼光，並從系統的角度進行思考。該系統從縱橫兩個方面來加以理解。從縱向的組織管理角度來看，質量目標的實現有賴於企業的上層、中層、基層管理乃至一線員工的通力協作，其中尤以高層管理能否全力以赴起著決定性的作用。從企業職能間的橫向配合來看，要保證和提高產品質量必須使企業研製、維持和改進質量的所有活動構成為一個有效的整體。

①從組織管理的角度來看。從組織管理的角度來看，每個企業都可以劃分成上層管理、中層管理和基層管理。

「全企業的質量管理」就是要求企業各管理層次都有明確的質量管理活動內容。當然，各層次活動的側重點不同。上層管理側重於質量決策，制訂出企業的質量方針、質量目標、質量政策和質量計劃，並統一組織、協調企業各部門、各環節、各類人員的質量管理活動，保證實現企業經營管理的最終目的；中層管理則要貫徹落實領導層的質量決策，運用一定的方法找到各部門的關鍵、薄弱環節或必須解決的重要事項，確定出本部門的目標和對策，更好地執行各自的質量職能，並對基層工作進行具體的業務管理；基層管理則要求每個職工都要嚴格地按標準、按規範進行生產，相互間進行分工合作，

互相支持協助，並結合崗位工作，開展群眾合理化建議和質量管理小組活動，不斷進行作業改善。

②從質量職能角度來看。從質量職能角度看，產品質量職能是分散在全企業的有關部門中的，要保證和提高產品質量，就必須將分散在企業各部門的質量職能充分發揮出來，但由於各部門的職責和作用不同，其質量管理的內容也是不一樣的。為了有效地進行全面質量管理，就必須加強各部門之間的橫向協調，並且為了從組織上、制度上保證企業長期穩定地生產出符合規定要求、滿足顧客期望的產品，最終必須要建立起全企業的質量管理體系，使企業的所有研製、維持和改進質量的活動構成為一個有效的整體。

可見，全企業的質量管理就是要「以質量為中心、領導重視、組織落實、體系完善」。

2.4.2.4 多方法的質量管理

隨著技術的發展，產品的構成越來越複雜，影響產品質量的因素也越來越複雜。既有物質的因素，又有人的因素；既有技術的因素，又有管理的因素；既有企業內部的因素，又有企業外部的因素。企業要廣泛、靈活地運用多種多樣的現代化管理方法，把這一系列的因素有機地整合起來，以保證和提高產品質量服務。

目前，質量管理中廣泛使用各種方法，除統計方法之外，還有很多非統計方法。常用的質量管理方法有所謂的「老七種」工具，具體包括因果圖、排列圖、直方圖、控制圖、散布圖、分層圖、檢查表；還有「新七種」工具，具體包括關聯圖法、KJ法/親和圖、系統圖法、矩陣圖法、矩陣數據分析法、過程決策程序圖法（PDPC）法、矢線圖法。除了以上方法外，還有很多方法，尤其是一些新方法近年來得到了廣泛的關注，具體包括質量功能展開（QFD）、田口方法、故障模式和影響分析（FMEA）、頭腦風暴法（Brainstorming）、六西格瑪法、標杆法（Benchmarking）等。

2.4.3 全面質量管理的基本原則

全面質量管理經歷了近50年的發展後得到了進一步的擴展和深化，由早期的TQC演化成為TQM，其含義遠遠超出了一般意義上的質量管理的領域，而成為一種綜合的、全面的經營管理方式和理念。質量不再是僅僅被看做是產品的質量，而是整個組織經營管理的質量。因此全面質量管理已經成為組織實現戰略目標的最有力武器。而ISO 9000族國際標準是各國質量管理和質量保證經驗的總結，是各國質量管理專家智慧的結晶，也是大量融入了當今最重要的質量管理思想與方法——全面質量管理。可以說，ISO 9000族國際

標準是一本很好的質量管理教科書。在 2000 年版 ISO 9000 族標準中提出了質量管理八項原則，他們反應了全面質量管理的基本思想，可以說是全面質量管理的基本原則。這八項原則分別是：

2.4.3.1 以顧客為關注焦點

「組織依存於顧客。因此，組織應當理解顧客當前和未來的需求，滿足顧客要求並爭取超越顧客期望。」——ISO 9000

顧客是決定企業生存和發展的最重要因素，服務於顧客並滿足他們的需要應該成為企業存在的前提和決策的基礎，是產品質量的起點。就是一切要以顧客為中心，沒有了顧客，產品銷售不出去，市場自然也就沒有了。所以，無論什麼樣的組織，都要滿足顧客的需求，顧客的需求是第一位的。要滿足顧客需求，首先就要瞭解顧客的需求，這裡說的需求包含顧客明示的和隱含的需求，明示的需求就是顧客明確提出來的對產品或服務的要求；隱含的需求或者說是顧客的期望，是指顧客沒有明示但是必須要遵守的，比如說法律法規的要求，還有產品相關的標準的要求。另外，作為一個組織，還應該瞭解顧客和市場的反饋信息，並把它轉化為質量要求，採取有效措施來實現這些要求。想顧客所想，這樣才能做到超越顧客期望。這個指導思想不僅領導要明確，還要在全體職工中貫徹。

2.4.3.2 領導作用

「領導者確立組織統一的宗旨及方向。他們應當創造並保持使員工能充分參與實現組織目標的內部環境。」——ISO 9000

企業領導能夠將組織的宗旨、方向和內部環境統一起來，積極的營造一種競爭的機制，調動員工的積極性，使所有員工都能夠在融洽的氣氛中工作。領導者應該確立組織的統一的宗旨和方向，就是所謂的質量方針和質量目標，並能夠號召全體員工為組織的統一宗旨和方向努力，從而帶領全體員工一道去實現目標。而且最高管理者應該確保關注顧客要求，確保建立和實施一個有效的質量管理體系，確保提供相應的資源，並隨時將組織運行的結果與目標比較，根據情況決定實現質量方針、目標的措施，決定持續改進的措施。在領導作風上還要做到透明、務實和以身作則。

2.4.3.3 全員參與

「各級人員都是組織之本，只有他們的充分參與，才能使他們的才干為組織帶來收益。」——ISO 9000

產品質量是企業中所有部門和人員工作質量的直接或間接的反應。因此，組織的質量管理不僅需要最高管理者的正確領導，更重要的是全員參與。只

有他們的充分參與，才能使他們的才干為組織帶來最大的收益。為了激發全體員工參與的積極性，管理者應該對職工進行質量意識、質量技能、職業道德、以顧客為中心的意識和敬業精神的教育，還要通過制度化的方式激發他們的積極性和責任感。在全員參與過程中，團隊合作是一種重要的方式，特別是跨部門的團隊合作。

2.4.3.4 過程方法

「將活動和相關的資源作為過程進行管理，可以更高效地得到期望的結果。」——ISO 9000

質量管理理論認為，任何活動都是通過「過程」實現的。

通過分析過程、控制過程和改進過程，就能夠將影響質量的所有活動和所有環節控制住，確保產品和服務的高質量。因此，在開展質量管理活動時，必須要著眼於過程，要把活動和相關的資源都作為過程進行管理，才可以更高效地得到期望的結果。組織為了增值通常對過程進行策劃並使其在受控條件下運行。

過程方法的原則不僅適用於某些簡單的過程，也適用於由許多過程構成的過程網絡。在應用於質量管理體系時，2000 年版 ISO 9000 族標準建立了一個過程模式。此模式把管理職責，資源管理，產品實現，測量、分析和改進作為體系的四大主要過程，描述其相互關係，並以顧客要求為輸入，提供給顧客的產品為輸出，通過信息反饋來測定的顧客滿意度，評價質量管理體系的業績。

2.4.3.5 管理的系統方法

「將相互關聯的過程作為系統加以識別、理解和管理，有助於組織提高實現目標的有效性和效率。」開展質量管理要用系統的思路。這種思路應該體現在質量管理工作的方方面面。在建立和實施質量管理體系時尤其如此。一般其系統思路和方法應該遵循以下步驟：確定顧客的需求和期望；建立組織的質量方針和目標；確定過程和職責；確定過程有效性的測量方法並用來測定現行過程的有效性；尋找改進機會，確定改進方向；實施改進；監控改進效果，評價結果；評審改進措施和確定後續措施等。

2.4.3.6 持續改進

「持續改進總體業績應當是組織的一個永恆目標。」質量管理的目標是顧客滿意。顧客需要在不斷地提高，因此，企業必須要持續改進才能持續獲得顧客的支持。另外，競爭的加劇使得企業的經營處於一種「逆水行舟，不進則退」的局面，要求企業必須不斷改進才能生存。

2.4.3.7 以事實為基礎進行決策

「有效決策是建立在數據和信息分析的基礎上。」為了防止決策失誤，必須要以事實為基礎。為此必須要廣泛收集信息，用科學的方法處理和分析數據和信息，不能夠「憑經驗，靠運氣」。為了確保信息的充分性，應該建立企業內外部的信息系統，以事實說話。

2.4.3.8 與供方互利的關係

「組織與供方是相互依存的，互利的關係可增強雙方創造價值的能力。」在目前的經營環境中，企業與企業已經形成了「共生共榮」的企業生態系統。企業之間的合作關係不再是短期的甚至一次性的合作，而是要致力於雙方共同發展的長期合作關係。

ISO 9000 族標準的八項原則反應了全面質量管理的基本思想和原則，但是全面質量管理的原則還不僅限於此。原因在於 ISO 9000 族標準是世界性的通用標準，因此它並不能代表質量管理的最高水平。

【本章案例】紐約市公園及娛樂局實施「全面質量管理」技術

紐約市公園及娛樂部的主要任務是負責城市公共活動場所（包括公園、沙灘、操場、娛樂設施、廣場等）的清潔和安全工作，並增進居民在健康和休閒方面的興趣。

市民將娛樂資源看做是重要的基礎設施，因此公眾對該部門的重要性是認同的。但是在採用何種方式實現其使命，及該城市應投入多少資源去實施其計劃卻很難達成共識。該部門面臨著管理巨大的系統和減少的資源。和美國的其他城市相比，紐約市的計劃是龐大的。該部門將絕大部分資源投入現有設施維護和運作，儘管為設施維護和運作投入的預算從 1994 年到 1995 年削減了 4.8%。

為了對付預算削減，並能維持龐大複雜的公園系統，該部門的策略包括：與預算和管理辦公室展開強硬的幕後鬥爭，以恢復一些已削減的預算；發展公司夥伴關係以取得更多的資源等等。除了這些策略，該組織採納了全面質量管理技術，以求「花更少的錢干更多的事」。

在任何環境下產生真正的組織變化是困難的，工人們會對一系列的管理時尚產生懷疑。因此，該部門的策略是將全面質量管理逐步介紹到組織中，即顧問團訓練高層管理者讓他們接受全面質量管理的核心理念，將全面質量管理觀念逐步灌輸給組織成員。這種訓練提供了全面質量管理的概念，選擇

質量改進項目和目標團隊的方法，管理質量團隊和建立全面質量管理組織的策略。雖然存在問題，但這些舉措使全面質量管理在實施的最初階段獲得了相當的成功。

在全面質量管理技術執行五年後，情況出現了變化。

該部門是政治任命的。以前的官員落選了，新一任官員就任後，TQM 執行計劃被擱淺了。新上任的負責人將其前任確立的全面質量管理技術看做是他能夠忽略的其前任的優勢。大部分成員沒有完全理解或讚成 TQM 哲學，認為只是前任遺留下來的東西。但是新任同樣面臨著削減的預算和龐大的服務系統的問題，但卻沒有沿用前任採取的工具，其採用的是私有化、績效管理等手段。

紐約市公園與娛樂管理局（The New York Department of Parks and Recreation）的主要任務是負責城市公共活動場所（包括公園、沙灘、操場、娛樂設施、廣場等）的清潔和安全工作，並增進居民在健康和娛樂方面的興趣。該部門面臨著如何以較少的資源提高服務績效的問題。在前期該部門將「全面質量管理」（TQM）確定為一項重要舉措並取得了一定成效。但是到後期因為領導人變更而放棄該工具改用其他工具。我們也用上述的理論框架做簡要的分析：首先，公園與娛樂管理局的目標是在面臨預算削減的情況下，繼續維持龐大複雜的服務系統。該局面臨的問題是減少的預算和增加的顧客需求。市民將娛樂資源看做是重要的基礎設施，因此，公眾對該部門重要性是認同的。但是在採用何種方式實現其使命，及該城市應投入多少資源去實施其計劃卻很難達成共識，為設施維護和運作投入的預算從 1994 年到 1995 年削減了 4.8%。因此該局的目標是以最小的成本達成目標。

其次，公園與娛樂管理局在前期採用的最重要的一項政策工具是「全面質量管理」。「全面質量管理」有以下三個核心理念：

（1）工作過程中的配備必須為特定目標設計；

（2）分析職員的工作程序，以進行路線化的組織運作並減少過程變動；

（3）加強與顧客的聯繫，從而瞭解顧客的需求並且明確他們對服務質量的界定。

實踐證明，「全面質量管理」是一種有效的工具。有關分析顯示了該局實施「全面質量管理」所獲得的財政和運作收益。啓動費用是 22.3 萬美元，平均每個項目 2.3 萬美元，總共節省了 71.15 萬美元，平均每個項目一年節約 7.1 萬美元。這個數字不包括間接和長期收益，只是每個項目每年直接節約的費用。

再次，公園與娛樂管理局在運用「全面質量管理」技術時考慮到組織路

線的影響。在任何環境下產生真正的組織變化是困難的，工人們會對一系列的管理時尚產生懷疑。因此該局的策略是將全面質量管理逐步介紹到組織中，即顧問團訓練高層管理者讓他們接受全面質量管理的核心理念，將全面質量管理觀念逐步灌輸給組織成員。這種訓練提供了全面質量管理的理念和建立全面質量管理組織的策略。雖然存在一些問題，但這些舉措使全面質量管理在實施的最初階段獲得了相當的成功。

最後，公園與娛樂管理局在後期因環境改變而放棄「全面質量管理」工具。「全面質量管理」強調主要領導者的作用，這在政府部門是一個挑戰。委任的領導人經常會落選，繼任者都想證明他們的工作較之前任有所改進，這常常會使新的管理者拋棄其前任的管理方法。在「全面質量管理技術」執行五年後，情況出現了變化，以前的官員落選了。新一任官員就任後，只把「全面質量管理」看做是前任遺留下來的東西，其大部分成員也沒有完全理解或讚成TQM哲學。儘管同樣面臨著削減的預算和龐大的服務系統的問題，但該局卻沒有沿用前期採取的工具，而是採用是「私有化」「績效管理」等手段。

在該案例中，儘管「全面質量管理」這一工具與該局以「較少的成本維持龐大的服務系統」的目標是匹配的，而且該局在運用「全面質量管理」這一新工具時也考慮到組織路線的影響並採取了一定策略以減少推行該工具的阻力，從而使該工具在經過一段時間嘗試後被證明是達成目標的有效工具，但最終卻因為領導人的變更而被拋棄。可見，決策者選擇政策工具並不完全是理性的，這個案例的意義在於展現了政策工具選擇面臨的政治壓力。

思考題：

1. 當消費者在移動公司的營業大廳辦理業務時，他們期望優質的服務。請舉例說明移動業務辦理的服務質量要素。
2. 服務標準與生產規範有什麼區別？有哪些相似之處？
3. 企業應該如何實施全面質量管理？

3 統計學基礎和數據

在本章中，我們著眼於量化的概率問題和相關的統計學基礎。另外，我們將討論數據類型、數據的表示方法和如何定量地描述數據。

3.1 概率的相關術語

隨機事件：在一定的條件下，可能發生也可能不發生的事件，稱為隨機事件。

不可能事件：在一定條件下不可能發生的事件。

必然事件：在一定條件下一定發生的事件。不可能事件和必然事件也可看成隨機事件，只不過它們是隨機事件的兩個極端。

概率：在一組不變的條件 S 下，重複做 n 次試驗。記 μ 為 n 次試驗中事件 A 發生的次數。當試驗的次數 n 很大時，如果事件 A 發生的頻率 μ/n 穩定地在某一數值 p 附近擺動；而且一般說來，隨著試驗次數的增加，這種擺動的幅度愈變愈小，則稱 A 為隨機事件，並稱數值 p 為隨機事件 A 在條件組 S 下發生的概率，記做：

i.
$$P(A) = p$$

ii. 在這個定義下，可以看出必然事件和不可能事件都是隨機事件的特例。

$$P(V) = 0, \quad P(U) = 1。$$
$$0 \leq P(A) \leq 1$$

3.2 統計參數

常用的統計量主要有兩類：一類是反應樣本數據集中程度的特徵量，如樣本平均值、樣本中位數等；另一類是反應樣本數據離散程度的特徵量，如

樣本極差、樣本標準差、樣本方差等。

3.2.1 樣本數據集中程度特徵量

3.2.1.1 均值

均值描述變量值的集中位置，是指測量的數值的總和除以被測量單位的個數，總體平均值用 μ 表示，樣本均值用 $\bar{x}$ 表示。$\bar{x}$ 是 n 個數的總和被 n 除，如圖 3－1 所示。均值的公式：

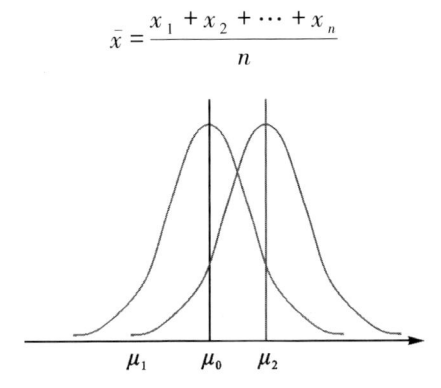

$$\bar{x} = \frac{x_1 + x_2 + \cdots + x_n}{n}$$

圖 3－1　均值不同的正態分佈（$\mu_1 < \mu_0 < \mu_2$）

3.2.1.2 樣本中位數

當樣本數據中存在極端數據（個別特別大或特別小的數據）時，樣本均值作為數據集中趨勢的代表不合適，從而引入另一個特徵量——樣本中位數，它是將樣本數據從小到大排列後處在中間位置上的數據，當樣本容量 n 為奇數時，它恰為中間的一個數，當 n 為偶數時，它是中間兩個數據的平均值。中位數可用下式計算：

$$M = [(n+1)/2] \qquad （若 n 為奇數）$$
$$M = (n/2) 或 (n/2+1) 的均值 \qquad （若 n 是偶數）$$

例如，隨機抽取 7 根小蠟燭，經測量其燃燒時間分別為 3 分鐘、2 分鐘、4 分鐘、6 分鐘、19 分鐘、5 分鐘、3 分鐘，這些數據是從所有此類蠟燭總體中抽取的樣本。我們只對推斷這批蠟燭的燃燒特徵感興趣，我們可以計算出樣本均值為 6 分鐘。注意，7 根蠟燭中的 6 根燃燒時間小於 6 分鐘，因此此處用平均值作為集中趨勢的測量有些誤導，此時用中位數 4 更合適。一半的數值比中位數高，一半的數值低於中位數，中位數不會像平均數那樣會受到極端值的影響。

在實際應用中，要根據不同的研究目的和不同的數據分佈特徵來選擇均

值或中位數作為集中趨勢的代表值。一般地，當數據呈現對稱鐘形分佈或近似對稱鐘形分佈時，均值與中位數是一致的，應當選擇均值作為數據集中趨勢的代表值。因為，均值綜合了每一個樣本數據所提供的信息，這就使得計算結果具有較高的代表性，而且均值具有各樣本數據與其離差平方和最小的良好數學性質。但當數據分佈的偏斜度較大（出現極端值情況）時，均值容易受到極端數據的影響，不能很好地反應樣本數據的集中趨勢，應該選擇中位數作為集中趨勢的代表值。

3.2.2 樣本數據離散程度統計量

3.2.2.1 極差（R）

極差是對散布度測量的最簡單的方法，對於計數型和計量型研究中的原始數據，它是指在一組數據中最大值和最小值之差：

$$R = x_{max} - x_{min}$$

極差越大，數據越分散。

3.2.1.2 標準差（σ）

標準差描述變量值的離散情況，數據越分散，標準差越大；數據與標準差越接近，標準差就越小，如圖 3-2 所示。我們計算有 n 個觀察值的樣本的標準差，叫做樣本標準差，用 S 表示。標準差公式：

$$S = \sqrt{\frac{\sum_{i=1}^{n}(x_i - \bar{x})^2}{n-1}}$$

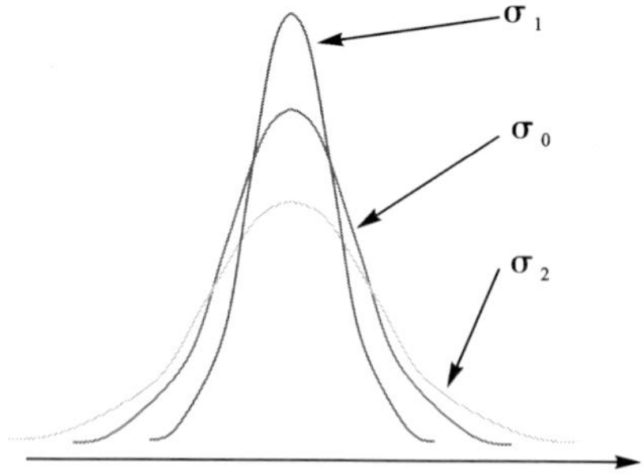

圖 3-2　標準差不同時的曲線分佈（$\sigma_1 < \sigma_0 < \sigma_2$）

方差是標準差的平方，以均值為中心，提取了全部樣本數據中的離差信息，這就使得它在反應離散程度方面更加全面，而且均值具有各個樣本數據與其離差平方和為最小的性質，也保證了方差在說明均值代表性方面的良好

性質。一般地，樣本方差 S^2 越大則樣本數據的分散程度越高。樣本方差算式中的分母是「$n-1$」而非「n」，是為了從數學上得到較好的總體方差估計量，也稱為「自由度」。

3.3 正態分佈

正態分佈（normal distribution）是用平均數，用標準差 σ 描述變量值的離散情況，如圖 3-3 所示，其公式為：

$$\varphi(X) = \frac{1}{\sigma\sqrt{2\pi}} e^{-\frac{1}{2}(\frac{X-\mu}{\sigma})^2}$$

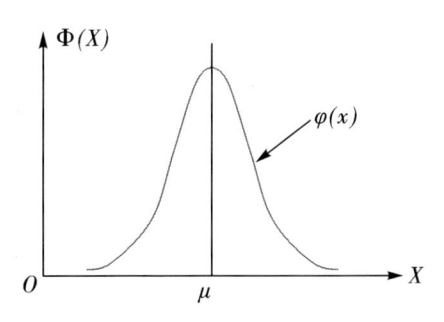

圖 3-3 正態分佈曲線

為了應用方便，常將上式進行變量變換（即 $u = (X-\mu)/\sigma$），u 變換後，$\mu = 0$，$\sigma = 1$，使原來的正態分佈變換為標準正態分佈（standard normal distribution）。正態分佈可記為 $N(\mu, \sigma^2)$，因此標準正態分佈可記為 $N(0, 1)$。標準正態分佈曲線如圖 3-4 所示，其公式為：

$$\varphi(u) = \frac{1}{\sqrt{2\pi}} e^{-\frac{1}{2}u^2}$$

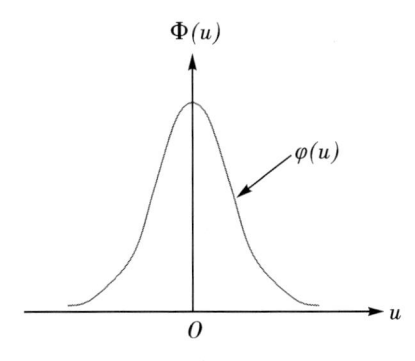

圖 3-4 標準正態分佈曲線

3.3.1 正態分佈的性質

①正態曲線（normal curve）在橫軸上方均數處最高。

②正態分佈以均數為中心，左右對稱。

③正態分佈只有兩個參數（parameter），即均數 μ 和標準差 σ，μ 的變化使曲線平移，σ 的值越小表明曲線越集中。

④正態曲線在 $\pm 1\sigma$ 處各有一個拐點，隨著 $(X-\mu)/\sigma$ 的絕對值的增加，曲線由平均數所在點向左右兩方迅速下降。

⑤正態曲線下的面積分佈有一定的規律。

3.3.2 正態曲線下面積的分佈規律

正態曲線下一定區間的面積可以通過查表求出正態曲線下某區間的面積，進而估計該區間的觀察例數占總例數的百分數或變量值落在該區間的概率。

3.3.2.1 查表時的注意事項

①表中曲線下面積為自 $-\infty$ 到 u 的面積。

②當 μ，σ 已知時，先根據 u 變換［即 $u=(X-\mu)/\sigma$］求得 u 值，再查表。

③當 μ，σ 未知且樣本含量 n 足夠大時，常用樣本均數 $\bar{x}$ 和樣本標準差 S 分別代替 μ 和 σ 進行 u 變換［即 $u=(X-\bar{x})/S$］，求得 u 的估計值，再查表。

④標準正態分佈曲線下對稱於 0 的區間面積相等，如區間 $(-\infty, -1.96)$ 與區間 $(1.96, +\infty)$ 的面積相等。

⑤曲線下橫軸上的總面積為 100% 或 1。

3.3.2.2 幾個區間的面積（如表 3-1 所示）

①標準正態分佈時區間 $(-1, 1)$ 或正態分佈時區間 $(\mu-1\sigma, \mu+1\sigma)$ 的面積占總面積的 68.27%。

②標準正態分佈時間 $(-1.96, 1.96)$ 或正態分佈時區間 $(\mu-1.96\sigma, \mu+1.96\sigma)$ 的面積占總面積的 95.00%。

③標準正態分佈區間 $(-2.58, 2.58)$ 或正態分佈時區間 $(\mu-2.58\sigma, \mu+2.58\sigma)$ 的面積占總面積的 99.00%。

④標準正態分佈時間 $(-3, 3)$ 或正態分佈時區間 $(\mu-3\sigma, \mu+3\sigma)$ 的面積占總面積的 99.73%。

表 3-1　　標準正態分佈曲線下的面積

(本表為自 $-\infty$ 到 $-u$ 的面積 $\Phi(-u)$, $\Phi(u) = 1 - \Phi(-u)$)

u	0.00	0.01	0.02	0.03	0.04	0.05	0.06	0.07	0.08	0.09
-3.0	0.001,3	0.001,3	0.001,3	0.001,2	0.001,2	0.001,1	0.001,1	0.001,1	0.001,0	0.001,0
-2.9	0.001,9	0.001,8	0.001,8	0.001,7	0.001,6	0.001,6	0.001,5	0.001,5	0.001,4	0.001,4
-2.8	0.002,6	0.002,5	0.002,4	0.002,3	0.002,3	0.002,2	0.002,1	0.002,1	0.002,0	0.001,9
-2.7	0.003,5	0.003,4	0.003,3	0.003,2	0.003,1	0.003,0	0.002,9	0.002,8	0.002,7	0.002,6
-2.6	0.004,7	0.004,5	0.004,4	0.004,3	0.004,1	0.004,0	0.003,9	0.003,8	0.003,7	0.003,6
-2.5	0.006,2	0.006,0	0.005,9	0.005,7	0.005,5	0.005,4	0.005,2	0.005,1	0.004,9	0.004,8
-2.4	0.008,2	0.008,0	0.007,8	0.007,5	0.007,3	0.007,1	0.006,9	0.006,8	0.006,6	0.006,4
-2.3	0.010,7	0.010,4	0.010,2	0.009,9	0.009,6	0.009,4	0.009,1	0.008,9	0.008,7	0.008,4
-2.2	0.013,9	0.013,6	0.013,2	0.012,9	0.012,5	0.012,2	0.011,9	0.011,6	0.011,3	0.011,0
-2.1	0.017,9	0.017,4	0.017,0	0.016,6	0.016,2	0.015,8	0.015,4	0.015,0	0.014,6	0.014,3
-2.0	0.022,8	0.022,2	0.021,7	0.021,2	0.020,7	0.020,2	0.019,7	0.019,2	0.018,8	0.018,3
-1.9	0.028,7	0.028,1	0.027,4	0.026,8	0.026,2	0.025,6	0.025,0	0.024,4	0.023,9	0.023,3
-1.8	0.035,9	0.035,1	0.034,4	0.033,6	0.032,9	0.032,2	0.031,4	0.030,7	0.030,1	0.029,4
-1.7	0.044,6	0.043,6	0.042,7	0.041,8	0.040,9	0.040,1	0.039,2	0.038,4	0.037,5	0.036,7
-1.6	0.054,8	0.053,7	0.052,6	0.051,6	0.050,5	0.049,5	0.048,5	0.047,5	0.046,5	0.045,5
-1.5	0.066,8	0.065,5	0.064,3	0.063,0	0.061,8	0.060,6	0.059,4	0.058,2	0.057,1	0.055,9
-1.4	0.080,8	0.079,3	0.077,8	0.076,4	0.074,9	0.073,5	0.072,1	0.070,8	0.069,4	0.068,1
-1.3	0.096,8	0.095,1	0.093,4	0.091,8	0.090,1	0.088,5	0.086,9	0.085,3	0.083,8	0.082,3
-1.2	0.115,1	0.113,1	0.111,2	0.109,3	0.107,5	0.105,6	0.103,8	0.102,0	0.100,3	0.098,5
-1.1	0.135,7	0.133,5	0.131,4	0.129,2	0.127,1	0.125,1	0.123,0	0.121,0	0.119,0	0.117,0
-1.0	0.158,7	0.156,2	0.153,9	0.151,5	0.149,2	0.146,9	0.144,6	0.142,3	0.140,1	0.137,9
-0.9	0.184,1	0.181,4	0.178,8	0.176,2	0.173,6	0.171,1	0.168,5	0.166,0	1,635	0.161,1
-0.8	0.211,9	0.209,0	0.206,1	0.203,3	0.200,5	0.197,7	0.194,9	0.192,2	0.189,4	0.186,7
-0.7	0.242,0	0.238,9	0.235,8	0.232,7	0.229,6	0.226,6	0.223,6	0.220,6	0.217,7	0.214,8
-0.6	0.274,3	0.270,9	0.267,6	0.264,3	0.261,1	0.257,8	0.254,6	0.251,4	0.248,3	0.245,1
-0.5	0.308,5	0.305,0	0.301,5	0.298,1	0.294,6	0.291,2	0.287,7	0.284,3	0.281,0	0.277,6
-0.4	0.344,6	0.340,9	0.337,2	0.333,6	0.330,0	0.326,4	0.322,8	0.319,2	0.315,6	0.312,1
-0.3	0.382,1	0.378,3	0.374,5	0.370,7	0.366,9	0.363,2	0.359,4	0.355,7	0.352,0	0.348,3
-0.2	0.420,7	0.418,6	0.412,9	0.409,0	0.405,2	0.401,3	0.397,4	0.393,6	0.389,7	0.385,9
-0.1	0.460,2	0.456,2	0.452,2	0.448,3	0.444,3	0.440,4	0.436,4	0.432,5	0.428,6	0.424,7
-0.0	0.500,0	0.496,0	0.492,0	0.488,0	0.484,0	0.480,1	0.476,1	0.472,1	0.468,1	0.464,1

3.3.3 正態曲線的應用

[例3-1] 已知某零件一長度尺寸加工後滿足正態分佈，其統計參數 $\bar{x}$ = 66.72，S = 2.08，試估計總體中尺寸分別在 66.72~68.80 厘米間、66~68 厘米間、68~70 厘米間的零件數占總零件數的百分比。

解：

(1) 求尺寸在 66.72~68.80 厘米之間曲線下面積。

①求 u（$u = (X-\mu)/\sigma$，這裡分別以 $\bar{x}$、S 作為 μ 與 σ 的估計值）。

(66.72 - 66.72)/2.08 = 0；(68.80 - 66.72)/2.08 = 1。

②查表 3-1，即 $\Phi(0)$ = 0.50，$\Phi(1)$ = 0.841,3。

u 自 0 至 1 的面積 = $\Phi(1) - \Phi(0)$ = 0.341,3。

所以，尺寸在此區間內的零件數占總零件數的 34.13%，如圖 3-5（a）所示。

(2) 求尺寸在 66~68 厘米之間曲線下面積。

①求 u。

(66 - 66.72)/2.08 = -0.346；(68 - 66.72)/2.08 = 0.615。

標準正態曲線下面積見圖 3-5（b）。

②查表 3-1 可得，$\Phi(-0.346)$ = 0.364,7（經內插法求得，下同），$\Phi(0.615)$ = 0.730,8，0.730,8 - 0.364,7 = 0.366,1。

尺寸在此區間內的零件數占總零件數的 36.61%。

(3) 求尺寸在 68~70 厘米間的零件數占總零件數的百分比。

①求 u。

(68 - 66.72)/2.08 = 0.615，(70 - 66.72)/2.08 = 1.577，標準正態曲線下面積見圖 3-5（c）。

②查表 3-1 可得，$\Phi(1.577)$ = 0.942,6，$\Phi(0.615)$ = 0.730,8，0.942,6 - 0.730,8 = 0.211,8。

尺寸在此區間內的零件數占總零件數的 21.18%。

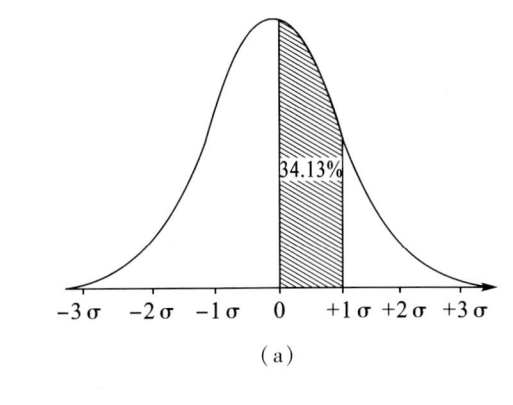

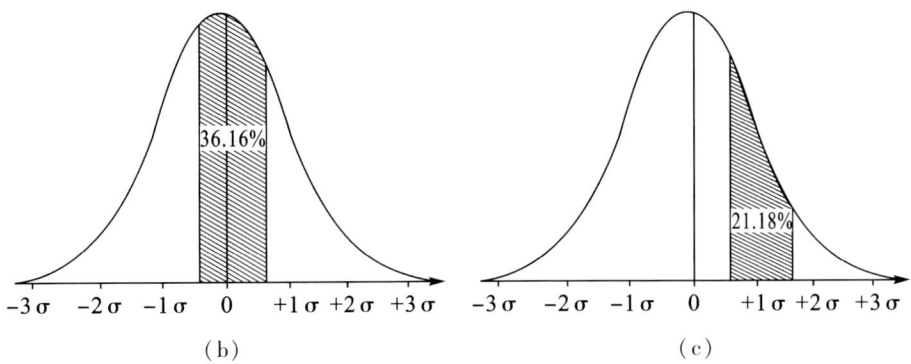

圖 3-5 不同長度區間的零件數占總零件數的百分比圖

3.4 其他分佈

3.4.1 二項分佈

一批產品，批量為無限大，假定產品總體的不合格品率為 P。從總體中隨機抽取容量為 n 的樣本，由於總體是無限的，則樣本中恰含有 x 個不合格品的概率服從二項分佈，即：

$$P(\xi=k)=C_n^k p^k(1-p)^{n-k}, 0 \leqslant p \leqslant 1, k=0,1,2,\cdots,n$$

3.4.2 泊松分佈

我們常常把鑄件上的氣孔數、紡織品小的疵點數、事故或故障的發生次數等稱為缺陷數。在質量管理中，泊松分佈的典型用途是用作單位產品上所發生的缺陷數的數學模型。如果單位產品的缺陷數滿足以下三條假定，則說

明單位產品的缺陷數服從泊松分佈。

①在單位產品很小的面積上（長度或體積等），出現兩個或兩個以上缺陷的概率很小，在極限狀態下可以忽略不計。

②在任一很小的面積上，出現一個缺陷的概率僅與面積成正比。

③在任一很小面積上是否出現缺陷，與另一很小的面積上是否出現缺陷相互獨立。

用 x 表示缺陷數，則 x 為隨機變量，可取任意一個自然數 0、1、2、…，缺陷數恰好等於 x 的概率服從泊松分佈，即：

$$P(\xi = k) = e^{-\lambda} \frac{\lambda^k}{k}, \quad \lambda > 0, \quad k = 0, 1, 2, \cdots, n$$

泊松分佈是二項分佈的極限形式（$n \to \infty$，$np \to \lambda$）。其中，參數 $\lambda > 0$，為單位產品缺陷數的期望值，常用樣本缺陷數的平均值估計。

3.5 數據的類型

在質量管理中搜集到的質量數據（即質量特性的觀測值），大多數是可以定量取值的。不同種類的數據，其統計性質不同，相應的處理方法也就不同。因此，對於數據要正確分類。對於現場數據，根據其不同性質大致可分為以下幾類：

3.5.1 計量數據（連續數據）

計量數據是可以通過某種量具、儀器等測定得到，它們可以在某一區間內連續取值，如處理客戶投訴的時間、樹木的長度、白熾燈泡的壽命等連續值所取得的數據。

3.5.2 計數數據（間斷數據）

以個數計算的數值或數值呈不連續性的，稱為計數數據。計數數據的取得是通過計數的方法獲得，它們只能取非負的整數，如不合格品數、缺陷數、事故數等可以 0 個、1 個、2 個……一直數下去的數據。

計數數據還可以進一步分為計件數據和計點數據。前者如不合格品數、缺勤人數等都是計件數據，把這些數據變換成比率後也是計件數據；後者如缺陷數、事故數、疵點數、每頁印刷錯誤數等都是計點數據。

3.6 質量因素

影響質量的因素稱為質量因素。根據不同的劃分標準，質量因素可以有不同的分類：

3.6.1 按不同來源分類

按不同來源可分為：操作人員、設備、原材料、操作方法和環境，簡稱4M1E，有的還把測量加上，簡稱5M1E。國際標準ISO 9000則分得更細，除去上述因素外還加上計算機軟件、輔助材料以及水、電公用設施等，反應了時代的進步。

3.6.2 按影響大小與作用性質分類

按影響大小與作用性質分類，質量因素可分成以下兩類：

3.6.2.1 偶然因素

偶然因素又稱隨機因素。偶然因素具有四個特點：①影響微小，即對產品質量的影響微小。②始終存在。就是說，只要一生產，這些因素就始終在起作用。③逐件不同，由於偶然因素是隨機變化的，所以每件產品受到偶然因素的影響是不同的。④難以除去，指在技術上有困難或在經濟上不允許消除的。偶然因素的例子很多，例如，機床開動時的輕微振動，原材料的微小差異，操作的微小差別等。

3.6.2.2 異常因素

異常因素又稱系統因素。與上述偶然因素相對應，異常因素也有四個特點：①影響較大，即對產品質量的影響大；②有時存在，就是說，它是由某種原因所產生的，不是在生產過程中始終存在的；③一系列產品受到同一方向的影響，這是指加工件質量指標受到的影響是都變大或都變小；④不難除去，指這類因素在技術上不難識別和消除，而在經濟上也往往是允許的。異常因素的例子也很多，例如，由於固定螺母鬆動造成機床的較大振動，刀具的嚴重磨損，違反規程的錯誤操作等。

隨著科學的進步，有些偶然因素的影響可以設法減少，甚至基本消除。但從偶然因素的全體來看是不可能完全加以消除的，因此，偶然因素引起產品質量的偶然波動也是不可避免的。必須承認這一客觀事實：產品質量的偶

然波動是影響微小的而同時又是不可避免的。故對於偶然因素可以忽略，不必予以特別處理。

異常因素則不然，它對於產品質量影響較大，可造成產品質量過大的異常波動，以致產品質量不合格，同時它也不難加以消除。因此，在生產過程中異常因素是注意的對象。一旦發現產品質量有異常波動，就應盡快找出其異常因素，加以排除，並採取措施使之不再出現。質量變異是不可避免的，第五章將討論如何應用統計方法對質量變異進行分析。

頻數分佈可以較全面地反應質量數據的大致分佈情況，進一步地，我們還希望知道分佈的某些特徵量，如產品的平均壽命、質量特性值的波動等等，這時就需要用到統計量。在質量管理中常用統計量來估計產品質量的某些特徵。

3.7　質量數據的整理與圖示

產品質量的統計觀點處現代質量管理的一個基本觀點。傳統質量管理與近代質量管理的一個重要差別就在於後者引入了產品質量的統計觀點。它包括下列內容：

3.7.1　認識到產品質量的變異性

產品質量是操作人員在一定的環境下，運用機器設備，按照規定的操作方法，對原構料加工製造出來的。換言之，產品質量是在一定的 4M1E 的條件下製造出來的。由於這些質量因素在生產過程中不可能保持不變，故產品質量就由於受到一系列客觀存在的因素的影響而在生產過程中不停地變化著。這就是產品質量的變異性，也稱質量波動性。

3.7.2　可以掌握產品質量變異的統計規律性

產品質量的變異是具有統計規律性的。在生產正常的情況下，對產品質量的變異經過大量調查與分析後，可以應用概率論與數理統計方法，來精確地找出產品質量變異的幅度以及不同大小的變異幅度出現的可能性，即找出產品質量的分佈。這就是產品質量變異的統計規律。在質量管理中，計量質量特性值常見的分佈有正態分佈等，計件質量特性值常見的分佈有二項分佈等，計點質量特性值常見的分佈有泊松分佈等。掌握了這些統計規律的特點與性質，就可以用來控制與改進產品的質量。

近代質量管理不再把產品質量僅僅看成是產品與規格的對比——這種對比是一種機械的形而上學的觀點，而是辯證地把產品質量看成是受一系列因素的影響、並遵循一定的統計規律在不停地變化著的。這種觀點就是產品質量的統計觀點。

3.8 在工作中統計工具為何有時會失靈

在開始討論統計質量改進之前，我們必須意識到很多時候統計工具不能實現其預期效果。為什麼呢？有許多公司無法以實質性的方式進行質量控制（即形式化勝於實質化）。下面將介紹幾個原因作為引導，您可利用這個指導評估組織能否在使用統計方法進行過程改進時取得成功。統計工具應用失敗的原因如下：

①缺乏對工具的認識而誤用工具。
②一般人均輕視與數學有關的事物，以致造成應用統計時的自然壁壘。
③公司內部的文化壁壘使得難以用統計方法進行持續改進。
④統計專家與管理者溝通障礙。
⑤統計講授過程中強調數學推導而忽視應用。
⑥人們缺乏對科學方法的瞭解。
⑦組織缺乏收集數據的耐心，所有決策都必須在「昨天」已制定。
⑧統計被視為一種用來支持現存觀點的方法，而非形成或改進決策的方法。
⑨大多數人不瞭解隨機變異，導致過多的過程干預。
⑩統計工具通常只有在有問題發生時才被迫使用，並且只著重結果而非原因。

思考題：

1. 什麼是計量數據和計數數據？如何區分它們？
2. 什麼是總體、樣本和個體？
3. 測定某產品的質量特性值數據為：10，11，11，10，14，13，15，15，19，17，求其平均值、中位數、方差、標準差和極差。

4　抽樣檢驗

檢驗是生產過程中的一個有機組成部分。通過檢驗可以分離並剔出不合格品，對生產過程及時作出數量分析，以保證滿足用戶需要，並建立與維護企業的信譽；通過檢驗，及時預測不合格品的產生，保證做到「不合格的原料不投產，不合格的半成品不轉序，不合格的成品不出廠」，以避免損失。

4.1　質量檢驗

檢驗是通過觀察和判斷，必要時結合測量和試驗所進行的符合性評價（ISO/IEC 指南 2）。質量檢驗就是對產品的一個或多個質量特性進行觀察、測量、試驗，並將結果與規定的質量要求進行比較，以判斷每項質量特性合格情況（與否）的一種活動/過程。質量檢驗的目的是對產品的一個或多個質量特性是否符合規定的質量標準取得客觀證據。質量檢驗的對象是產品的一個或多個質量特性。

4.1.1　質量檢驗的主要職能

4.1.1.1　鑑別職能

通過測量、比較，判斷質量特性值是否符合規定的要求，這是質量檢驗的鑑別職能。鑑別職能是質量檢驗所固有的第一職能，是保證（把關）職能的前提。

4.1.1.2　保證職能

通過鑑別職能區分合格品和不合格品，將不合格品實行「隔離」，保證不合格的原材料不投產，不合格的在製品/中間產品不轉序，不合格的成品不出廠，實現質量把關，嚴格質量保證。從這個角度出發，質量檢驗的這個職能也可以稱為「把關」職能。

4.1.1.3 預防職能

現代質量檢驗既有事後把關的職能，同時也有預防的職能。這種職能可以通過下列活動得以實現：

①首件檢驗和巡迴檢驗。

②進貨檢驗、中間檢驗和完工檢驗。這些檢驗活動既起把關作用，也起預防作用。對前過程的把關，就是對後過程的預防。

③過程能力的測量和控制圖的使用，認真執行統計過程控制，就可能找到或發現質量波動的特徵和規律，從而改進質量狀況，預防不穩定的生產狀態出現，防止大批不合格品的發生。

4.1.1.4 報告職能

將質量檢驗獲取的數據和信息，經匯總、整理和分析後寫成報告，為組織的質量策劃、質量控制、質量改進、質量考核以及質量決策提供重要依據。

4.1.2 質量檢驗的類型

從產品質量形成的過程來看，應該將兩頭（原材料和成品）和中間（工序）的質量環節把持住，因此，企業質量檢驗的基本類型有：

4.1.2.1 進貨檢驗

進貨檢驗是指企業購進的原材料、輔料、外協件和配套件等入庫前的接收檢驗。它是一種外購貨物的質量驗證活動。這是保證生產正常進行和產品質量的重要措施。

進貨檢驗包括首批進貨檢驗和成批進貨檢驗兩種方式。

①首批進貨檢驗。這裡又分兩種情況：

首件（批）樣品檢驗。首件（批）樣品檢驗是指企業對已經選定或準備選定的合同供貨單位第一次提供的一件或一批樣品進行的鑒定性檢驗。其檢驗內容嚴格按規定的工作程序進行。

市場採購貨品檢驗。市場採購貨品檢驗是指企業對從市場臨時採購的貨品所做的驗證性檢驗。這種驗貨要求內容全面、突出重點（如規格是否相符）。

②成批進貨檢驗。成批進貨檢驗是指在正常生產情況下，對與企業有合同或合作關係的供貨方按購銷合同規定持續性的成批供貨進行的進廠檢驗；這種檢驗，首先重視供貨方的質量證明文件，並在此基礎上實行核對性檢查。

4.1.2.2 過程檢驗

工序上的在製品所做的符合性檢驗。它對於防止出現大批不合格品並防

止其流入後續工序繼續加工起著重要作用。

過程檢驗通常有下列方式：

①首件檢驗。對於改變加工對象（如不同產品或同一產品的不同批次）或改變生產條件（如不同班次、不同操作者、更換工藝裝備、重新調整設備等 5M1E 的變更）後生產出來的頭一件（或幾件）產品進行的檢驗，稱為首件（批）檢驗。

操作者必須認真對首件（批）進行自檢。自檢合格後送專業檢驗人員「專檢」。檢驗人員檢驗合格後，要做出首件合格的標誌，作為記錄，並打上檢驗人員的責任標記。只有當首件檢驗合格後，才允許操作者進行批量加工。這對於成批報廢起著預防作用。

②巡迴檢驗。巡迴檢驗是指檢驗人員在生產現場對加工過程巡迴地進行臨場檢驗。巡迴檢驗要求檢驗人員以「三按」（按圖紙、按工藝規程、按標準規範）為依據，當好「三員」（檢驗員、質量宣傳員、技術輔導員），做好「三幫」（幫助操作者掌握操作方法和保證質量要領；發現質量不符合要求時幫助操作者分析原因；發現工序異常時幫助操作者分析調整）工作，以保證工序質量。

在批量生產時，巡迴檢驗常與使用控制圖的檢驗結合起來，起到及時「報警」的作用，預防工序出現成批不合格品的作用。

③末件檢驗。末件檢驗是指主要依靠模具或專用工藝裝備加工並保證質量的產品，在批量加工完成後，對加工的最後一件（幾件）進行的驗證檢驗。這種檢驗活動，由檢驗人員和操作者共同進行，檢驗合格後雙方應在「末件檢驗卡」上簽字。

4.1.2.3 最終檢驗

①完工檢驗。完工檢驗是對全部加工活動結束後的半成品或完工的產品進行的檢驗。它是一種綜合性的核對活動，應按產品圖紙等有關規範，認真仔細地核對。

②成品驗收檢驗。成品驗收檢驗是指將經過完工檢驗的零件、部件組裝成成品（或完成大型成套產品各部套的生產）後，以驗收為目的的產品檢驗。它是產品出廠前的最後一道質量防線和關卡，必須認真按有關程序進行，確保出廠產品的質量，防止給用戶造成重大損失。

4.2　名詞術語

①個體：可以對其進行一系列觀測的一件具體的或一般的物體，或可以對其進行一系列觀測的一定數量的物質或一個定性或定量的觀測值。

②總體：所考慮的個體的全體。

③批：在一致條件下生產或按規定方式匯總起來的一定數量的個體。一次交付的個體集叫交付批。

④樣本單位和樣本：從檢查批中抽取用於檢查的單位產品稱為樣本單位。而樣本單位的全體則稱為樣本。而樣本大小則是指樣本中所包含的樣本單位數量。

⑤檢驗：通過觀察和判斷，必要時可結合測量和試驗進行的符合性評價。

⑥抽樣檢驗：按照規定的抽樣方案，隨機地從一批或一個過程中抽取部分個體或材料進行的檢驗。

⑦抽樣檢查方案：樣本大小或樣本大小系列和判定數組結合在一起，稱為抽樣方案。而判定數組是指由合格判定數系列和不合格判定數或合格判定數系列和不合格判定數系列結合在一起。

⑧缺陷：個體中與規定用途有關的要求不符合的任何一項（點）。

⑨缺陷的分級：個體的缺陷往往不止一種，其後果不一定一樣。應根據缺陷後果的嚴重性予以分級。

⑩致命缺陷（A類缺陷）：對使用、維護產品或與此有關的人員可能造成危害或不安全狀況的缺陷，或可能損壞重要產品功能的缺陷。

⑪重缺陷（B類缺陷）：不同於致命缺陷，但能引起失效或顯著降低產品預期性能的缺陷。

⑫輕缺陷（C類缺陷）：不會顯著降低產品預期性能的缺陷，或偏離標準差但只輕微影響產品的有效使用或操作的缺陷。

⑬不合格品：有缺陷的個體，包括A類不合格品，B類不合格品，C類不合格品。

⑭不合格品率：被觀測的個體集中的不合格品數除以被觀測的個體總數。

⑮檢驗不合格率：對指定測試的幾個參數的不合格率為p。

⑯合格質量水平（AQL）和不合格質量水平（RQL）：在抽樣檢查中，認為可以接受的連續提交檢查批的過程平均上限值，稱為合格質量水平。而過程平均是指一系列初次提交檢查批的平均質量，它用每百單位產品不合格品

數或每百單位產品不合格數表示。具體數值由產需雙方協商確定，一般由 AQL 符號表示。在抽樣檢查中，認為不可接受的批質量下限值，稱為不合格質量水平，用 RQL 符號表示。

⑰檢查和檢查水平（IL）：用測量、試驗或其他方法，把單位產品與技術要求對比的過程稱為檢查。檢查有正常檢查、加嚴檢查和放寬檢查等。當過程平均接近合格質量水平時所進行的檢查，稱為正常檢查。當過程平均顯著劣於合格質量水平時所進行的檢查，稱為加嚴檢查。當過程平均顯著優於合格質量水平時所進行的檢查，稱為放寬檢查。由放寬檢查判為不合格的批，重新進行判斷時所進行的檢查稱為特寬檢查。

4.3　抽樣檢驗概述

4.3.1　抽樣檢驗定義

產品質量檢驗通常可分成全數檢驗和抽樣檢驗兩種方法。

全數檢驗是對一批產品中的每一件產品逐一進行檢驗，挑出不合格品後，認為其餘全都是合格品。這種質量檢驗方法雖然適用於生產批量很少的大型機電設備產品，但大多數生產批量較大的產品，如電子元器件產品就很不適用。產品產量大，檢驗項目多或檢驗較複雜時，進行全數檢驗勢必要花費大量的人力和物力，同時，仍難免出現錯檢和漏檢現象。而當質量檢驗具有破壞性時，例如電視機的壽命試驗、材料產品的強度試驗等，全數檢驗更是不可能的。

抽樣檢驗是從一批交驗的產品（總體）中，隨機抽取適量的產品樣本進行質量檢驗，然後把檢驗結果與判定標準進行比較，從而確定該產品是否合格或需再進行抽檢後裁決的一種質量檢驗方法。如果抽樣檢驗的目的是想通過檢驗所抽取的樣本對這批產品的質量進行評估，以便對這批產品做出合格與否、能否接收的判斷，那麼就稱這種抽樣檢驗為抽樣驗收。因此，本書中的抽樣檢驗與抽樣驗收可以視為同一概念。

經過抽樣檢驗判為合格的批，不等於批中每個產品都合格；經過抽樣檢驗判為不合格的批，不等於批中全部產品都是不合格的。

抽樣檢驗一般用於下列情況：

①破壞性檢驗，如產品的可靠性試驗、產品壽命試驗、材料的疲勞試驗、零件的強度檢驗等。

②測量對象是流程性材料，如鋼水、鐵水化驗，整卷鋼板的檢驗等。

③希望節省單位檢驗費用和時間。

4.3.2 批質量的表示方法

計數抽樣檢驗常用的批質量的表示方法有：

4.3.2.1 批不合格品率 p

批的不合格品數 D 除以批量 N，即為批不合格品率，即：

$$p = D/N$$

4.3.2.2 批不合格品百分數

批的不合格品數 D 除以批量 N，再乘以 100，即：

$$100p = 100D/N$$

以上兩種方法常用於計數檢驗。

4.3.2.3 每百單位產品不合格數

$$100p = 100C/N$$

式中，C——批中的不合格數。

這種表示方法常用於計點檢驗。

4.3.3 過程平均不合格品率

一定時期或一定產品範圍內的過程水平的平均值稱為過程平均。它是過程處於穩定狀態下的質量水平。在抽樣檢驗中常將其解釋為，「一系列連續提交批的平均不合格品率」，「一系列初次提交的檢驗批的平均質量（用不合格品百分數或每百單位產品不合格數表示）」。

「過程」是總體的概念，過程平均是不能計算或選擇的，但是可以估計，即根據過去抽樣檢驗的數據來估計過程平均。

過程平均是穩定生產前提下的過程平均不合格品率的簡稱。其理念表達式為：

$$\bar{p} = \frac{D_1 + D_2 + \cdots + D_k}{N_1 + N_2 + \cdots + N_k}$$

式中，$\bar{p}$——過程平均不合格品率；

N_i——第 i 批產品的批量；

D_i——第 i 批產品的不合格品數；

k——批數。

估計平均不合格品率的目的是為了估計在正常情況下所提供的產品的不合格品率。

4.4 抽樣檢驗的方法

4.4.1 簡單隨機抽樣法

這種方法就是通常所說的隨機抽樣法，之所以稱為簡單隨機抽樣法，就是指總體中的每一個個體被抽到的機會是相同的。為實現抽樣的隨機化，可採用抽簽（或抓鬮）或擲隨機數骰子等方法。例如，要從100件產品中隨機抽取10件組成樣本，可把這100件產品從1開始編號一直編到100，然後用抽簽（或抓鬮）的方法，任意抽出10張，假如抽到的編號是3、7、15、18、23、35、46、51、72、89，於是就把這10個編號的產品拿出來組成樣本。也可以利用查隨機數表的辦法來產生這10件產品，這就是簡單隨機抽樣法。這種方法的優點是抽樣誤差小，缺點是抽樣手續比較繁瑣。在實際工作中，真正做到總體中的每個個體被抽到的機會完全一樣是不容易的。這往往是由各種客觀條件和主觀心理等許多因素綜合影響造成的。

4.4.2 系統抽樣法

系統抽樣法又叫等距抽樣法或機械抽樣法，例如，要從100件產品中抽取10件組成樣本，首先應將100件產品按1，2，3，…，100的順序編號；其次用抽簽或查隨機數表的方法確定1~10號中的哪一件產品入選樣本（此處假定是3號）；再次，其餘依次入選樣本的產品編號是：13、23、33、43、53、63、73、83、93；最後由編號為3、13、23、33、43、53、63、73、83、93這10件產品組成樣本。

由於系統抽樣法操作簡便，實施起來不易出差錯，因而在生產現場人們樂於使用它。像在某道工序上定時去抽一件產品進行檢驗，就可以看做是系統抽樣的例子。

由於系統抽樣的抽樣起點一旦被確定後（如抽到了第3號），整個樣本也就完全被確定，因此這種抽樣方法容易出現大的偏差。比如，一臺織布機出了大毛病，恰好是每隔50米（週期性）出現一段疵布，而檢驗人員又正好是每隔50米抽一段進行檢查，抽樣的起點正好碰到有瑕疵的布段，這樣一來，以後抽查的每一段都有瑕疵，進而就會對整匹布甚至整個工序的質量得出錯誤的結論。總之，當總體含有一種週期性的變化，而抽樣間隔又同這個週期相吻合時，就會得到一個偏倚很大的樣本；因此，在總體會發生週期性變化的場合，不宜使用這樣的抽樣方法。

4.4.3 分層抽樣法

分層抽樣法也叫類型抽樣法，它是從一個可以分成幾個子總體（或稱為層）的總體中，按規定的比例從不同層中隨機抽取樣品（個體）的方法。比如，有甲、乙、丙三個工人在同一臺機器設備上倒班加工同一種零件，他們加工完了的零件分別堆放在三個地方，如果現在要求抽取 15 個零件組成樣本，採用分層抽樣法，應從堆放零件的三個地方分別隨機抽取 5 個零件，合起來一共 15 個零件組成樣本。這種抽樣方法的優點是，樣本的代表性比較好，抽樣誤差比較小。缺點是抽樣手續較簡單隨機抽樣還要繁瑣。這個方法常用於產品質量驗收。

4.4.4 整群抽樣法

整群抽樣法又叫集團抽樣法。這種方法是將總體分成許多群，每個群由個體按一定方式結合而成，然後隨機抽取若干群，並由這些群中的所有個體組成樣本。這種抽樣法的背景是：有時為了實施上的方便，常以群體（公司、工廠、車間、班組、工序或一段時間內生產的一批零件等）為單位進行抽樣，凡抽到的群體就全面檢查，仔細研究。比如，對某種產品來說，每隔 20 小時抽出其中 1 小時的產量組成樣本；或者是每隔一定時間（如 30 分鐘、1 小時、4 小時、8 小時等）一次抽取若干個（幾個、十幾個、幾十個等）產品組成樣本。這種抽樣方法的優點是抽樣實施方便。缺點是，由於樣本只來自個別幾個群體，而不能均勻地分佈在總體中，因而代表性差，抽樣誤差大。這種方法常用在工序控制中。

在此舉一個例子來說明上述四種抽樣方法的運用。

假設有某種成品零件分別裝在 20 個零件箱中，每箱各裝 50 個，總共是 1,000 個。如果想從中取 100 個零件組成樣本進行測試研究，那麼應該怎樣運用上述四種抽樣方法呢？

①將 20 箱零件倒在一起，混合均勻，並將零件從 1 到 1,000 一一編號，然後用查隨機數表或抽簽的方法從中抽出編號毫無規律的 100 個零件組成樣本，這就是簡單隨機抽樣。

②將 20 箱零件倒在一起，混合均勻，並將零件從 1 到 1,000 逐一編號，然後用查隨機數表或抽簽的方法先決定起始編號，比如 16 號，那麼其他入選樣本的零件編號依次為 26，36，46，56，…，906，916，926，…，996，6。於是就由這樣 100 個零件組成樣本，這就是系統抽樣。

③對所有 20 箱零件，每箱隨機抽出 5 個零件，共 100 件組成樣本，這就

是分層抽樣。

④先從 20 箱零件隨機抽出 2 箱，然後對這 2 箱零件進行全數檢查，即把這 2 箱零件看成是「整群」，由它們組成樣本，這就是整群抽樣。

4.5 計數抽樣原理與方案

4.5.1 抽樣方案

為實施抽樣檢查而確定的一組規則稱為抽樣方案。它包括如何抽取樣本、樣本大小以及為了判定批合格與否的判別標準等。

一般在計數抽驗中，以三個參數表徵方案：樣本大小 n，合格判定數 Ac（或 c）和不合格判定數 Re。但在一次抽驗方案中，由於 $Re = Ac + 1$，所以一般僅用 (n/c) 符號表示。

4.5.1.1 抽樣方案分類

①計數一次抽樣檢查方法。這是一種最基本和最簡單的抽樣檢查方法，它對總體 N 中抽取 n 個樣品進行檢驗，根據 n 中的不合格品數 d 和預先規定的允許不合格品數 C 對比，從而判斷該批產品是否合格。圖 4-1 表示了其基本內容。

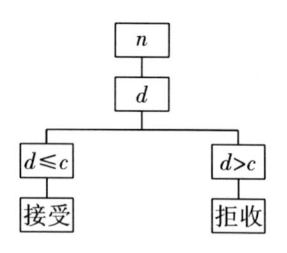

圖 4-1　一次抽樣

②計數二次抽樣檢查方法。這種抽檢方法是在一次抽檢方法的基礎上發展起來的。它是對交驗批抽取兩個樣本 n_1，n_2（GB 2828 中規定 $n_1 = n_2$）對應也有兩個合格判定數 A_{c1} 和 A_{c2}，不合格判定數為 R_{e1}，R_{e2}，兩次樣本中的不合格數分別為 d_1 和 d_2，其抽檢和判斷過程如下：

首先，抽取第一個樣本 n_1，檢驗後如不合格品數是 $d_1 \leqslant A_{c1}$ 判為合格，如 $d_1 \geqslant R_{e1}$，判為不合格，當 $A_{c1} < d_1 < R_{e1}$，則需由第二個樣本來判定。

其次，將 n_2 中的不合格品數 d_2，由 d_2 和 d_1 加在一起與 A_{c2} 的 R_{e2} 進行比較，如 $d_1 + d_2 \leqslant A_{c2}$，判為合格，當 $d_1 + d_2 \geqslant R_{e2}$ 判為不合格，如圖 4-2

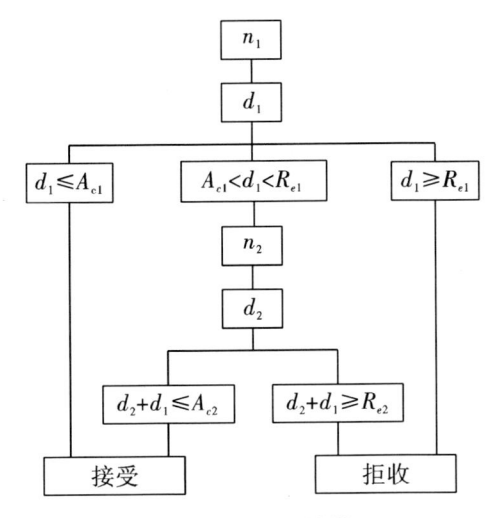

所示。

图4-2 二次抽樣

③計數多次抽樣檢查。計數多次抽樣檢查的程序與計數二次抽檢相似，但抽檢次數多，合格判定數和不合格判定數亦多，因每次抽取樣本大小相同，因此抽檢次數多的樣本小。中國 GB 2828 和 GB 2829 規定是五次抽檢方案，而 MIL-STD-105D 和 ISO 2859 標準原規定的卻是七次。但到1987年9月通過了中國提案後，也改為五次。

4.5.1.2 抽樣方案的操作特性曲線（OC曲線）

使用抽樣方案（n, A_c）對產品批驗收，應符合批質量的判斷準則，即當批質量好於質量標準要求時，應接收該批產品；而當批質量劣於標準要求時，應不接收檢驗批。因此當使用抽樣檢驗抽樣方案時，抽樣方案對優質批和劣質批的判斷能力的好壞是極為關鍵的，方案的判別能力可以用接收概率、抽樣特性曲線和兩類風險來衡量。接收概率是指根據規定的抽樣方案，把具有一定質量水平 p 的批判定為接收的概率，表示為 $L(p)$。

$L(p)$ 反應出既定方案（n/c）的操作特性，故命其為抽樣方案的操作特性函數（operating characteristic function），簡記為 OC 函數。這條曲線在 $p=0$ 時取值為 1，隨著 p 的增加其值下降，在 $p=1$ 時其取值為 0。圖像的一般情況如圖 4-3 所示。

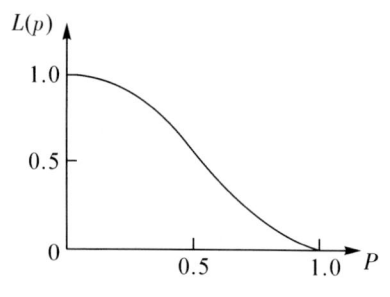

图 4-3 抽樣檢驗特性曲線

OC 曲線與抽樣方案是一一對應的。即一個抽樣方案就對應著一條 OC 曲線，而每條 OC 曲線又反應了這個抽樣方案的特性。

4.5.1.3 接收概率的計算方法

首先對一次計件抽樣方案給出接收概率的計算方法。設產品批的不合格品率為 p，從批量為 N 的一批產品中隨機抽取 n 件，設其中的不合格品數為 X，X 為隨機變量，接收概率為：

$$L(p) = P(X \leq c) = P(X=0) + P(X=1) + \cdots + P(X=c) \quad (4-1)$$

關鍵在於計算 $P(X=d)$ 的值，其計算方法如下：

① 利用超幾何分佈進行計算。

N 件產品中有 Np 件不合格品，有 $N(1-p)$ 件合格，那麼抽取 n 件產品中有 d 件不合格品的概率為：

$$P(X=d) = \binom{Np}{d}\binom{N(1-p)}{n-d} / \binom{N}{n} \quad (4-2)$$

其中組合數 $\binom{n}{m} = \dfrac{n!}{m!(n-m)!}$

利用超幾何分佈計算接收概率雖然精確，但當 N 與 n 值較大時，計算很繁瑣。一般可用二項分佈或泊松分佈近似計算。

② 利用二項分佈計算。

當 N 較大，$n/N < 0.1$ 時可以用二項分佈來簡化計算。當批量 N 較大時，抽取一個產品後對這批產品的不合格率影響不大，可以認為每次抽取一個產品時，這批產品的不合格率是不變的。因此可以近似地用二項分佈來計算，即：

$$P(X=d) = \binom{n}{d} p^d (1-p)^{n-d} \quad (4-3)$$

式（4-3）是無限總體計件抽樣檢驗時計算接收概率的精確公式。

③利用泊松分佈來進行計算。

當 N 較大，$n/N<0.1$，且 p 較小，np 在 $0.1\sim10$ 之間時，可以用泊松分佈來進一步簡化。這時有：

$$P(X=d)=\frac{(np)^d}{d!}e^{-np} \qquad (4-4)$$

式（4-4）是計點抽樣檢驗時計算接收概率的精確公式。

4.5.2 OC 曲線

4.5.2.1 OC 曲線的概念

根據 $L(p)$ 的計算公式，對於一個具體的抽樣方案（n，A_c），當檢驗批的批質量 p 已知時，方案的接收概率是可以計算出來的。但在實際中，檢驗批的不合格品率 p 是未知的，而且是一個不固定的值，因此，對於一個抽樣方案，有一個 p 就有一個與之對應的接收概率，如果用橫坐標表示自變量 p 的值，縱坐標表示相應的接收概率 $L(p)$，則 p 和 $L(p)$ 構成的一系列點子連成的曲線就是抽樣檢驗特性曲線，簡稱 OC 曲線。如圖 4-3 所示。

由接收概率計算公式可知，OC 曲線與抽樣方案是一一對應的。即一個抽檢方案對應著一條 OC 曲線，而每條 OC 曲線又反應了它對應的抽檢方案的特性。OC 曲線可以定量地告訴人們產品質量狀況和被接收可能性大小之間的關係，也可以告訴人們採用該方案時，具有某種不合格品率 p 的批，被判接收的可能性有多大，或者要使檢驗批以某種概率接收，它應有多大的批不合格品率 p。同時，人們可以通過比較不同抽樣方案的 OC 曲線，從而比較它們對產品質量的辨別能力，選擇合適的抽樣方案。

4.5.2.2 OC 曲線分析

①理想的 OC 曲線。

當 $p \leq P_t$ 時，接收概率 $L(p)=1$；當 $p>P_t$ 時，接收概率 $L(p)=0$，其中 P_t 為生產方和使用方約定的批不合格品率。對應的理想的 OC 曲線如圖 4-4 所示。

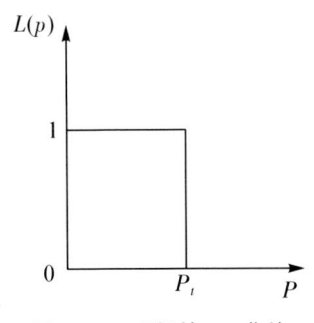

圖 4-4　理想的 OC 曲線

理想的 OC 曲線是不現實的。即使採用全數檢驗也難免出現錯檢和漏檢。

②線性的 OC 曲線。

抽樣方案（1，0）的 OC 曲線為一條直線，如圖 4-5 所示。從圖中可以看出，線性 OC 曲線的鑑別能力很差，當批的不合格品率達到 50% 時，接收概率仍有 50%。

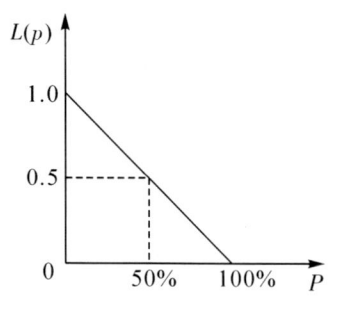

圖 4-5　線性的 OC 曲線

③實際的 OC 曲線。

一個好的抽樣方案應當是：當批質量較好，例如 $p \leqslant p_0$ 時，以高概率接收；而當批質量差到一定程度，如 $p \geqslant p_1$ 時，以高概率拒收；而在 $p_0 < p < p_1$ 時，OC 曲線迅速下降，接收概率迅速減小。如圖 4-6 所示。

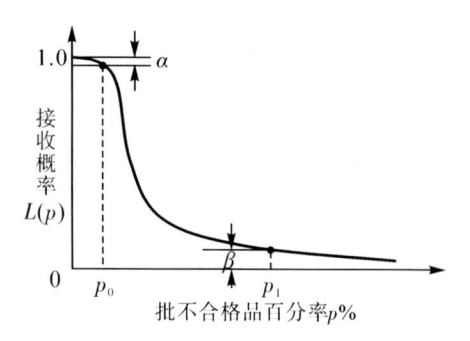

圖 4-6　實際的 OC 曲線

④兩種錯判。

在實施接收抽樣時，真正涉及切身利益的是生產方和使用方。抽樣檢驗是用樣本去推斷總體，這樣就難免出現判斷錯誤。常見的錯誤有兩類：第一類錯誤判斷是將合格批判斷為不合格批，對生產方不利。第二類錯誤判斷是將不合格批判斷為合格批，對使用方不利。

當檢驗批質量較好時 $(p \leqslant p_0)$ 時，應 100% 地接收，而實際上當 $p \leqslant p_0$ 時，只能以 $1-\alpha$ 的高概率接收，被拒收的概率為 α，$\alpha = 1 - L(p_0)$。這種錯誤判斷會使生產者受到損失，故 α 風險稱為生產方風險 α。當批質量差到規定

的界限（$p \geq p_1$）時，應100%拒收。但實際上當$p = p_1$時，仍然有可能以β的概率判斷為接收。這種錯誤判斷會使使用者蒙受損失，故β被稱為使用者風險。

顯然，對生產者而言，α越小越好；對使用者而言，β越小越好。在選擇抽樣方案時，應由生產方和使用方共同協商，使這兩種風險都控制在合理範圍內，以保護雙方的利益。

對等於或優於AQL的質量水平而言，抽樣方案具有較低的生產方風險α。一般情況下取$\alpha = 0.05$。

批容許缺陷品百分率（lot tolerance percent defective, LTPD）是指抽樣方案認為不可接受而應當拒收的質量水平。LTPD對應於使用方風險β。一般取$\beta = 0.10$。

4.5.2.3 OC曲線與N, n, Ac之間的關係

OC曲線與抽樣方案（N, n, Ac）是一一對應的。因此，當N, n, Ac變化時，OC曲線必然隨著變化。以下討論OC曲線怎樣隨著N, n, Ac三個參數之一的變化而變化。

① n, Ac固定，N變化對OC曲線的影響。

N的變化，對OC曲線影響不大。一般當$N \geq 10n$時，就可以把批量N看做是無限大了。所以，一般只用（n, A_c）來表示抽樣方案。

② N, Ac固定，n變化對OC曲線的影響。

當N, Ac固定，n增加時，將會對OC曲線產生強烈影響。隨著n增加，OC曲線變得急遽傾斜，越來越陡峭；其結果是使AQL下的生產方風險α變化較小，而同時LTPD下的使用方風險β顯著減小，如圖4-7所示。

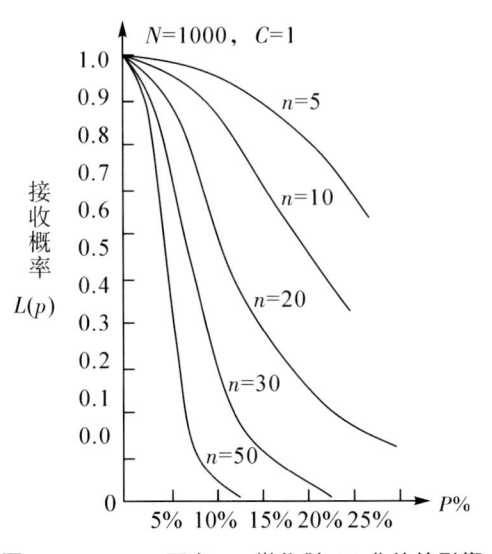

圖4-7 N, Ac固定，n變化對OC曲線的影響

因此，大樣本的抽樣方案，對於區分優質批和劣質批的能力是比較強的，亦即使用方拒收良批和接收劣批的概率都比較小。

③ N，n 固定，Ac 變化對 OC 曲線的影響。

當 N、n 固定時，Ac 越大，OC 曲線越平緩，接收概率的變化越小；Ac 越小，OC 曲線越陡峭，接收概率的變化越大。

這並不意味著值得採用 $Ac=0$ 的抽樣方案。因為只要 n 適當地取大些，即使 $Ac\neq 0$，也可以使 OC 曲線變得比 $Ac=0$ 的 OC 曲線還要陡峭，如圖 4-8 中的 (300, 2) 的 OC 曲線。一般 $Ac=0$ 往往令人反感。

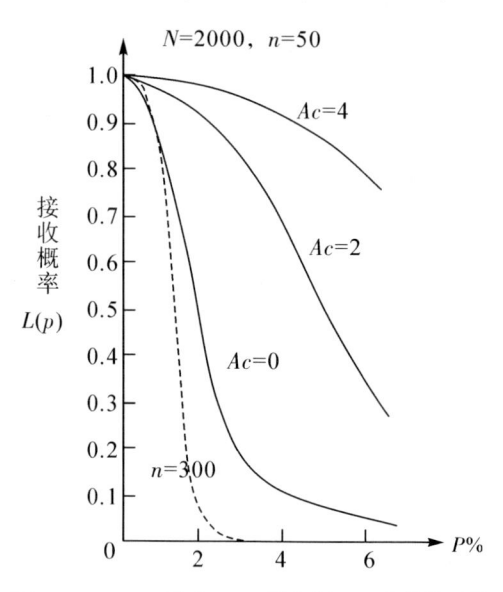

圖 4-8　N，n 固定，Ac 變化對 OC 曲線的影響

4.5.2.4 「百分比抽樣」的不合理性

所謂的百分比抽樣，就是不論產品的批量 N 如何，均按一定的比例抽取樣本進行檢驗，而在樣本中允許的不合格品數（即接收數 Ac）都是一樣的。下面通過實例來說明百分比抽樣的不合理性。

[**例 4-1**] 假設批質量相同的（$p=8\%$）不同批量的 5 批產品均按 5% 的百分比率抽樣，並規定 $Ac=0$。由此得到五個抽樣方案：

Ⅰ — (5, 0)；Ⅱ — (10, 0)；Ⅲ — (20, 0)；Ⅳ — (30, 0)；Ⅴ — (100, 0)

這五個抽樣方案所對應的 OC 曲線如圖 4-9 所示。從圖上可以看出，第 Ⅴ 個方案比第 Ⅰ 個方案要嚴格得多。如 $p=2\%$ 時，方案 Ⅰ 的接收概率為

90.2%，而方案 V 的接收概率僅為 13.5%；又如 $p = 10\%$ 時，即批中已有 1/10 的不合格品，方案 I 的接收概率仍可達 58.4%，而方案 V 的接收概率已很小很小（0.002,7%）。由此可見，百分比抽樣存在「大批嚴，小批寬」的缺陷。即對 N 大的檢驗批提高了驗收標準，而對 N 小的檢驗批卻降低了驗收標準，所以百分比抽樣是不合理的，不應當在中國企業中繼續使用。

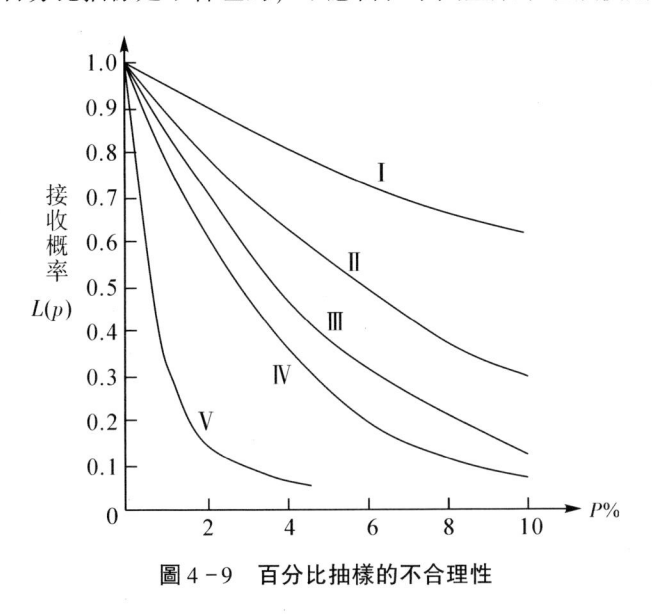

圖 4-9　百分比抽樣的不合理性

4.6　計數標準型一次抽樣方案

4.6.1　計數標準型抽樣方案的概念與特點

計數標準型抽樣方案是最基本的抽檢方案。所謂標準型抽樣檢驗，就是同時嚴格控制生產方與使用方的風險，按供需雙方共同制定的 OC 曲線所進行的抽樣檢驗，即它同時規定對生產方的質量要求和對使用方的質量保護

典型的標準型抽樣方案是這樣確定的：

①高質量產品（p 較小），使用方應以高概率接受，這可以保護廠方的利益。

雙方商定一個 p_0，稱為合格質量水平（Acceptable Quality Level），有時也記為 AQL，對計件產品來講，當不合格率 $p \leq p_0$ 時，認為是高質量的產品，這時接收概率要大，譬如可要求 $L(p) \geq 1 - \alpha$，其中 α 也要雙方商定，一般

取為 0.01，0.05，0.1。

②低質量產品（p 較大），使用方應以低概率接收，這可以保護使用方的利益。

因此，雙方可以商定一個 p_1（$p_1 > p_0$），稱為極限質量水平（Limiting Quality Level）

$$\begin{cases} L(p) \geq 1 - \alpha & p \leq p_0 \\ L(p) \leq \beta & p \geq p_1 \end{cases} \tag{4-5}$$

綜上，制定一個計數型一次抽樣檢驗方案，應該事先給出四個值：生產方風險 α，使用方風險 β，雙方可以接受的質量水平 p_0 與極限質量水平 p_1，按接收概率的要求，從下面兩個式子中解出 (n, c)：

$$\begin{cases} L(p_0) = 1 - \alpha \\ L(p_1) = \beta \end{cases} \tag{4-6}$$

4.6.2 標準型抽樣檢驗的步驟

4.6.2.1 確定單位產品的質量特性

一個單位產品往往有多個檢測項目。在技術標準或合同中，必須對單位產品規定需抽檢的質量特性以及該質量特性合格與否的判定準則。

4.6.2.2 規定質量特性不合格的分類與不合格品的分類

一般將產品質量特性的不合格劃分為 A 類，B 類和 C 類三種類型。例如，螺釘的直徑不合格為 A 類不合格，長度不合格為 B 類不合格、螺紋不合格為 C 類不合格。

4.6.2.3 確定生產方風險質量與使用方風險質量

p_0、p_1 的值需由生產方和接收方協商確定。作為選取 p_0、p_1 的依據，通常取生產方風險 $\alpha = 0.05$，接收方風險 $\beta = 0.10$。決定 p_0、p_1 時，應綜合考慮生產能力、製造成本、質量要求以及檢驗的費用等因素。一般來說，A 類不合格或 A 類不合格品的 p_0 值要選得比 B 類的小，而 B 類不合格或 B 類不合格品的 p_0 值要選得比 C 類小。

p_1 的選取，一般應使 p_1 與 p_0 拉開一定的距離，通常取 $p_1 = k(k = 4 \sim 10)$。p_1/p_0 過小，會增加抽檢的樣本量，使檢驗費用增加；而 p_1/p_0 過大，又會放鬆對質量的要求，對使用方不利。

4.6.2.4　組成檢驗批

如何組成檢驗批，對於質量保證有很大影響。檢驗批應由同一種類、同一規格型號、同一質量等級，且工藝條件和生產時間基本相同的單位產品組成，它可以與投產批、銷售批、運輸批相同或不同。但一般按包裝條件及貿易習慣組成的批，不能直接作為檢驗批。

批量越大，單位產品所占的檢驗費用的比例就越小；但一旦發生錯判，損失將會非常慘重。因此，選擇批量時，應考慮以下幾點：

①當過程處於穩定狀態時，盡可能組成大批，從整體來看檢驗個數就少了。為了組成大批，可以將幾個小批集中為一批。

②當過程未處於穩定狀態時，盡可能將批分得小些，從整體來看檢驗個數就多。如果批大，當發生錯判時，和好批混在一起的質量差的產品都判成了合格的；和壞批混在一起的質量好的產品都判成了不合格的，這是不利的。

③當過程大致穩定，但又經常不穩定時，一般應根據不穩定的狀態的程序來考慮批的組成。

④當沒有過程情報時，先形成小批，在小批中進行抽檢，把連接進行檢驗的情報收集起來，判斷是否處於穩定狀態，再根據前面所敘述的方法確定組成多大批為好。批的組成、批量大小以及識別批的方式等，應由生產方與使用方協商確定。

4.6.2.5　檢索抽樣方案

根據事先規定的 p_0、p_1 值，查表，從 p_0 欄和 p_1 欄相交處讀取抽樣方案。相交處給出兩個數值，左側的數值為樣本大小 n，右側的數值為接收數 Ac。按上述檢索方法，如果樣本大小超過批量，應進行全數檢驗，但 Ac 值不變。當批量不超過 250，且樣本大小與批量的比值大於 10% 時，則由 GB/T 13262 檢索出的抽樣方案是近似的，應慎重使用，也可按 GB/T 13264《不合格品率的小批計數抽樣檢查程序及抽樣表》中規定的方法確定抽樣方案。

4.6.2.6　樣本的抽取

樣本應從整批中隨機抽取，可在批構成之後或在批的構成過程中進行。

抽樣檢驗的目的就是通過樣本推斷總體，這要求從被檢驗批中選取樣本的程序必須使得所抽到的樣本是無偏的。為了能夠抽得無偏的樣本，即樣本能夠代表總體，通常採用戶取樣方法是隨機抽樣法。隨機抽樣包含簡單隨機抽樣、分層隨機抽樣、整群隨機抽樣和系統隨機抽樣等方法。

4.6.2.7 檢驗樣本

按技術標準或合同等有關文件規定的試驗、測量或其他方法對抽取的樣本中每一個單位產品逐個進行檢驗，判斷是否合格，並且統計出樣本中的不合格品總數。

4.6.2.8 批的判斷

根據樣本檢驗的結果，若在樣本中發現的不合格數小於或等於接收數，則接收該批；若在樣本中發現的不合格數大於接收數，則不接收該批。

4.6.2.9 檢驗批的處置

判為接收的批訂貨方應整批接收，同時允許訂貨方在協商的基礎上向供貨方提出某些附加條件；判為拒收的批應全部退回供貨方，未經有效處理不得再次提交檢查。

4.7　計數調整型抽樣方案

4.7.1　計數調整型抽樣方案的概念與特點

所謂調整型抽樣檢驗，是根據已檢驗過的批質量信息，隨時按一套規則「調整」檢驗的嚴格程度的抽樣檢驗過程。當生產方提供的產品正常時，採用正常檢驗方案進行檢驗；當產品質量下降或生產不穩定時，採用加嚴檢驗方案進行檢驗，以免第二類錯判概率 β 變大；當產品質量較為理想且生產穩定時，採用放寬檢驗方案進行檢驗，以免第一類錯判概率 α 變大。這樣可以鼓勵生產方加強質量管理，提高產品質量的穩定性。

所謂寬嚴程度的調整方案是對批質量相同且質量要求一定的檢驗批進行連續接受性檢驗時，可以根據檢驗批的歷史資料和以往的檢驗結果按照預先規定的規則對方案進行調整的一種抽樣方案。計數調整型抽樣檢驗方案主要適用於大量的連續批的檢驗，是目前使用最廣泛、理論上研究得最多的抽樣方案。

方案的調整方式有如下三種：寬嚴程度的調整、檢驗水平的調整和檢驗方式的調整。其中以前者最為常用。

4.7.2　檢查水平

①反應批量（N）與樣本大小（n）之間的關係，由「樣本大小字碼表」

(見附表1)規定。

②檢驗水平分為特殊檢查水平（S-1，S-2，S-3，S-4）和一般檢查水平（Ⅰ、Ⅱ、Ⅲ）。

③特殊水平所抽取的樣本量較小，僅適用於必須用較小的樣本且允許有較大錯判風險的場合。除非特別規定，在一般檢查水平中，Ⅱ是正常檢查水平。其中，辯別能力是S-1＜S-2＜S-3＜S-4；Ⅰ＜Ⅱ＜Ⅲ。

雖然批量N對OC曲線基本上無影響，但權衡抽樣成本和檢驗質量時還是參考N選擇n，N大時，一般要求n也大一些，如表4-2所示。在計數調整型抽樣方案中，一般檢驗水平Ⅰ、Ⅱ、Ⅲ之間樣本量之比約為0.4：1.0：1.6。其原因主要有兩個：

一是對於批量大的檢驗批而言，一旦錯判將會造成較大的經濟損失，所以批量大時考慮增大n，以提高鑑別力。

二是當N較大時，若n過小可能增加抽樣過程形成樣本的隨機波動，減小樣本對總體的代表性。

表4-2　　　　　一般水平的批量與樣本大小之間的關係

n/N（%）	水平Ⅰ N	水平Ⅱ N	水平Ⅲ N
≤50	≥4	≥4	≥10
≤30	≥7	≥27	≥167
≤20	≥10	≥160	≥625
≤10	≥50	≥1,250	≥2,000
≤5	≥640	≥4,000	≥63,000
≤1	≥2,500	≥50,000	≥80,000

4.7.3　計數調整型抽樣方案的轉移規則

對於一個確定的質量要求，調整型抽樣檢驗方案由三個AQL抽樣檢驗方案組成，並用一組轉換規則把他們有機地聯繫起來。三個抽樣方案是：

①正常抽樣方案，這是在產品質量正常的情況下採用檢驗方案。

②加嚴抽樣方案，這是在產品質量變壞或生產不穩定時採用檢驗方案，以減少第二種錯判的概率，保護使用方的利益。

③放寬抽樣方案，這是當產品質量比所要求的質量穩定時所採用的抽樣方案，它可使第一種錯判的概率小一些。

MIL-STD-105E 的實施程序：

①規定個體產品的質量標準。明確區分個體合格或不合格，劃分不合格（或缺陷）的類別。

②規定檢查水平 IL（inspection level）。檢查水平是抽樣方案的一個事先選定的特性，將樣本大小與批量聯繫起來。規定了三個一般檢查水平（Ⅰ，Ⅱ，Ⅲ）和四個特殊檢查水平（S-1，2，3，4）。如無特殊要求，採用Ⅱ；當允許降低抽樣鑑別能力時，採用Ⅰ；當需要提高鑑別能力時，採用Ⅲ。檢查水平提高時，α 減小，β 顯著減小。

③規定 AQL 值。一般情況下，要求生產方的批質量不比 AQL 差，而且此質量要求是可以達到的。一個常用的做法是根據歷史數據估計過程平均，以此值或略小一些的值定為 AQL。確定 AQL 常用的方法如下：根據過程平均確定；按不合格類別確定；根據檢驗項目數確定；雙方共同確定；按用戶要求的質量確定。

④確定抽樣方案的類型。在計數調整型抽樣方案中規定了一次、二次和五次抽檢方案類型。例如樣本字碼含量 K 的抽樣方案表中可以查得字碼 K 和相應的 AQL 值的一次、二次和五次抽樣方案。如當 AQL 值為 1.0（%）時，字碼 K 的一次抽樣方案為（125，3）；二次抽樣方案為：$n_1 = n_2 = 80$，判定組數為 $Ac_1 = 1$，$Re_1 = 4$；$Ac_2 = 4$，$Re_2 = 5$。

當批量 N 一定時，對於同一個 AQL 值和同一個檢查水平，採用任何一種抽檢方案類型，其 OC 曲線基本上是一致的。所以，當 N、AQL 一定時，不同抽樣方案類型的判別能力是一樣的，所不同的是一次抽樣方案的平均樣本量比二次大，而二次抽樣方案的平均樣本量比五次的要大。

⑤確定樣本量字碼。按批量和檢查水平確定的用於表示樣本量的字母稱為「樣本量字碼」，有 A、B、C、D、…、R，共 16 個字母。

⑥確定抽樣方案。查表確定抽樣方案。從表中查出樣本量字碼所在的行，從樣本量列查出相應的樣本量 n。抽樣方案中，樣本量所在的行與 AQL 值所在的列相交匯的格中有兩個數，左為 Ac，右為 Re。但交匯的格中是箭頭，則按箭頭所指方向查找 Ac 和 Re。

⑦批的提交。

⑧批的接收和拒收。

4.7.4　一次抽樣方案轉移得分的計算方法

在正常檢驗開始時，應將轉移得分設定為 0，而在檢驗完每個批後應更新

轉移得分。

①當合格判定數等於或大於 2 時，如果當 AQL 加嚴一級（使用 AQL 值降低一級的抽樣方案）後該批被接收，則轉移得分加 3 分；否則將轉移得分重新設定為 0。

②當合格判定數為 0 或 1 時，如果該批被接收，則給轉移的分加 2 分；否則將轉移得分重新歸為 0。

[例 4-2] 某產品採用計數調整型抽樣方案，批量為 1,000，$AQL = 4\%$，檢驗水平為 Ⅱ，求正常檢驗一次抽樣方案。

解：由附表 2 可知，抽樣方案是（80，7）。

[例 4-3] 如果對 [例 4-2] 產品進行的是加嚴檢驗，則從附表 3 可知加嚴檢驗的抽樣方案為（80，5）。即從 1,000 臺該產品中，隨機抽取 80 個進行檢驗，如果被檢驗的 80 個產品中的不合格品數 $d \leqslant 5$，則 1,000 臺產品全部接收；若被檢驗的 80 個產品中的不合格品數 $d \geqslant 6$，則 1,000 臺產品全部拒收。

[例 4-4] 接 [例 4-2]，如果該產品連續 10 批產品正常檢驗均接收，且從這 10 批產品所抽取的 10 個樣本中的不合格品數分別為 1、2、0、1、2、1、3、2、0、1，AQL 加嚴一級的抽樣方案為（80，5）。根據轉移得分的計算方法，10 批檢驗後的轉移得分分別為 3、6、9、12、15、18、21、24、27、30。滿足轉移得分的要求，假定過程穩定且負責部門同意的情況下。從下一批起實行放寬檢驗，根據放寬檢驗抽檢附表 4 查得一次放寬抽樣方案為（32，5），即從下一批開始從 1,000 臺產品中，只需隨機抽取 32 個進行檢驗，如果被檢驗的 32 個產品中的不合格品數 $d \leqslant 5$，則 1,000 臺產品全部接收；若被檢驗的 32 個產品中的不合格品數 $d \geqslant 6$，則該 1,000 臺產品全部拒收。

不同的抽樣方案可以有不同的轉移規則，如 ISO 2859-1 規定如圖 4-10 所示。

图 4-10 抽样方案的转移规则

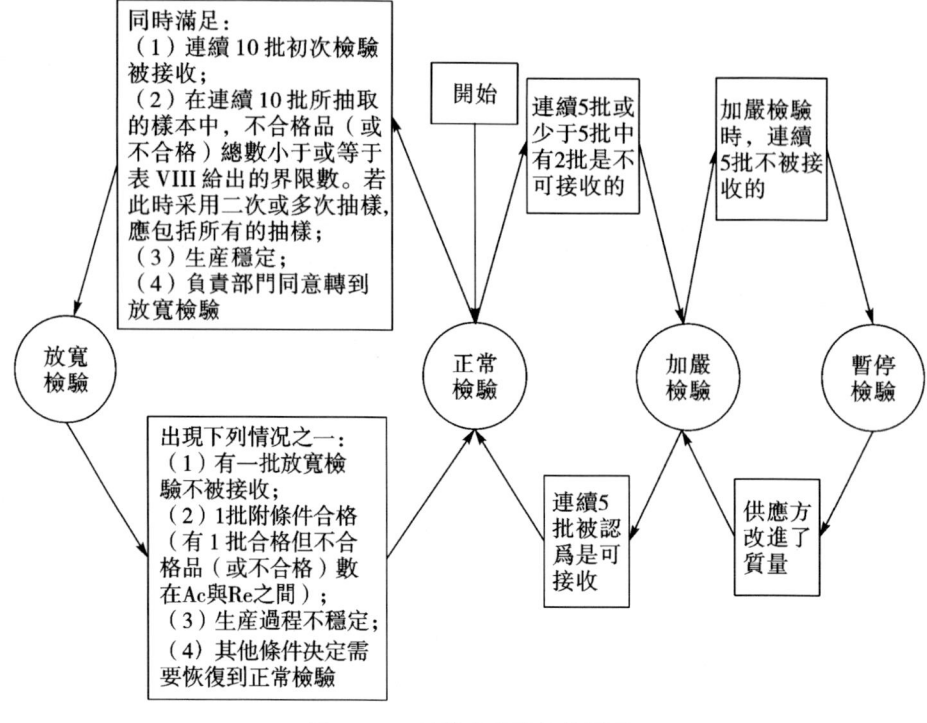

4.8 计量抽样方案

　　计量抽样方案是指定量地检验从批中随机抽取的样本，利用样本数据计算统计量，并与判定标准比较，以判断产品批是否合格的活动。其适用条件是采用计量抽样方案需要事先知道质量特性值的分布，并需要获知较多的工序情报，因此它适用于产品质量特性以计量值表示服从或近似服从正态分布的批检查。

　　已有的计量抽样方案标准：不合格品率的计量标准型一次抽样检验程序及表 GB/T 8053；平均值的计量标准型一次抽样检验程序及抽样表 GB/T 8054；不合格品率的计量抽样检验程序及图表 GB/T 6378。

　　计数抽样方案抽检时仅将样本区分为合格品、不合格品或用缺陷数表示。计量抽样方案是测定样本的质量特性，此质量特性属于正态分布，以样本的平均数和标准差来表示。若样本的均值在上下限规格内，同时标准差不太大时，则允许接收该批，否则拒收。

產品的質量特性可以測定時，如果要得到一個相同質量保證程度的 OC 曲線，則計量值抽樣計劃所需的樣本數遠比計數值抽樣計劃少，如表 4-3 所示。

表 4-3　　　　　　　　計數與計量抽樣計劃比較

分類項目	計量值	計數值
應用條件	特徵值屬於正態分佈，抽樣隨機化	抽樣隨機化
抽樣計劃數	每一個質量特性，需制定一個抽樣計劃	每一品種的產品，需制定一個抽樣計劃
質量好壞	用特徵值表示	用合格品，不合格品或缺陷數表示
樣本數	較少的樣本	較多的樣本
檢驗方法	檢驗程序及方法複雜	檢驗方法較簡單
檢驗費用	費用較高	費用較低
應用範圍	適用於較重要特性的檢驗或樣品貴重的產品	各種產品的抽樣

4.9　監督抽樣檢驗

監督抽樣檢驗是由第三方獨立對產品進行的決定監督總體是否可通過的抽樣檢驗，它適用於質量監督部門定期或不定期對經過驗收合格的產品總體實施的質量監督抽查。也可用於企業內部對生產檢驗和質量管理工作的監督抽查。

質量監督抽查是政府有關行政部門，依據法律、法規和標準，對企業或個人生產經銷的產品實行強制性抽查檢驗，以實施其質量監督的一種方式。

4.9.1　質量監督抽樣檢驗術語

①監督總體：被監督產品的集合。

②監督質量水平：規定的合格質量的上限值，對於計數質量監督抽樣檢驗，是允許存在的不合格品數或不合格品率或每百單位產品不合格數的上限值，用 p_0 表示。

③監督抽樣檢驗功效：當監督總體的實際質量水平不符合監督質量水平的要求時，監督總體被判不可通過的概率。

④監督檢驗水平：規定了監督抽樣中樣本量與檢驗功效之間的對應關係。

⑤錯判風險：將實際上可通過的監督總體判為不可通過的概率，用 α 表示。

⑥漏判風險：將實際上不可通過的監督總體判為可通過的概率，用 β 表示。

4.9.2 產品質量監督抽查的依據

質量監督抽查的依據是國家法律、法規、規章和標準。

4.9.2.1 法律

《中華人民共和國產品質量法》在第二章「產品質量的監督管理」第 10 條中明確規定：「國家對產品質量實行以抽查為主要方式的監督檢查制度。監督抽查工作由國務院產品質量監督管理部門規劃和組織，縣級以上地方人民政府管理產品質量監督工作的部門在本行政區域內也可以組織監督抽查。產品質量抽查的結果應當公布。」

此外，《標準化法》《計量法》《進出口商品檢驗法》《藥品管理法》等法律也對工農業產品、計量器具、藥品及進出口商品等質量監督分別作出規定。

4.9.2.2 法規

產品質量監督的主要法規依據是《產品質量監督辦法》《工業產品質量責任條例》和《關於進一步加強質量工作的決定》等。

如《工業產品質量責任條例》的第五章「產品質量的監督管理」第 16 條明確規定：「各質量監督機構按照國家有關規定，單獨組織或者會同工商行政管理部門，各行業主管部門、企業主管部門，對產品的生產、儲運和經銷等各個環節實行經常性的監督抽查，並定期公布抽查產品的質量狀況。」

《關於進一步加強質量工作的決定》的第 6 條「加強質量監督，嚴格整改措施」中也明確提出，要擴大國家監督抽查的覆蓋面，堅持抽查工作的突擊性，並對質量問題嚴重的企業及產品進行質量跟蹤監督。

4.9.2.3 規章

產品質量監督抽查的規章依據主要是《國家監督抽查產品質量的若干規定》和《產品質量國家監督抽查的補充規定》。

這兩項規定具體地規定了產品質量國家監督抽查的方法、承檢單位的職責、任務、問題處理和工作紀律等事項。

此外，各行業和各省（市、區）地方政府也發布了一些產品質量監督抽查方面規章。

4.9.2.4　標準

產品質量監督抽查的技術依據是標準，凡有國家標準、行業標準的則按國家標準、行業標準檢驗與判定，如有需要，可以補充一些技術規定。尚未制定國家標準或行業標準的產品，則依據地方標準或備案的企業標準，如是名優產品，則應是獲獎時採用的標準。

4.9.3　產品質量監督抽查的五種方式

中國產品質量監督抽查的方式主要有以下五種：

4.9.3.1　國家監督抽查

產品質量國家監督抽查是由國家技術監督部門負責統一管理，定期組織對產品質量進行的監督抽查。它具有下列四個特徵：

①國家監督抽查的產品目錄和被抽查的企業名單，由國家技術監督部門用隨機方法選定，承擔國家監督抽查產品質量檢查的單位是依法設置或依法授權的產品質量監督檢驗機構。

②國家監督抽查每季度抽查一次，但抽查計劃事先不告知被抽查的企業，抽查檢驗結果後公布國家監督抽查公報。而國務院有關行業、企業主管部門或地方組織的產品質量監督抽查均不得以國家監督抽查的名義進行，發布的質量抽查結果也不得冠以「國家監督抽查」字樣。

③凡經國家監督抽查的產品，自抽樣之日起六個月內，免於其他監督抽查，以避免重複抽查和增加企業負擔。

④國家監督抽查不向企業收取產品檢驗費用，不營利且具有公正性。樣品由被抽查企業或個體商戶提供，無正當理由，不得拒絕抽查。

中國的國家監督抽查自1985年第二季度開始實行以來，抽查了數千上萬個企業與產品、儘管產品物查合格率僅70%左右，但有效地促進了被抽查企業提高產品質量，並教育了其他企業，保障了國家和顧客的權益。

4.9.3.2　市場商品質量監督抽查

市場商品質量監督抽查是技術監督部門根據流通領域中出現的商品質量問題，不定期地組織對市場有關商品進行質量監督抽查的方式，也是在社會主義市場經濟條件下規範市場交易行為，打擊偽劣商品的重要手段。

市場商品質量監督抽查的主要目的是發現和消除偽劣商品，即那些違反國家有關法律、法規，其質量性能達不到強制性標準要求，或冒用、偽造商標、名優標誌、生產許可證或認證標誌或已失去原有使用價值的物品，以達到淨化市場、規範市場經濟、保護廣大消費者利益。

4.9.3.3 專項產品統一質量監督抽查

國家技術監督部門針對產品質量問題較多或較嚴重的產品，進行專項產品統一質量監督抽查。它是中國產品質量監督的一種重要形式。

專項產品統一質量監督抽查由國家技術監督部門向各省（市、區）技術監督部門發出統一監督抽查文件，其「五統一」包括：統一抽查的產品目錄；統一檢查的時間；統一產品檢驗細則；統一產品合格判定規則；統一匯總和發布抽查結果通報。

4.9.3.4 行業產品質量監督抽查

由行業主管部門或產品行業歸口部門對產品生產企業及其用戶的產品質量進行的監督抽查，稱之為行業產品質量監督抽查。

行業產品質量監督抽查的目的是為了瞭解本行業產品質量水平，促進有關企業提高產品質量，同時在自願的基礎上開展質量諮詢服務，幫助企業攻克質量難關，完善質量體系，提高產品質量。

4.9.3.5 地方日常產品質量監督抽查

縣級以上地方政府技術監督部門對本行政區域內生產和經銷的產品進行日常質量監督抽查，稱之為地方日常產品質量監督抽查。

地方日常產品質量監督抽查一般由地方政府技術監督部門根據本行政區域內的經濟發展需要和產品質量狀況，定期或不定期地制定監督抽查計劃，確定受檢產品目錄，委派具有質量監督資格的人員到有關企業抽樣、送檢。其目的也是瞭解本地區產品質量水平，促進本地區企業提高產品質量。

質量監督抽查要堅持既監督又服務的原則，幫助企業解決質量問題，完善企業質量體系。

此外，工商行政部門、商業物資部門（即用戶）、消費者協會等也可依法或依據合同對產品生產經銷企業進行產品質量監督檢查，這種產品質量監督抽查稱為社會質量監督及第二方驗收質量監督，均是中國質量監督的重要組成部分。

4.9.4 產品質量監督抽查的範圍和程序

4.9.4.1 產品質量抽查的範圍

《中華人民共和國產品質量法》第 10 條規定：「對可能危及人體健康和人身、財產安全的產品，影響國計民生的重要工業產品以及用戶、消費者、有關組織反應有質量問題的產品進行抽查。」

這就是說，質量監督抽查的產品主要是：

①直接關係到人身、財產安全的產品，如電梯、起重機、汽車、電熱水器等。

②關係國計民生的重要資料產品，如鋼鐵、煤炭、化肥、棉花、羊毛、種子、電機、柴油機等。

③涉及人民群眾安全和經濟利益的重要消費品，如電視機、電冰箱、空調等家用電器，化妝品，營養液等，食品，保健藥品，家具等。

④顧客、用戶或消費者反應有質量問題的產品。

⑤獲得許可證、認證標誌和名優標誌的產品。

4.9.4.2 產品質量監督抽查的程序

產品質量監督抽查的一般工作程序為：制定抽查計劃與抽查方案，確定抽查產品目錄和被查企業名單，抽樣，檢驗樣品，綜合匯總，發布公報或公告，進行抽查的處理等。

①制定抽查計劃和方案。

每次質量監督抽查前應制定抽查計劃和方案。抽查計劃中主要包括抽查產品種類、範圍數量、時間及承檢單位、所需經費等內容。抽樣方案主要是確定總體、樣品數、抽樣方法、檢驗及判定規則等。

②確定抽查樣品和被查企業名單。

先由有關企業、企業主管部門提出抽查產品目錄和被查企業名單，然後由質量監督抽查主管部門協調，根據客觀需要和實際能力確定抽查產品的品種規格以及被查企業名單。

③抽樣。

承檢單位抽樣人員或質量監督員持《質量監督抽樣通知書》直接到生產、經銷企業用戶中按規定的抽樣方案隨機抽取被查企業自檢合格的產品樣品，樣品在抽樣、封存與送檢過程中應按規定做好標記，採取保護措施，不準影響質量，更不準私自替換、弄虛作假。

拒絕監督抽查的企業，其產品均按不合格處理。

④檢驗。

檢驗由指定的具有質量監督檢驗資格的質檢機構對抽取的樣品，按規定的標準和檢驗規則認真進行檢驗，檢驗中應作好詳細的檢驗記錄。

檢驗結束後，應按規定的標準或判定規則綜合評判是否合格，然後填發《質量監督抽查結果通知單》給有關被檢企業與有關部門。

⑤發布公報或公告。

質量監督抽查主持部門綜合匯總被檢單位的檢驗結果，統一發布產品質

量監督抽查公報或公告，並刊登在有關報刊上。

⑥抽查後處理。

質量監督抽查公報或公告發布後，有關不合格產品的生產、經銷企業或個體工商戶應立即進行整改，如對抽查檢驗結果有異議的，應在收到《抽查結果通知書》之月起15天內向承檢單位提出書面意見。

整改企業所在地區技術監督部門與企業主管部門應負責監督和檢查其整改工作，整改措施有效，產品質量自檢合格後應申請復查，復查申請期限一般超過半年。

質量監督抽查不合格的產品，除按有關法律法規處理外，自抽查公報或公告發布之日起一年內不得參加名優產品評選和申報產品質量認證，已獲取名優產品與質量認證標誌、許可證的經整改仍達不到規定要求由發證機關撤銷其有關證書和標誌使用權。

質量監督抽查中發現的假冒偽劣產品生產經銷企業或個體工商戶按國家有關法律懲治其生產、銷售偽劣商品的犯罪行為。

4.9.5 產品質量監督抽查的技術機構

承擔產品監督抽查檢驗的技術機構是依法設置或依法授權的產品質量檢驗機構，包括：國家產品質量監督檢驗測試中心、行業或地方產品質量監督檢驗所（站）。

4.9.5.1 產品質量檢驗機構的職責與任務

產品質量檢驗機構在產品質量監督抽查中的主要職責和任務是：

①承擔產品質量監督抽查檢驗與復查檢驗工作，必要時，還可負責抽樣工作。

②保證產品質量監督抽查檢驗的數據真實、正確、可靠，判定結論科學合理，並對出具的《抽查檢驗結果通知書》及檢測報告、數據承擔法律責任。

③產品質量監督檢驗機構及其工作人員必須嚴格保守受檢產品的技術秘密，不得無償占用企業科技成果。

④指導和幫助企業建立和健全產品質量檢驗制度，正確執行檢驗標準或規程，必要時，也可提供技術諮詢服務，幫助企業解決質量問題。

此外，產品質量檢驗機海還可承擔生產許可證、質量認證產品的檢驗，新產品投產鑒定檢驗，產品質量爭議的仲裁檢驗，名優產品、採標產品質量檢驗等任務，並可參與和承擔有關標準的制（修）訂及標準驗證工作。

4.9.5.2 產品質量監督檢驗機構的基本條件

中國對法定產品質量監督檢驗機構及機構人員、儀器設備、工作環境等

方面的基本條件有明確的規定。

①機構和人員。

承擔產品質量監督檢驗的機構和人員應有獨立性，檢驗機構應建立質量體系並有效運作，其負責人應由熟悉產品檢驗技術和業務，並是工程師以上技術職務的人擔任，檢驗工作人員應具有勝任本職工作的業務能力和熟練的操作技能，並經專業培訓考試合格，工作態度認真負責，實事求是，辦事公道。

②儀器設備。

產品質量監督檢驗機構應具備與其承擔的檢驗任務相適應的儀器設備，這些儀器設備應經計量檢定合格，其性能和準確度能滿足檢定的標準要求，並具有完備的儀器設備和技術檔案。

③環境條件。

產品質量監督檢驗機構的環境條件應與檢測業務相適應，粉塵、振動、噪聲、電離輻射等因素均不應影響檢測與試檢精度，實驗室內清潔衛生，佈局合理，既能保證人身和儀器安全，又能便於操作，溫度、濕度等符合有關規定。

④質量體系文件。

產品質量監督檢驗機構應有健全完善的質量體系文件。如有按 ISO/IEC 指南49《測試實驗室質量手冊編製導則》編寫的質量手冊和樣品抽取、保管、處理，儀器設備使用管理、維護、標準、檢測數據、技術資料檔案管理，檢驗報告審查等一系列程序文件（標準或制度）。同時，還應有明確的崗位質量與技術責任制度。

⑤檢測報告。

檢測報告是產品質量監督檢驗機構的主要產品。其內容包括受檢單位名稱，樣品名稱。規格、型號、產品批號或出廠日期、檢驗依據、檢測結果和綜合擬定結論。檢測報告上的所有數據、圖表、術語均應準確無誤，字跡、圖形清晰，應有檢驗人員和有關負責人、審核人員簽名。

4.9.5.3　產品質量監督檢驗機構的審查認可

產品質量監督檢驗機構的審查認可是指對其質量保證能力（或質量體系）及基本條件的評審，也可稱為實驗室認可。

評審員依據 ISO/IEC 指南25《測試實驗室技術能力通用要求》、ISO/IEC 指南54~55《測試實驗室認可制度》或 ISO 9003《最終檢驗和試驗的質量保證模式》等規定，對產品質量監督檢驗機構的基本條件和質量體系評審合格後，經有關部門確認、頒發證書後，該產品質量監督檢驗機構才具有承擔質

量監督抽查檢驗工作的資格。

　　一般來說，國家產品質量監督檢驗測試中心由國家技術監督部門頒發證書，地方產品質量監督檢驗所（站）由省級政府技術監督部門頒發證書，它們是法定質量監督檢驗機構。行業產品質量監督檢驗機構由行業主管部門認可承擔行業產品質量監督檢驗任務，但一般不是法定質量監督檢驗機構。

　　經國家和省級食品、藥品、勞動保護等有關行政部門確認，承擔食品、藥品、壓力容器等產品質量監督檢驗機構，也是法定質量監督檢驗機構。

思考題：

　　1. 什麼是抽樣方案和抽樣方案的操作特性？說明實際抽樣方案的 OC 曲線中 α 和 β 的含義。

　　2. 抽樣檢驗中隱含哪些風險？如何控制這些風險？

　　3. 某企業有一個很嚴格的質量檢驗主管，在最近的一次質量檢驗時發現了不合格問題，與往常一樣，他按規定的要求對受驗產品予以「不予放行」的處理。同時，他也及時上報企業的最高管理者。通常，企業的最高管理者對於該主管的決定都給予很大的支持。但是，目前這批產品急需供貨，否則會帶來很大損失。為此，企業最高管理者多次向質量檢驗主管進行疏通，希望給予通融，可是卻沒能引起主管的重視，因為他有企業的質量手冊和規定的產品質量要求撐腰。無奈，企業的最高管理者只好下達了「給予放行，下不為例」的命令。請談談你的看法。

5 統計過程控制

5.1 概述

5.1.1 什麼是統計過程控制

統計過程控制，即 SPC（Statistical Process Control），就是應用統計技術對過程中的各個階段進行監控，從而達到改進與保證質量的目的。

SPC 是全系統、全過程的，要求全員參加，人人有責。這點與全面質量管理的精神完全一致。

SPC 強調用科學方法（主要是統計技術，尤其是控制圖理論）來保證全過程的預防。

SPC 不僅用於生產過程，而且可用於服務過程和一切管理過程。

5.1.2 SPC 發展簡史

20 世紀 20 年代由美國的休哈特（Walter A. Shewhart）提出過程控制的概念與實施過程監控的方法。

1950 年，戴明博士將 SPC 的概念引入日本。從 1950—1980 年，經過 30 年的努力，日本躍居世界質量與生產率的領先地位。美國著名質量管理專家伯格（Roger W. Berger）教授指出，日本成功的基石之一就是 SPC。

從 20 世紀 80 年代起，SPC 在西方工業國家復興，並列為高科技之一。例如，加拿大鋼鐵公司（STELCO）在 1988 年列出的該公司七大高科技方向如下：連鑄、爐外精煉鋼包冶金站、真空除氣、電鍍鉢流水線、電子測量、高級電子計算機、SPC。

5.1.3 SPC 的三個發展階段

SPC 迄今已經經歷了三個發展階段，即 SPC，SPCD 及 SPCDA。

第一階段為 SPC。運用 SPC 理論採取措施，消除異常，恢復過程的穩定。即科學地區分出生產過程中產品質量的偶然波動與異常波動，從而對過程的

異常及時告警。

第二個階段為 SPCD（Statistical Process Control and Diagnosis），即統計過程控制與診斷。SPC 雖然能對過程的異常進行告警，但是它並不能告訴我們是什麼異常，發生於何處，即不能進行診斷。1982 年中國張公緒首創兩種質量診斷理論，突破了傳統的美國休哈特質量控制理論，開闢了統計質量診斷的新方向。目前 SPCD 已進入實用性階段，中國仍然居於領先地位。

第三個階段為 SPCDA（Statistical Process Control, Diagnosis and Adjustment），即統計過程控制、診斷與調整。正如同病人確診後要進行治療，過程診斷後自然要加以調整，故 SPCDA 是 SPCD 的進一步發展，也是 SPC 的第三個發展階段。這方面國外剛剛起步，他們稱之為 ASPC（Algorithmic Statistical Process Control，算法的統計過程控制），目前尚無實用性的成果。張公緒教授與他的博士生也正在進行這方面的研究。

5.1.4　SPC 與 ISO 9000 標準的聯繫

ISO 9001：2000 提出了關於質量管理的八項原則，對於質量管理實踐具有深刻的指導意義。其中，「過程方法」「基於事實的決策」的原則都和 SPC 等管理工具的使用有著密切的聯繫。以什麼樣的方法來對過程進行控制？以什麼樣的手段來保證管理決策的及時性、可靠性，等等，都是管理者首先應該考慮的問題。SPC 能為管理者提供解決此類問題的科學的方法論。例如：用於定量、定性評定生產線、過程、工藝參數等是否處於統計受控狀態，特別適用於生產線的認證。

SPC 技術運用，對 ISO 9000 族標準在企業的實施和運用有著積極的促進作用。ISO 9000 族標準中本身就含有 SPC 的內容，制訂 ISO 9000 族標準的質量管理和質量保證技術委員會 TC 176 以技術報告的形式制訂了有關 SPC 的標準：ISO/TR10017《統計技術指南》，它本身就是 ISO 9000 族標準的支持性標準。

5.2　統計過程控制圖

5.2.1　什麼是控制圖

5.2.1.1　控制圖的來歷

控制圖由正態分佈演變而來。正態分佈可用兩個參數即均值 μ 和標準差 σ 來決定。正態分佈有一個結論對質量管理很有用，即無論均值 μ 和標準差 σ

取何值，產品質量特性值落在 $\mu \pm 3\sigma$ 之間的概率為 99.73%，落在 $\mu \pm 3\sigma$ 之外的概率為 100% － 99.73% ＝ 0.27%，而超過一側，即大於 $\mu + 3\sigma$ 或小於 $\mu - 3\sigma$ 的概率為 0.27%/2 ＝ 0.135% ≈ 1‰，休哈特就根據這一事實提出了控制圖，如圖 5－1 所示。

圖 5－1　正態分佈圖

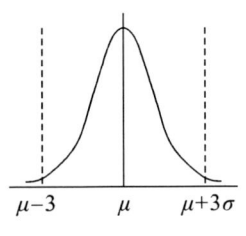

5.2.1.2　控制圖的演變

控制圖的演變過程見圖 5－2。先把正態分佈曲線圖按順時針方向轉 90°，由於上下的數值正負不合常規，再把圖上下翻轉 180°，這樣就得到一個單值控制圖，稱 $\mu + 3\sigma$ 為上控制線，記為 UCL，稱 μ 為中心線，記為 CL，稱 $\mu - 3\sigma$ 為下控制線，記為 LCL，這三者統稱為控制線。規定中心線用實線繪製，上下控制線用虛線繪製，如圖 5－3 所示。

綜合上述，控制圖是對過程質量數據測定、記錄從而進行質量管理的一種用科學方法設計的圖。圖上有中心線（CL）、上控制限（UCL）和下控制限（LCL），並有按時間順序抽取的樣本統計量數值的描點序列，如圖 5－3 所示。

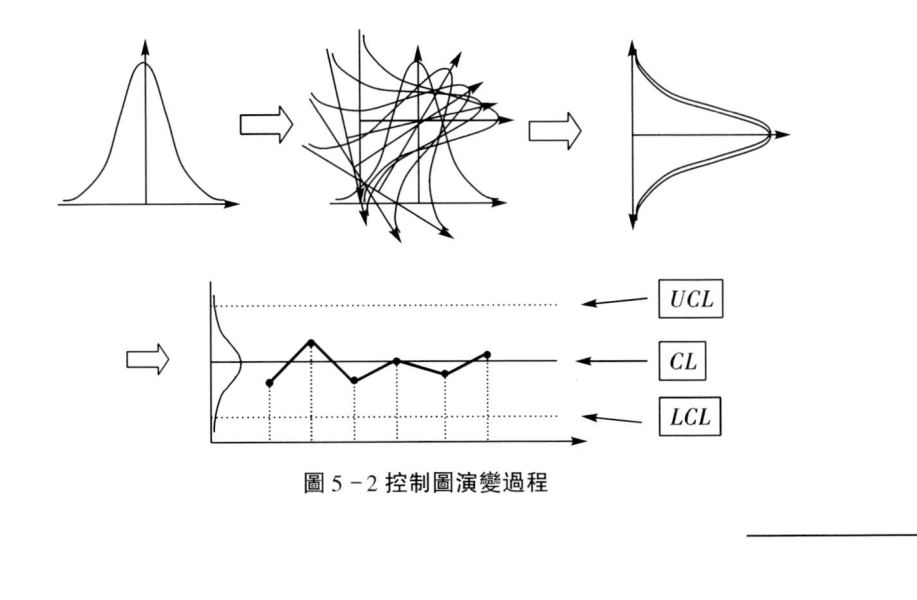

圖 5－2 控制圖演變過程

图 5-3 控制图示例

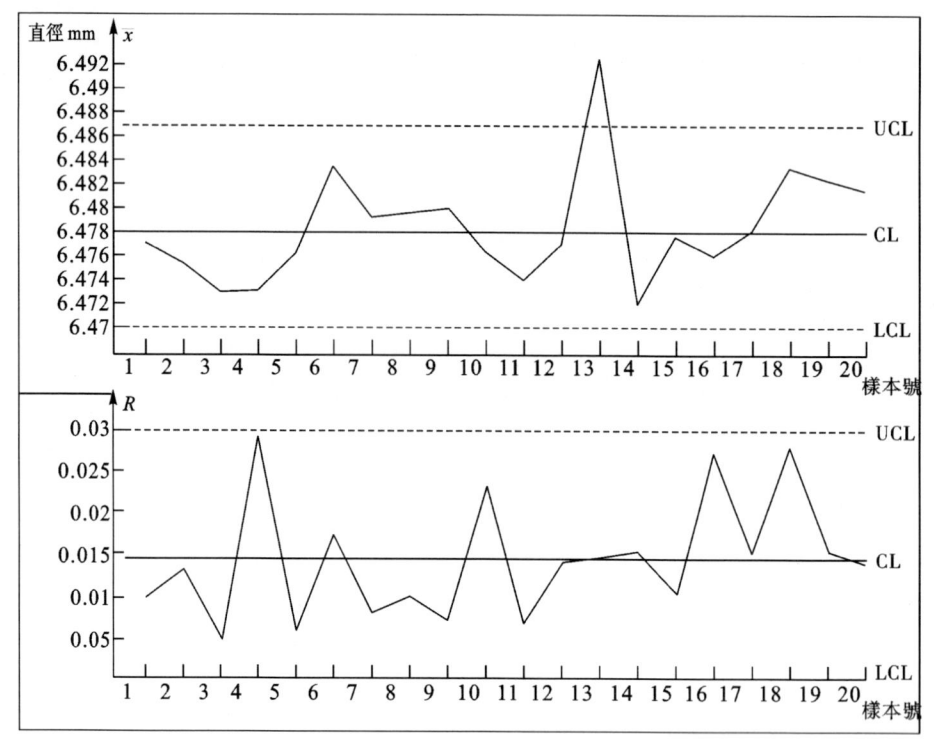

5.2.2 控制图原理

5.2.2.1 影响质量的因素

4M1E 包括五个方面：设备（machine）、材料（material）、操作（man）、工艺（method）和环境（environment）。

5.2.2.2 偶然因素和异常因素

①偶因是始终存在的，对质量的波动影响微小，但难以除去。偶因引起质量的偶然波动。

②异因对质量波动的影响大，但不难除去。异因引起质量的异常波动。

③在生产过程中异波及造成异波的异因是需要监控的对象，一旦发生，应该尽快找出，采取措施加以消除，并纳入标准化，保证它不再出现。

5.2.2.3 控制图原理

经验与理论分析表明，当生产过程中只存在偶因时，产品质量将形成典型分布，如果除了偶因还有异因，产品质量的分布必将偏离原来的典型分布。

因此，根據典型分佈是否偏離就能判斷異因是否發生，而典型分佈的偏離可由控制圖檢出，控制圖上的控制界限就是區分偶因與異因的科學界限。

控制圖的實質是區分偶然因素與異常因素。

5.2.3 怎樣進行控制

5.2.3.1 控制圖貫徹預防原則

①應用控制圖對生產過程不斷監控，當異常因素剛出現，在未造成不合格品之前就能及時被發現。例如，在圖 5-4 中點子有逐漸上升的趨勢，可以在這種趨勢造成不合格品之前就採取措施加以消除，起到預防的作用。

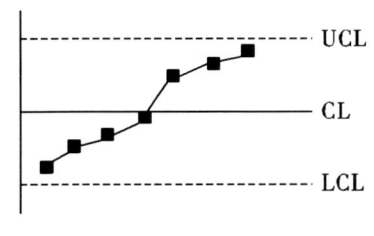

圖 5-4　點形成趨勢

②循環貫徹「查出異因，採取措施，保證消除，納入標準」原則，最終達到為統計控制狀。

③從保證每道過程都處於穩態，實現生產線的全過程穩態。

5.2.3.2 注意兩類錯誤

①虛發警報錯誤，也稱第 I 類錯誤。在生產正常的情況下，純粹出於偶然而點子出界的概率雖然很小，但不是絕對不可能發生。故當生產正常而根據點子出界判斷生產異常就犯了虛發警報錯誤，發生這種錯誤的概率通常記以 α，如圖 5-5 所示。

②漏發警報錯誤，也稱第 II 類錯誤。在生產異常的情況下，產品質量的分佈偏離了典型分佈，但總有一部分產品的質量特性值在上下控制界之內。如果抽到這樣的產品進行檢測並在控制圖中描點，這時根據點子未出界判斷生產正常就犯了漏發警報錯誤，發生這種錯誤的概率通常記以 β，如圖 5-5 所示。

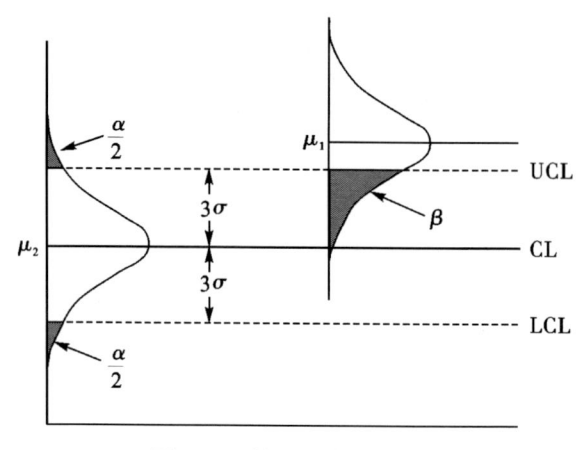

圖 5-5 控制圖的兩類錯誤

　　控制圖是通過抽查來監控產品質量的，故兩類錯誤是不可避免的。在控制圖上，中心線一般是對稱軸，所能變動的只是上下控制限的間距。若將間距增大，則 α 減小 β 增大，如圖 5-6 所示；反之，則 α 增大 β 減小，如圖 5-7 所示。因此，只能根據這兩類錯誤造成的總損失最小來確定上下控制界限。

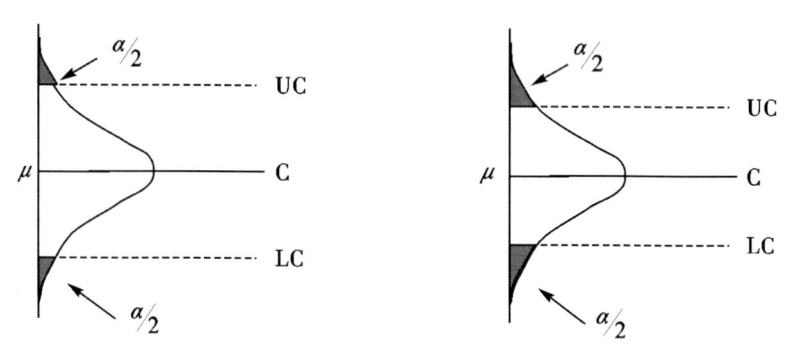

圖 5-6　UCL（LCL）距 CL 距離減小時，α 值的變化

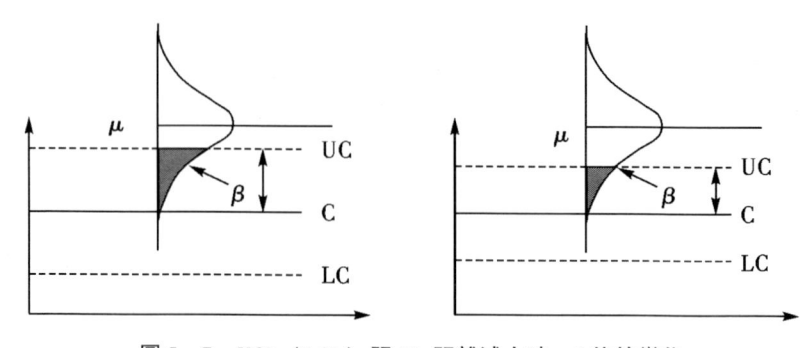

圖 5-7　UCL（LCL）距 CL 距離減小時，β 值的變化

5.2.3.3 合理的控制方式——3σ 方式

$$UCL = \mu + 3\sigma$$
$$CL = \mu \qquad\qquad\qquad\qquad\qquad\qquad\qquad (5-1)$$
$$LCL = \mu - 3\sigma$$

3σ 方式就是中小線和上、下控制線按式（5-1）確定，其中，μ 為總體均值，σ 為總體標準差。長期理論與實踐證明：3σ 方式即是兩類錯誤造成的總損失最小的控制界限，此時，犯第 I 類錯誤的概率或顯著性水平 $\alpha = 0.002,7$。美國、日本和中國等大多數國家都採用 3σ 方式的控制圖，英國和北歐少數國家採用 $\alpha = 0.001$ 概率界限方式的控制圖。

注意：在現場，把規格作為控制圖的控制界限是不對的。規格是用來區分產品合格與不合格，而控制圖的控制界限是用來區分偶然波動與異常波動，即區分偶然因素與異常因素的。利用規格界限顯示產品質量合格或不合格的圖是顯示圖，現場可以應用顯示圖，但不能作為控制圖來使用。

5.2.4 控制圖的判定準則

5.2.4.1 控制圖的設計思想

控制圖的設計思想是先確定第 I 類錯誤的概率 α，再根據第 II 類錯誤的概率 β 的大小來考慮是否需要採取必要的措施。通常 α 取為 1%，5%，10%。為了增加使用者的信心，休哈特將 α 取得特別小，小到 2.7‰ ~ 3‰。這樣，α 小，β 就大，為了減少第 II 類錯誤，對於控制圖中的界內點增添了第 II 類判異準則，即「界內點排列不隨機判異」。

5.2.4.2 判定穩態準則

穩態是生產過程追求的目標。

在統計量為正態分佈的情況下，由於第 I 類錯誤的概率 α 取得很小，所以只要有一個點子在界外就可以判斷有異常。但既然 α 很小，第 II 類錯誤的概率 β 就大，只根據一個點子在界內遠不能判斷生產過程處於穩態。如果連續有許多點子，如 25 個點子全部都在控制界限內，情況就大不相同。這時，根據概率乘法定理，總的 β 為 $\beta_{總} = \beta^{25}$，要比 β 減小很多。如果連續在控制界內的點子更多，即使有個別點子出界，過程仍看做是穩態的，這就是判穩準則。

判穩準則：在點子隨機排列的情況下，符合下列各點之一就認為過程處於穩態：

①連續 25 個點子都在控制界限內。

②連續35個點子至多1個點子落在控制界限外。

③連續100個點子至多2個點子落在控制界限外。

5.2.4.3 判定異常準則

①點子在控制界限外或恰在控制界限上。

②控制界限內的點子排列不隨機。

5.2.5 點子排列不隨機模式

界內點排列不隨機的模式有：點子屢屢接近控制界限、鏈、間斷鏈、傾向、點子集中在中心線附近、點子呈週期性變化等。界內點排列不隨機準則是用來減少第Ⅱ類錯誤的概率β，所以它的各個模式的α不能太小，通常取為0.27%~2%。

判異準則有兩類：點出界就判異；界內點排列不隨機判異。

其中，前一類是針對界外點的，而後一類則是針對界內點的。關於判異準則，常規控制圖的標準 GB/T 4091—2001 有 8 種準則，參見圖 5-8 至圖 5-15。將控制圖等分為 6 個區每個區寬 1σ。這 6 個區的標號分別為 A、B、C、C、B、A。其中兩個 A 區、B 區及 C 區都關於中心線 CL 對稱，需要指明的是這些判異準則主要適用於 X 圖及單值 X 圖，且假定質量特性 X 服從正態分佈。

由於在過程正常的條件下，下述八種準則出現的概率都很小，若出現即判斷過程異常。

準則1：連續15點落在中心線兩側的 C 區內。

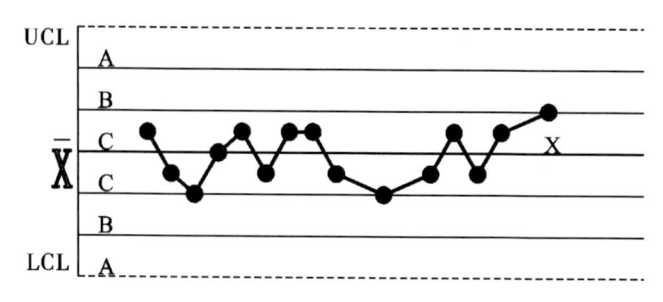

圖 5-8 判異準則 1

準則2：一個點落在 A 區以外。

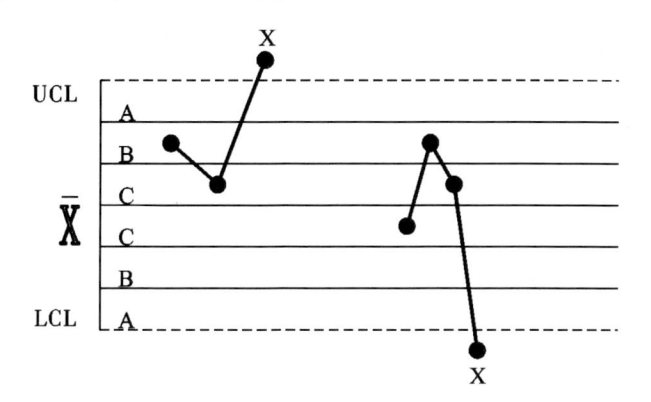

圖 5-9　判異準則 2

準則3：連續 9 點落在中心線同一側。

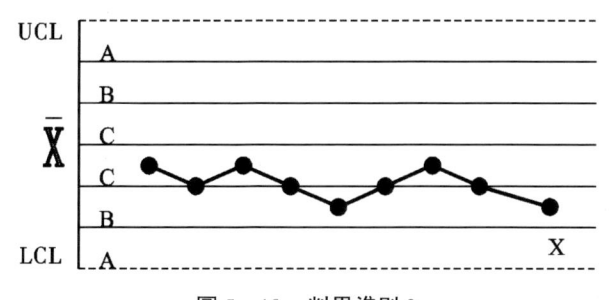

圖 5-10　判異準則 3

準則4：連續 6 點遞增或遞減。

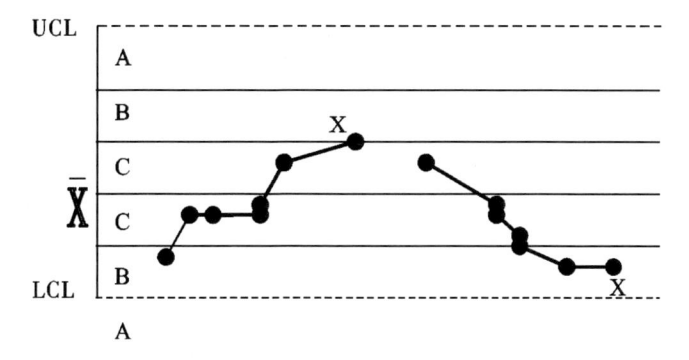

圖 5-11　判異準則 4

準則 5：連續 14 點中相鄰點交替上下。

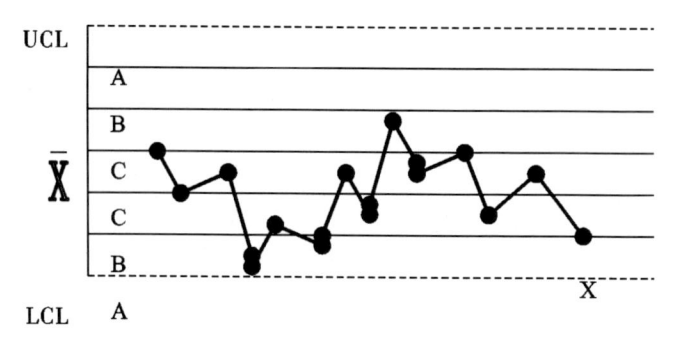

圖 5－12　判異準則 5

準則 6：連續 3 點中有 2 點落在中心線同一側的 B 區以外。

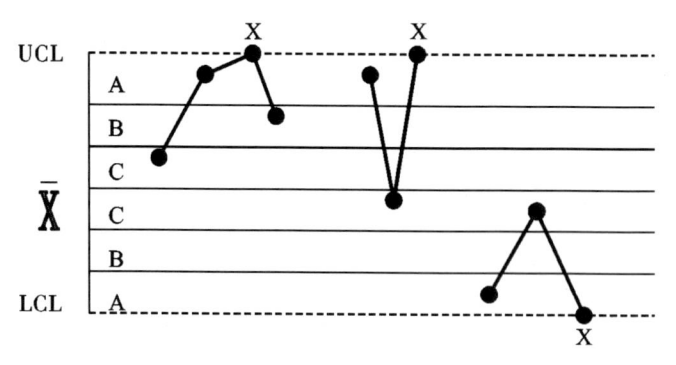

圖 5－13　判異準則 6

準則 7：連續 5 點中有 4 點落在中心線同一側的 C 區以外。

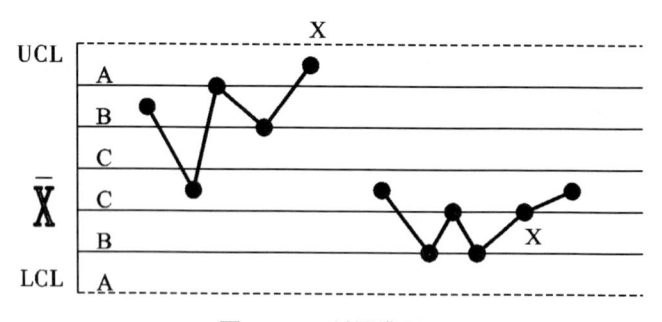

圖 5－14　判異準則 7

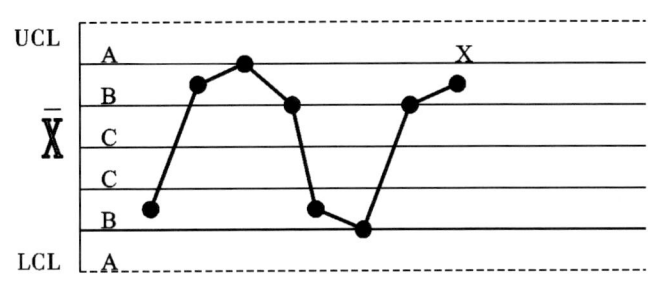

准则 8：连续 8 点落在中心线两侧且无一在 C 区内。

图 5-15　判异准则 8

5.3　过程控制图

5.3.1　控制图分类

①根据质量参数的数据类型，控制图分为计量型控制图和计数型控制图。
②根据用途的不同，控制图分为分析用控制图和管理用控制图。

在一道工序开始应用控制图时，几乎总不会恰巧处于统计控制状态（稳态），也即总存在异因。如果就以这种非稳态下的参数来建立控制图，控制图界限之间的间隔一定较宽，以这样的控制图来控制未来，将导致错误的结论。因此，一开始，总要将非稳态的过程调整到稳态的过程，即调整到过程的基准，这就是分析用控制图的阶段。等到过程调整到稳态后，才能延长控制图的控制线作为控制用控制图，这就是控制用控制图的阶段。在日本有句质量管理的名言：「始于控制图，终于控制图。」所谓「始于控制图」是指对过程的分析从应用控制图对过程进行分析开始，所谓「终于控制图」是指对过程的分析结束，最终建立了控制用控制图。故根据使用目的的不同，控制图可分为分析用控制图与管理用控制图。

5.3.1.1　分析用控制图

分析用控制图主要分析以下两个方面：
①所分析的过程是否处于统计控制状态？
②该过程的过程能力指数是否满足要求？荷兰学者维尔达将过程能力指数满足要求称为技术控制状态（State in Technical Control）。

由于过程能力指数 C_p 需在稳态下计算，故应先将过程调整到统计控制状态，然后再调整到技术控制状态。过程能力指数将在下一节详细叙述。

5.3.1.2 管理用控制圖

當過程達到了我們確認的狀態後，才能將分析用控制圖的控制線延長作為控制用控制圖。由於後者相當於生產中的立法，故由前者轉為後者時應有正式交接手續。這裡要用到判斷穩態的準則（簡稱判斷準則），在穩定之前還要用到判斷異常的準則。

進入日常管理後，關鍵是保持所確定的狀態。經過一個階段的使用後，可能又會出現異常，這時應查出原因，採取必要措施，加以消除，以恢復統計控制狀態。

5.3.2 控制圖的種類

根據 GB 4091，常規休哈特控制圖如表 5-1 所示。計件值控制圖與計點值控制圖統稱計數型控制圖。二項分佈和泊松分佈是離散數據的兩種典型分佈，它們超出 $\pm 3\sigma$ 界限的第 I 類錯誤的概率 α，未必恰巧等於正態分佈 $\pm 3\sigma$ 界限的第 I 類錯誤的概率 $\alpha = 0.002,7$，但是個相當小的概率。因此，用與正態分佈類似的論證，建立 p、np、c、u 等控制圖。

表 5-1　　　　　　　　控制圖分類表

數據類型	分佈	控制圖	簡記
計量值	正態分佈	均值—極差 控制圖	Xbar—R
		均值—標準差 控制圖	Xbar—S
		中位數—極差 控制圖	Xmed—R
		單值—移動極差 控制圖	X—Rs
計件值	二項分佈	不合格品率 控制圖	p
		不合格品數 控制圖	np
計點值	泊松分佈	單位缺陷數	u
		缺陷數	c

現在簡單說明各個控制圖的用途：

① $\bar{X}$—R 控制圖。對於計量值數據而言，這是最常用最基本的控制圖。它用於控制對象為長度、重量、強度、純度、時間和生產量等計量值的場合。$\bar{X}$ 控制圖主要用於觀察分佈的均值的變化，$\bar{R}$ 控制圖用於觀察分佈的分散情況或變異度的變化，而 $\bar{X}$—R 圖則將二者聯合運用，用於觀察分佈的變化。

② $\bar{X}$—s 控制圖與 $\bar{X}$—R 圖相似，只是用標準差圖（s 圖）代替極差圖（R 圖）而已。極差計算簡便，故 R 圖得到廣泛應用，但當樣本量 $n > 10$ 則，應

用極差估計總體標準差 d 的效率減低，這時需要應用 s 圖來代替 R 圖。

③ Me—R 控制圖。與 $\bar{X}$—R 圖也很相似，只是用中位數圖（Me 圖）代替均值圖（$\bar{X}$ 圖）。

由於中位數的計算比均值簡單，所以多用於現場需要把測定數據直接記入控制圖進行控制的場合，這時為了簡便，一般規定為奇數個數據。

④ 單值—移動極差控制圖。多用於下列場合：採用自動化檢查和測量、對每一個產品都進行檢驗的場合；取樣費時、昂貴的場合，如化工等過程；樣品均勻，多抽樣也無太大意義的場合。由於它不像前三種控制圖那樣能取得較多的信息，所以它判斷過程變化的靈敏度也要差一些。

⑤ p 控制圖。用於控制對象為不合格品率或合格品率等計數值質量指標的場合。這裡需要注意的是，對於根據多種檢查項目總和來確定不合格品率的情況，當控制圖顯示異常後難以找出異常的原因。因此，使用 p 圖時應選擇重要的檢查項目作為判斷不合格品的依據。常見的不良率有不合格品率、廢品率等。另外，建立 p 圖時，要求的子組容量要足夠大，因為只有樣本的容量足夠大，不合格品才有可能會包括在子組中。舉例來說，如果一個過程有 1% 的缺陷數，有 10 個樣本的子組可能偶然僅有一個缺陷。因此，一般要求每個子組的平均不合格品數至少是 2。這對 p 圖，np 圖都適用。

⑥ np 控制圖。用於控制對象為不合格品數的場合。設 n 為樣本大小，p 為不合格品率，則 np 為不合格品個數，取 np 為不合格品數控制圖的簡記記號。np 圖用於樣本大小相同的場合。當 p 圖與 np 圖中計算的控制下限是負值時，我們把 0 作為控制下限。

⑦ c 控制圖。用於控制一部機器，一個部件，一定的長度，一定的面積或任何一定的單位中所出現的缺陷數目。c 圖用於樣本大小相等的場合。

⑧ u 控制圖。當樣品的大小變化時，應將一定單位中出現的缺陷數換算為平均單位缺陷數後用 u 控制圖。例如，在製造厚度為 2 毫米的鋼板的生產過程中，一批樣品是 2 平方米，另一批樣品是 3 平方米，這時應換算為平均每平方米的缺陷數，然後再對它進行控制。

5.3.3 設計控制圖的步驟

①收集數據。

②當生產過程較穩定、過程能力充足時，連續採集過程近期數據，將數據按採集時間順序分為若干組，每組樣本容量相同（4~5），數據總數盡可能不小於 100。

③確定控制界限。求每組樣本質量特性統計量的觀測值，據公式計算控

制圖的中心線、控制上限和控制下限。

④繪製控制圖。

⑤控制界限的修正。把所測得各樣本統計量的觀測值標在控制圖上，如有異常點，分析其原因；如為特殊原因，將其剔除。重新計算控制界限，繪製控制圖。

⑥控制圖的使用與改進。控制圖在使用中應不斷改進，以更好地保證和提高質量控制的能力和水平。經多次改進，控制限不再有顯著變動，已能滿足質量控制要求時，控制圖可正式投入使用。使用中要定期檢查過程能力，以保證控制效果。

5.4 計量值控制圖

5.4.1 均值—極差控制圖

$\bar{X}$—R 控制圖一直是最常用、最重要的計量控制圖。

5.4.1.1 $\bar{X}$—R 圖的特點

①適用範圍廣。

$\bar{X}$ 圖：若 X 服從正態分佈，則易證 $\bar{X}$ 也服從正態分佈。若 X 不服從正態分佈，根據中心極限定理，可證 $\bar{X}$ 近似服從正態分佈。實際收集的數據往往沒有進行正態性檢驗，正是 $\bar{X}$ 近似服從正態分佈這一重要性質，才使 $\bar{X}$ 控制圖得以廣泛應用。

R 圖：計算模擬可以證實，只要 X 不是非常不對稱，則 R 的分佈無大的變化，故 R 圖適用範圍廣。

$\bar{X}$—R 圖對數據沒有嚴格的正態性要求，對計量值數據普遍適用。

②靈敏度高。

$\bar{X}$ 圖：由於偶然波動的存在，一個子組中的 n 個觀測值（n 為子組大小）的數值 X 通常不會都相等，而是有的比均值偏大，有的偏小，這樣當它們加起來求平均值時，偶波會被抵消一部分，使 $\bar{X}$ 的標準差減小。但對異波而言，由於一般異波所產生的變異往往是同方向的，要麼偏大，要麼偏小，故求平均值的操作對其並無影響，因此，當過程出現異常時，異因帶來的變異更容易出界，靈敏度更高。

R 圖：無此優點。

③ $\bar{X}$—R 圖的設計。

首先，計算控制線。

對於 $\bar{x}$ 圖：

$$\begin{cases} CL = \bar{\bar{x}} \\ UCL = \bar{\bar{x}} + A_2 \bar{R} \\ LCL = \bar{\bar{x}} - A_2 \bar{R} \end{cases} \quad (5-2)$$

對於 R 圖：

$$\begin{cases} CL = \bar{R} \\ UCL = D_4 \bar{R} \\ LCL = D_3 \bar{R} \end{cases} \quad (5-3)$$

其中 A_2、D_3 和 D_4 是與子組大小 n 有關的系數。可查表 5-2 得到。注意：D_3 為 0 表示下控制限為負值，因不存在 σ 為負的，故取 $LCL = 0$ 為極差 R 控制圖的自然下限。

表 5-2　　　　　　　　計算控制限的系數表

n	A_2	A_3	B_3	B_4	D_3	D_4
2	1.880	2.659	0	3.267	0	3.267
3	1.023	1.954	0	2.568	0	2.574
4	0.729	1.628	0	2.266	0	2.282
5	0.577	1.427	0	2.089	0	2.114
6	0.483	1.287	0.030	1.970	0	2.004
7	0.419	1.182	0.118	1.882	0.076	1.924
8	0.373	1.099	0.185	1.815	0.136	1.864
9	0.337	1.032	0.239	1.761	0.184	1.816
10	0.308	0.975	0.284	1.716	0.223	1.777
11	0.285	0.927	0.321	1.679	0.256	1.744
12	0.266	0.866	0.354	1.646	0.283	1.717
13	0.249	0.850	0.382	1.618	0.307	1.693
14	0.235	0.817	0.406	1.594	0.328	1.672
15	0.223	0.789	0.428	1.572	0.347	1.653
16	0.212	0.763	0.448	1.552	0.363	1.637
17	0.203	0.739	0.466	1.534	0.378	1.622
18	0.194	0.718	0.482	1.518	0.391	1.608
19	0.187	0.698	0.497	1.503	0.403	1.597

表5-2(續)

n	A_2	A_3	B_3	B_4	D_3	D_4
20	0.180	0.680	0.510	1.490	0.415	1.585
21	0.173	0.663	0.523	1.477	0.425	1.575
22	0.167	0.647	0.534	1.466	0.434	1.566
23	0.162	0.633	0.545	1.455	0.443	1.557
24	0.157	0.619	0.555	1.445	0.451	1.548
25	0.153	0.606	0.565	1.435	0.459	1.541

其次，繪製控制圖。如果與 $\bar{X}$ 控制圖相關的 R 控制圖沒有處於統計控制狀態，那麼分析 $\bar{X}$ 控制圖是沒有意義的。因為 $\bar{X}$ 控制圖的控制限是從 R 的平均值 $(\bar{\bar{x}} + A_2\bar{R})$ 計算得到的，如果極差不穩定，那麼基於極差的所有計算都是不準確的。

5.4.2 單值—移動極差控制圖（$X—R_S$）控制圖

某些過程控制的情況，取得合理的子組要麼不可能，要麼不實際。由於測量單個觀測值所需要的時間太長或者費用太大，所以無法考慮重複測量。當測量成本很高（如破壞性檢驗），或者當某一段時間的輸出都相對均勻時，不必考慮重複測量。還有一些情況是只有一個可能的觀測值，如儀表讀數或一批原材料的性質等，在這些情況下，需要基於單個數據進行過程控制。

在單值控制圖情形下，由於沒有合理子組來提供批內變異的估計，故控制限就基於兩個觀測值的移動極差所提供的變差來進行計算。移動極差就是在一個序列中相鄰兩個觀測值的移動極差所提供的變差來進行計算。移動極差就是在一個序列中相鄰兩個觀測值之間的絕對差，可記為 R_S，即第一個觀測值與第二個觀測值的絕對差，第二個觀測值與第三個觀測值的絕對差，等等。設得到的觀測值序列為 X_i，$i = 1, 2, 3, \cdots, n$，則移動極差為：

$$R_{si} = |X_i - X_{i-1}|$$

R_S 圖的控制限為：

$$\begin{cases} UCL = 3.267\bar{R} \\ CL = \bar{R} \\ LCL = 0.00 \end{cases} \quad (5-4)$$

X 圖的控制限為：

$$\begin{cases} UCL = \bar{X} + 2.66\bar{R} \\ CL = \bar{X} \\ LCL = \bar{X} - 2.66\bar{R} \end{cases} \quad (5-5)$$

對於單值—移動極差控制圖，應注意下列各點：
①單值移動極差圖對過程變化的檢測不如均值極差圖靈敏。
②若過程的分佈不是正態的，則慎用該圖。
③由於移動極差是相鄰觀測值之差的絕對值，單值極差圖並不辨析過程的件間重複性，故在一些應用中，採用子組大小較小（2～4）的均值極差圖可能會更好，即使要求子組間有較長的時間間隔。
④確定移動極差的穩定性是繪製單值移動極差圖的前提。因為單值部分的控制限是由移動極差部分產生的過程變異來估計的。移動極差部分缺乏穩定性會導致對過程變異的估計不可靠，從而不能區分出特殊變異與一般變異。

5.5 計數控制圖

5.5.1 不合格品率的 p 圖

對於不合格品率 p 控制圖，只有偶然原因沒有異常原因的統計控制狀態即穩態，其統計解釋是：過程的不合格品率保持為一常數 p，且各件產品的生產彼此獨立。

p 控制圖的統計基礎為二項分佈。p 圖的控制限為：

$$外控制限 = \bar{p} \pm 3\sigma = \bar{p} \pm 3\sqrt{\frac{\bar{p}(1-\bar{p})}{n}} \tag{5-6}$$

$$內控制限 = 過程平均不合格率 \bar{p} \pm 2\sigma = \bar{p} \pm 2\sqrt{\frac{\bar{p}(1-\bar{p})}{n}} \tag{5-7}$$

其中：$\bar{p}$ 為過程平均不合格率。

對於不合格品率 p 控制圖，有以下幾點說明：
①若 p_0 很小，則需選擇子組大小 n 充分大，以使得 $np_0 \geq 1$，通常取：

$$\frac{1}{p_0} < n < \frac{5}{p_0} 或 \frac{1}{\bar{p}} < n < \frac{5}{\bar{p}} \tag{5-8}$$

從數理統計的學術觀點來看，子組大小 n 要取到 $25/p_0$，方可認為二項分佈近似正態分佈。但這樣，子組大小要比 $5/p_0$ 增大 5 倍太不經濟，故實際工作中要求 p 控制圖的子組大小要遵從 $\frac{1}{p_0} < n < \frac{5}{p_0}$ 的要求。

② p 控制圖的 LCL_p 有時的計算結果可能是負值，但由於子組不合格品率 p 不能為負，因而取 0 為自然下界。若要保證其為非負，則需增大子組大小

n，此時，若 $LCL_p = p_0 - 3\sqrt{\dfrac{p_0(1-p_0)}{n}} > 0$，則 $n > \dfrac{9}{p_0} > \dfrac{5}{p_0}$。

③若子組大小 n 隨子組的不同而發生變化時，則對於每個子組都要計算出各自單獨的控制限，此時 p 控制圖 UCL_p、LCL_p 成凹凸狀，增加了繪製控制圖的難度。《常規控制圖》國家標準 GB/T 4091-2001 提供了兩種解決方案：

方案一：如果子組大小變化不大，則可採用單一的基於平均子組大小的一組控制限。實際上，當子組大小的變化在子組大小目標值的 ±25% 以內時，可採用上述方法。

方案二：當子組大小變化較大時，可採用另一種利用標準化變量的方法，例如，不點繪 p 值，而改為點繪標準化值 Z；根據 p 值的標準值是否給定，有：

p_0 給定時，$Z = \dfrac{p - p_0}{\sqrt{p_0(1-p_0)/n}}$ （5-9）

p_0 未給定時，$Z = \dfrac{p - \bar{p}}{\sqrt{\bar{p}(1-\bar{p})/n}}$ （5-10）

這樣，中心線和控制限如下所示成為常數，而與子組大小無關：中心線 =0；UCL =3；LCL =-3。

這種解決方案在國內稱為通用圖法。

5.5.2 不合格品數的 np 圖

當樣本大小不變時，按不合格數劃分比按百分比更容易。

不合格數的標準差：

$$\sigma = \sqrt{\bar{c}\left(1 - \dfrac{\bar{c}}{n}\right)}$$ （5-11）

內控制限為： $\bar{c} \pm 2\sigma$ （5-12）

外控制限為： $\bar{c} \pm 3\sigma$ （5-13）

5.6　計點控制圖

殘品是一種不合格品，它將作返工、退回或降級處理。缺陷是一種瑕疵，但它並不一定導致整個產品報廢，有一個或幾個缺陷並不會使產品成為殘品，例如，我們不會因為噴漆上的小擦痕就捨棄一臺電腦或丟掉一臺洗衣機。

新組裝的機器，如汽車空調可能會有一個或幾個缺陷，這些缺陷也許並

不能使之成為殘品，但是可能導致它被降級使用，或者返工處理。除此之外，旅店的房間或者預定航班可能有缺陷，但並不影響其目標達成。事實上，有很多有缺陷但不影響正常使用的例子，產品不用降級。但是，在更嚴格的要求下，我們的目標是零缺陷。控制圖就是幫助達到這個目標的一種工具。

當一個給定單位（如一塊布料）中存在出現缺陷或瑕疵的可能，我們稱這一單位是機會域，每一個機會域是一個子組。當機會域是離散的單位而且單個缺陷可以導致整個單位成為殘品時，用 p 圖或 np 圖進行控制。但是，當機會域是連續的或者接近連續的並且在給定的機會域中存在多於一個缺陷時，適合應用 c 圖和 u 圖。當機會域是常量時應用 c 圖，而當機會域是變量時應用 u 圖。

5.6.1 不合格數的 c 圖

樣本大小是常量時用 c 圖。控制限計算如下：

過程平均值：$\dfrac{缺陷的總數}{所觀察的批次數}$

標準差：$\sigma = \sqrt{c}$ (5-14)

內控制限：$\bar{c} \pm 2\sigma$ (5-15)

外控制限：$\bar{c} \pm 3\sigma$ (5-16)

5.6.2 單位缺陷數的 u 圖

u 圖用在缺陷數來自不同的樣本中。這種情形類似於不合格品率控制圖（p 圖），在 p 圖中我們以不合格品的百分率作圖。

內控制限：$\bar{u} \pm 2\sigma$ (5-17)

外控制限：$\bar{u} \pm 3\sigma$ (5-18)

對於 u 圖，人工計算控制限很繁瑣，然而 Minitab 軟件可以將這一問題簡化。同樣，其他控制圖也可通過該軟件實現。

［例5-1］顧客到達電信營業廳時，一般情況下需排隊等待一段時間，如果此時有空窗，顧客等待時間就短，若無，等待時間就長，廳經理記錄連續 20 天 4 位顧客的等待時間，表 5-3 是電信大廳等待時間的列表。

表 5-3　　　　　　　　　　電信大廳等待時間

日期	時間	日期	時間	日期	時間	日期	時間	日期	時間
1	7.2	5	9.7	9	5.7	13	4.9	17	5.5
1	8.4	5	4.6	9	4.7	13	6.2	17	6.3
1	7.9	5	4.8	9	5.1	13	7.8	17	3.2
1	4.9	5	5.8	9	4.6	13	8.7	17	4.9
2	5.6	6	8.3	10	1.7	14	7.1	18	4.9
2	8.7	6	8.9	10	4	14	6.3	18	5.1
2	3.3	6	9.1	10	3	14	8.2	18	3.2
2	4.2	6	6.2	10	5.2	14	5.5	18	7.6
3	5.5	7	4.7	11	2.6	15	7.1	19	7.2
3	7.3	7	6.6	11	3.9	15	5.8	19	8
3	3.2	7	5.3	11	5.2	15	6.9	19	5.1
3	6	7	5.8	11	4.8	15	7	19	5.9
4	4.4	8	8.8	12	4.6	16	6.7	20	6.1
4	8	8	5.5	12	2.7	16	6.9	20	3.4
4	5.4	8	8.4	12	6.3	16	7	20	7.2
4	7.4	8	6.9	12	3.4	16	9.4	20	5.9

用 Minitab 軟件繪圖，如圖 5-16 所示。

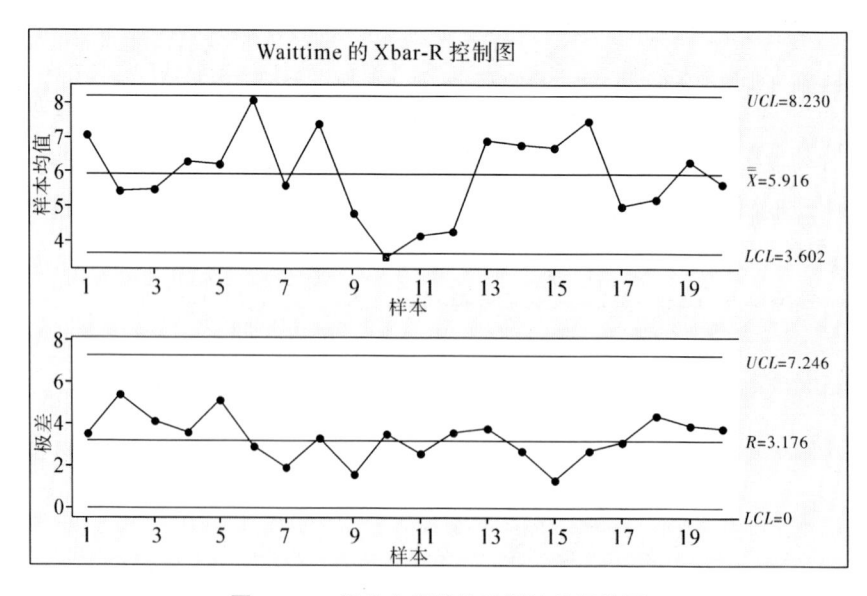

圖 5-16　電信大廳等待時間均值極差圖

控制圖的中心限是 $\bar{\bar{x}} = 5.92$

控制限為：$LCL = \bar{\bar{x}} + A_2\bar{R} = 3.60$

$UCL = \bar{\bar{x}} - A_2\bar{R} = 8.23$

圖 5-16 所示是完成的控制圖。過程質量的好壞可以從兩個方面來衡量：一是過程質量是否穩定；二是穩定的過程能力是否滿足技術要求。其中過程質量的穩定性可以通過控制圖進行測定和監控。控制圖的控制界限是根據正態分佈原理計算的。根據 ±3σ 原理，點子應隨機排列，且落在控制界限內的概率僅為 99.73%，因此控制圖中點子未出界，且點子的排列也是隨機的，則可以認為生產過程處於穩定狀態或控制狀態。如果控制圖點子出界或界內點子排列非隨機，就認為生產過程失控。

如圖 5-16，第 10 天有一點出界，過程不在控制狀態，存在特殊的變異源。此時需要確定產生特殊變異源的原因並採取相應的改進措施。然後從數據庫中剔除數據點，重新建立和重新分析控制圖。

[例 5-2] 噴射模塑法的過程給飛機乘客座椅的使用提供了思路，每天從成品中選出擁有 500 個支架的樣本，尋找裂隙、裂痕等不合格，建立數據文件，如表 5-4 所示。

表 5-4　　　　　　　　座椅缺陷數據表

日期	樣本量	缺陷	日期	樣本量	缺陷
1	500	12	14	500	37
2	500	9	15	500	20
3	500	8	16	500	15
4	500	10	17	500	14
5	500	17	18	500	18
6	500	33	19	500	45
7	500	15	20	500	25
8	500	46	21	500	27
9	500	22	22	500	33
10	500	13	23	500	17
11	500	9	24	500	28
12	500	15	25	500	12
13	500	4			

可繪製 C 圖，如圖 5-17 所示。

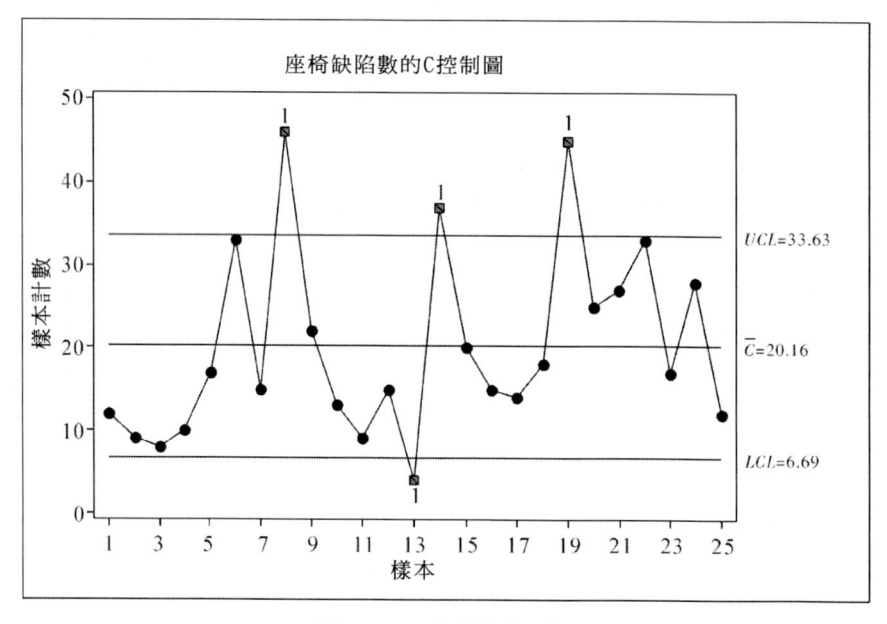

圖 5-17　座椅缺陷 C 圖

如圖 5-17，第 8 點、第 13 點、第 14 點和第 19 點四點出界，可以認為生產過程失控。需要確定變異源產生的原因並採取相應的改進措施。

計數控制圖的局限性：

隨著過程的改進和缺陷或殘次品變得更少，為了檢查到一個或幾個這樣的缺陷而需要的單位數就會增加，極端的情況是，隨著機會的減少，為了保持一個合理的平均計點數，需要檢查 100% 的單位，這樣成本很高。因此，計數控制圖的局限在它們所能達到的過程改進水平上。更高水平的過程改進需要計量控制圖。

計量控制圖使用數字測量，這使得它比計數控制圖更可靠和適用。計數數據僅僅指示一個給定單位是否合格，不能指示這個單位到底與上下控制限差多少。因此不能像計量數據那樣為過程改進提供清晰的方向。

5.7　控制圖的選用

5.7.1　控制圖用於何處

原則上講，對於任何過程，凡需對質量進行管理的場合都可用控制圖。

當所確定的控制對象即質量指標能夠定量時，用計量型控制圖；當所確定的控制對象只能定性的描述而不能夠定量描述時，用計數型控制圖；所控制的過程必須具有重複性，即具有統計規律，只有一次性或少數幾次的過程難於應用控制圖進行控制。

5.7.2 如何選擇控制對象

在使用控制圖時，應選擇能代表過程的主要質量指標作為控制對象。一個過程往往具有各種各樣的特性，需要選擇能夠真正代表過程情況的指標。假定某產品在強度方面有問題，就應該選擇強度作為控制對象，在電動機裝配車間，如果對於電動機軸的尺寸要求很高，這就需要把機軸直徑作為控制對象；在電路板沉銅缸就要選擇甲醛、氫氧化鈉、二價銅離子的濃度以及沉銅速率作為多指標統一進行控制。

5.7.3 怎樣選擇控制圖

圖 5-18 提供了一個選擇合適控制圖的流程圖。問題的關鍵是研究的問題是什麼，是計量數據還是計件計點數據？樣本容量是多少？樣本容量是否相同等。

先根據所控制質量指標的數據性質來進行確定，如數據為連續值的應選擇 $Xbar-R$、$Xbar-S$、$Xmed-Rs$ 或 $X-Rs$ 圖；數據為計件值的應選擇 p 或 np 圖，數據為計點值的應選擇 c 或 u 圖。還需要考慮其他要求，如檢出力大小，抽取樣品、取得數據的難易和是否經濟等。例如要求檢出力大可採用成組數據的控制圖，如 $Xbar-R$ 圖。而樣本標準差是一個比極差更靈敏、更好的過程變異性指標。因此，當需要嚴格地控制變異性時，則使用標準差。

5.7.4 如何分析控制圖

在做分析用控制圖時，首先應該判斷過程是否穩定。

判穩準則：參照前述。

判異準則：由各企業根據因素要求，自己選定。可參照 ISO 8258：1991、GB4091：2001《常規控制圖》。

對於點子出界或違反其他準則的處理：若點子出界或界內點排列非隨機，應執行「查出異因，採取措施，保證消除，不再出現，納入標準」這 20 個字，立即追查原因並採取措施防止它再次出現。應該強調指出，正是執行了上述 20 個字，才能取得貫徹預防原則的作用。

對於過程而言，控制圖起著警鈴的作用，控制圖點子出界就好比警鈴響，告訴現在是應該進行查找原因、採取措施、防止再犯的時刻了。

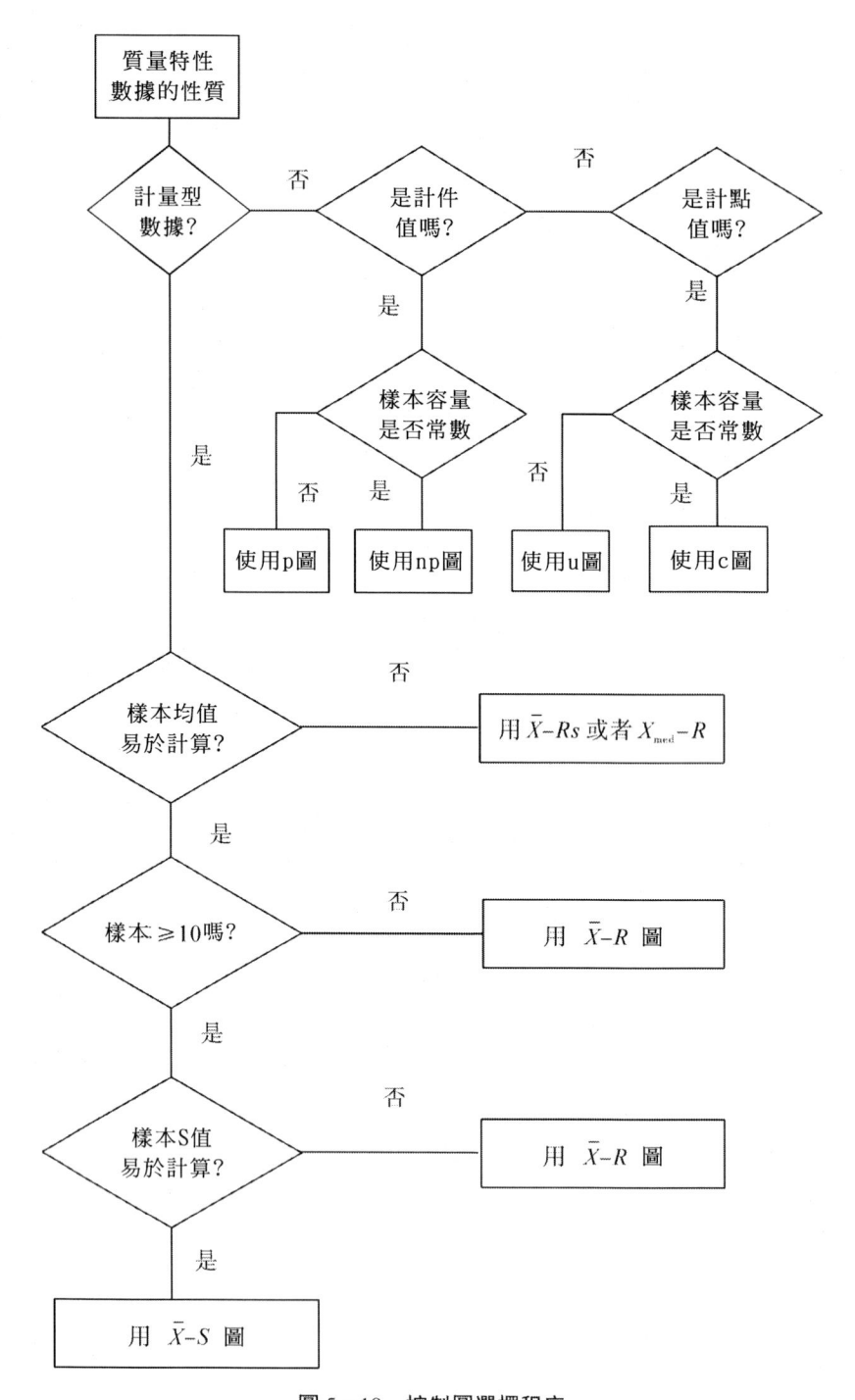

```
                    ┌─────────────┐
                    │ 質量特性     │
                    │ 數據的性質   │
                    └──────┬──────┘
                           │
                    ┌──────◇──────┐   否    ┌──────◇──────┐   否   ┌──────◇──────┐
                    │ 計量型       ├────────│ 是計件       ├───────│ 是計點       │
                    │ 數據?        │         │ 值嗎?        │        │ 值嗎?        │
                    └──────┬──────┘         └──────┬──────┘        └──────┬──────┘
                           │                       │是                     │是
                           │是              ┌──────◇──────┐         ┌──────◇──────┐
                           │                │ 樣本容量     │         │ 樣本容量     │
                           │                │ 是否常數     │         │ 是否常數     │
                           │                └──┬───────┬──┘         └──┬───────┬──┘
                           │                否 │       │ 是          否 │       │ 是
                           │              ┌────┴──┐ ┌──┴────┐      ┌───┴──┐  ┌──┴────┐
                           │              │使用p圖│ │使用np圖│     │使用u圖│  │使用c圖│
                           │              └──────┘ └───────┘      └──────┘  └───────┘
                           │
                    ┌──────◇──────┐   否    ┌────────────────────┐
                    │ 樣本均值     ├────────│ 用 $\bar{X}-Rs$ 或者 $X_{med}-R$ │
                    │ 易於計算?    │         └────────────────────┘
                    └──────┬──────┘
                           │是
                    ┌──────◇──────┐   否    ┌────────────┐
                    │ 樣本≥10嗎?   ├────────│ 用 $\bar{X}-R$ 圖 │
                    └──────┬──────┘         └────────────┘
                           │是
                    ┌──────◇──────┐   否    ┌────────────┐
                    │ 樣本S值      ├────────│ 用 $\bar{X}-R$ 圖 │
                    │ 易於計算?    │         └────────────┘
                    └──────┬──────┘
                           │是
                    ┌────────────┐
                    │ 用 $\bar{X}-S$ 圖 │
                    └────────────┘
```

圖 5-18　控制圖選擇程序

5.7.5 控制圖的重新制定

控制圖是根據穩定狀態下的條件（人員、設備、原材料、工藝方法、環境，即 4M1E）來制定的。如果上述條件變化，如操作人員更換或通過學習操作水平顯著提高，設備更新，採用新型原材料或其他原材料，改變工藝參數或採用新工藝，環境改變等，這時，控制限必須重新加以制定。另外，當把計算控制限時使用的失控點從數據組中刪除時，控制限必須重新計算。因為刪除這些數據將導致中心線、控制限與區域界限的改變，必須重新計算一個新的中心線、控制限和區域界線。由於控制圖是科學管理生產過程的重要依據，經過相當時間的使用後應重新抽取數據，進行計算，加以檢驗。

5.7.6 控制圖的保管問題

控制圖的計算以及日常的記錄都應作為技術資料加以妥善保管。對於點子出界或界內點排列非隨機及當時處理的情況都應予以記錄，是以後出現異常時查找原因的重要參考資料。有了長期保存的記錄，便能對該過程的質量水平有清楚的瞭解，對於今後產品設計和規格制定方面是十分有用的。

5.8 統計過程控制中的問題與解決對策

5.8.1 統計過程控制（SPC）實施中的問題

SPC 技術雖好，但需和企業實際結合才能發揮其高效、客觀的作用。在實施 SPC 時，企業會遇到各種問題。表現在：

①把實施當做純技術看待，不重視全員參與、領導作用。SPC 的實施是一個系統工程，SPC 技術實施將伴隨企業的管理模式、體制等一系列的變革，需要組成以企業高層領導為首的包括各方面人員的強有力的領導小組組織領導，才能具體落實。

②缺乏規範的管理模式和準確的基礎數據。有的企業自身的管理不規範，期望採用 SPC 技術來減少內部損失，提高經濟效益。結果員工並不認真填入數據，反應結果並不準確，SPC 對實際的指導依據也就不可靠了。

③不重視人員培訓。如果不依靠骨幹的力量，SPC 實施時，關鍵過程的操作人員不懂得 SPC 基本知識和內部實施關鍵技術，當外部專家走後，內部人員不能適時解決實際問題。

④匆忙購買，不結合廠情。不重視售後服務的方便和內部對軟件功能的

二次開發需求。

5.8.2 解決對策

在實施 SPC 時，建議採取以下步驟：

①建立強有力的組織結構，建立推進網絡。質量管理專家朱蘭博士對質量管理問題，有著名的 80/20 原則，認為企業領導層可以解決 80% 的質量問題，而基層職工只能解決 20% 的質量問題。而不少企業領導者認為產品質量差是因為有關人員素質差或不負責任造成的。事實上，如果採用先進的質量管理技術和工具，在原有的人員、設備條件下，質量完全可以得到明顯的改善。而 SPC 正是這樣一種行之有效的工具，企業的高層管理人員必須身體力行，認識到 SPC 的重要作用，帶領全體員工運用 SPC。

②制訂推行計劃。明確 SPC 推行的各個階段的內容及相關責任人，規定明確的目標和時間。

③人員培訓。對相關人員進行先期培訓。必要時可請外部培訓機構來企業做培訓。

④確定關鍵、重點質控點，確定關鍵變量。找出所有可控制的質量指標和相關參數，包括過程控制點、控制內容、數據類型等，然後對生產中經常出現問題的過程作為突破口，對此過程採集的數據進行分析和控制，使生產過程達到穩定狀態。

⑤收集數據。採用合理的抽樣方法保證 SPC 所需的數據的完整性和準確性。包括抽樣時間間隔、樣本大小、隨機抽樣的安排、抽樣的分佈等方面。

⑥建立全穩生產線。在重點過程取得成果後，在整個生產線全面推廣，建立全穩生產線。

⑦完善制度，規定員工在 SPC 方面的行為規範。

⑧對系統不斷維護和提高，保證可靠性。公布推行結果。在推行 SPC 過程中，應及時公布運用 SPC 所取得的成果，以提升員工的信心，加快 SPC 推進速度，同時，對發現的問題，做不斷地改進。

5.9 過程能力

一旦過程是穩定的，接下來的重點就是確保過程是有能力的。一個高能力過程所生產的大量產品中，只有極少缺陷或沒有缺陷，這是優化人員、機器、原料、程序和測量系統之間相互關係的結果。世界級的過程能力是以每百萬缺陷機會來衡量的。

摩托羅拉公司所倡導的六西格瑪計劃可獲得很高的過程能力，它是一個通過強調工程以實現很高過程能力的設計計劃，這些過程以偏離過程均值 $\pm 6\sigma$ 的規格界限來表徵。因此，即便過程的均值與離散度有很大的偏移，也很難出現不合格品。這種方法有助於進行穩健性設計（對變異不敏感），是獲得六西格瑪質量的有用工具。

在質量管理中，過程的概念越來越受到重視，例如，在 ISO 9000 族標準中就反應了這種情況。與此相應地，過程能力與過程能力指數在現場的應用也就越來越頻繁，因為過程能力指數是一個無量綱指標，可對各種過程加以評估。本節將介紹下列問題：過程能力與過程能力指數，短期過程能力與長期過程能力，指數的定義及其計算，過程能力指數 C_p 與不合格率 P 之間的關係等。

過程能力是指過程的加工質量滿足技術標準的能力。過程能力決定於質量因素人、機、料、法、環（4M1E）。過程能力一般是通過過程能力指數度量。

5.9.1 過程能力的理解

①過程能力是受控狀態下過程的實際加工能力。
②過程能力具有一致性和再現性。
③過程能力取決於 4M1E 而與公差無關。
④過程能力與生產能力不同。

就質量而言，規格界限和能力與總體分佈有關。然而，基於樣本的過程控制圖和穩定性是統計上的結果，反應抽樣分佈。因此，不能將過程控制圖的控制限與產品規格界限相比較，否則無異於拿蘋果與西瓜相比較。過程控制圖的控制限是從樣本數據中計算的統計結果，而產品的規格界限（或公差界限）是設計工程師為滿足產品設計要求而設計的界限。

5.9.2 過程能力的測定

測定過程能力時，必須確保被調查的過程處於受控狀態，同時樣本容量足夠大，數據不小於 50。過程能力 B 計算公式：

$$B = 6s \tag{5-19}$$

5.9.3 過程能力指數

過程能力指數是將過程能力與實際的質量控制要求聯繫起來，主要考查過程能力能否滿足質量控制的實際需求，滿足需求的程度。只有在過程能力基本穩定時，過程能力指數的計算才有意義。

5.9.4 過程能力指數的計算

5.9.4.1 過程無偏

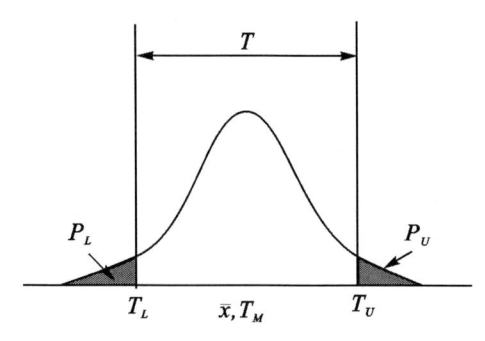

圖 5-19 過程無偏狀況

當過程特性值的分佈均值與公差中心 M 重合時，我們稱過程無偏（見圖 5-19），過程能力指數計算如下：

$$C_P = \frac{T}{6\sigma} = \frac{T_U - T_L}{6s} \qquad (5-20)$$

式（5-20）中，公差 $T = T_U - T_L$，T_U 為規格上限，T_L 為規格下限，σ 為質量特性值總體的標準差，可通過平均統計控制狀態下的組內變差來進行估計，s 為其估計值。

其中 T 反應了對產品的技術要求（可以看做顧客的要求），而 σ 則反應過程加工的質量，故在過程能力指數 C_p 中將 6σ 與 T 比較，反應了過程加工質量滿足產品技術要求的程度，也即企業產品的控制範圍滿足客戶要求的程度。

5.9.4.2 過程有偏

當產品質量特性值分佈的平均值 μ 與規範中心 M 不重合（即有偏移）時，顯然不合格品率增大，也即 C_p 值降低，故所計算的過程能力指數不能反應有偏移的實際情況，需要加以修正（如圖 5-20 所示）。

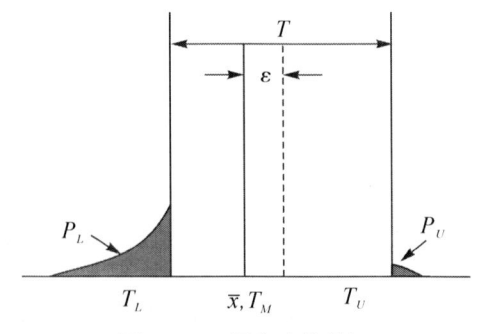

圖 5-20 過程有偏狀況

定義分佈中心 μ 與規範中心 M 的偏移度為 $|M-P|$，μ 與 M 的偏移量 ε 和偏移度 k 為：

偏移量： $\qquad \varepsilon = |T_M - \bar{x}|$，其中 $T_M = \dfrac{T_U + T_L}{2}$ $\qquad$ (5-21)

偏移系數： $\qquad k = \dfrac{\varepsilon}{T/2} = \dfrac{2|T_M - \bar{x}|}{T}$ $\qquad$ (5-22)

此時，將過程能力指數修正為：

過程能力指數： $\qquad C_{pk} = (1-k)C_p = \dfrac{T - 2\varepsilon}{6s}$ $\qquad$ (5-23)

這樣，當 $\mu = M$（即分佈中心與規範中心重合無偏移）時，$k=0$，$C_{pk} = C_p$；當 $\mu = T_U$ 或 $\mu = T_L$ 時，$k=1$，$C_{pk} = 0$，實際上這時合格品率為 50%，故 $C_{pk} = 0$ 是不恰當的，這說明公式的定義有不完善之處，實際上只能用於偏移量 ε 不太大的場合。其中，C_p，k 與合格品率 P 的關係如表 5-5 所示。

5.9.4.3 單側規格的過程能力指數

有些場合，只要求控制規格上限：如產品清潔度、噪聲、有害雜質等，如圖 5-21 所示。

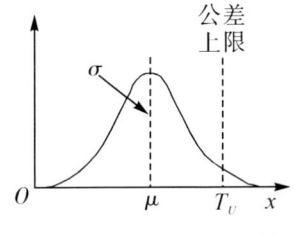

圖 5-21 公差上限狀況　　圖 5-22 公差下限狀況

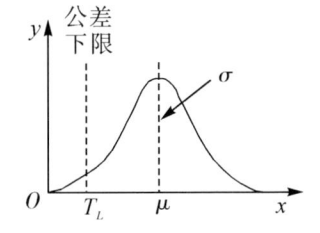

若只有上限要求，而對下限沒有要求，則上單側過程能力指數 C_{PU} 的計算如下：

$$C_{PU} = \dfrac{T_U - \bar{x}}{3s} \qquad (5-24)$$

有些場合，只要求控制規格下限：如強度、燈泡壽命（上限可認為無窮大），如圖 5-22 所示。

若只有下限要求，而對上限沒有要求，則下單側過程能力指數 C_{PL} 的計算如下：

$$C_{PL} = \dfrac{\bar{x} - T_L}{3s} \qquad (5-25)$$

[例 5-3] 某零件內徑尺寸公差為 $\varphi = 20^{+0.020}_{-0.010}$，從一個足夠大的隨機樣本中得 $\bar{x} = 20.004$，$s = 0.002$，計算過程能力指數。

表 5-5 受控状态下 C_p、k 和 p 的关系

单位:%

C_p \ k p	0	0.04	0.08	0.12	0.16	0.2	0.24	0.28	0.32	0.36	0.4	0.44	0.48	0.52
0.5	13.36	13.43	13.64	13.99	14.48	15.1	15.86	16.75	17.77	18.92	20.19	21.58	23.09	24.71
0.6	7.19	7.26	7.48	7.85	8.37	9.03	9.85	10.81	11.92	13.18	14.59	16.81	17.85	19.69
0.7	3.57	3.64	3.83	4.16	4.63	5.24	5.99	6.89	7.94	9.16	10.55	12.1	13.84	15.74
0.8	1.64	1.69	1.89	2.09	2.46	2.94	3.55	4.31	5.21	6.28	7.53	8.98	10.62	12.48
0.9	0.69	0.73	0.83	1	1.25	1.6	2.05	2.62	3.34	4.21	5.27	6.53	8.02	9.75
1	0.27	0.29	0.35	0.45	0.61	0.84	1.14	1.55	2.07	2.75	3.59	4.65	5.94	7.49
1.1	0.1	0.11	0.14	0.2	0.29	0.42	0.61	0.88	1.24	1.74	2.39	3.23	4.31	5.66
1.2	0.03	0.04	0.05	0.08	0.13	0.2	0.31	0.48	0.72	1.06	1.54	2.19	3.06	4.2
1.3	0.01	0.01	0.02	0.03	0.05	0.09	0.15	0.25	0.4	0.63	0.96	1.45	2.13	3.06
1.4	0	0	0.01	0.01	0.02	0.04	0.07	0.13	0.22	0.36	0.59	0.93	1.45	2.1
1.5			0	0	0.01	0.02	0.03	0.06	0.11	0.2	0.35	0.59	0.96	1.54
1.6					0	0.01	0.01	0.03	0.06	0.11	0.2	0.36	0.63	1.07
1.7						0	0.01	0.01	0.03	0.06	0.11	0.22	0.4	0.72
1.8							0	0.01	0.01	0.03	0.06	0.13	0.25	0.48
1.9								0.01	0.01	0.01	0.03	0.07	0.15	0.31
2								0	0	0.01	0.02	0.04	0.09	0.2
2.1										0.01	0.01	0.02	0.05	0.18
2.2										0	0.01	0.01	0.03	0.08
2.3												0.01	0.02	0.05
2.4												0	0.01	0.03
2.5													0.01	0.02
2.6													0	0.01
2.7														0.01
2.8														0

解：公差中心：$T_M = \dfrac{T_U + T_L}{2} = \dfrac{20.020 + 19.990}{2} = 20.005$

由於 $\bar{x} = 20.004$　$T_M = 20.005$，分佈中心向左偏移，

偏移量為 $\varepsilon = |T_M - \bar{x}| = |20.005 - 20.004| = 0.001$

過程能力指數：$C_{pk} = \dfrac{T - 2\varepsilon}{6s} = \dfrac{0.010 - 2 \times 0.001}{6 \times 0.002} = 2.33$

5.9.5　過程能力指數與不合格率 P

過程無偏時：T_U 和 T_L 分別為規格的上、下界限，T 為規格範圍，M 為規格中心，μ 為正態分佈中心，於是不合格品率為：

$$p = P_L + P_U = (x \leqslant T_L) + P(x \geqslant T_U)$$

$$= \Phi\left(\dfrac{T_L - \mu}{\sigma}\right) + \left[1 - \Phi\left(\dfrac{T_U - \mu}{\sigma}\right)\right]$$

$$= \Phi\left(\dfrac{T_L - M - \varepsilon}{\sigma}\right) + \left[1 - \Phi\left(\dfrac{T_U - M - \varepsilon}{\sigma}\right)\right]$$

$$= \Phi\left(\dfrac{T_L - \mu}{\sigma} - \dfrac{\mu - M}{\sigma}\right) + \left[1 - \Phi\left(\dfrac{T_U - \mu}{\sigma} - \dfrac{\mu - M}{\sigma}\right)\right]$$

$$= 1 - \Phi\left(\dfrac{T}{2\sigma} - \dfrac{\varepsilon}{\sigma}\right) + \Phi\left(-\dfrac{T}{2\sigma} - \dfrac{\varepsilon}{\sigma}\right)$$

又 $C_p = \dfrac{T}{6\sigma}$ 及 $C_{PK} = (1-K)C_p = (1-K)\dfrac{T}{6\sigma}$，及 $K = \dfrac{\varepsilon}{T/2} = \dfrac{2\varepsilon}{T}$，則有

$$p = 1 - \Phi(3C_p - 3KC_p) + \Phi(-3C_p - 3KC_p) = 1 - \Phi(3C_{PK}) + \Phi(-3C_p(1+K)) \tag{5-26}$$

如前所述，可由過程能力指數 C_p 和相對偏移系數 K 計算不合格品率。為應用方便，根據 C_p 和 K 值及式（5-26），借助 Excel 編製由過程能力指數 C_p 與相對偏移量 K 求總體不合格率 p 的數值表（如表 5-5 所示）。由此，可以方便地計算不合格率，稱為 $C_p - K - P$ 數值表法。

[例 5-4] 例 5-3 中，不合格率為多少？

解：由於 $k = 0.200$，$C_p = \dfrac{T}{6s} = \dfrac{0.010}{6 \times 0.002} = 0.833$ 介於 0.8 和 0.9 之間

∴ $P = 2.94 \times 0.67 + 1.60 \times 33 = 25\%$

理想的過程能力是既滿足質量保證要求，又符合經濟性要求。

5.9.6 過程能力的判斷

5.9.6.1 過程無偏時，過程能力的衡量標準（如表5-6）

表5-6　　　　　　　　　　　過程能力的判斷

過程能力指數	過程能力等級	圖例	過程能力評價
$C_p > 1.67$	特級		過程能力過高
$1.33 < C_p < 1.67$	一級		過程能力充足
$1.00 < C_p < 1.33$	二級		過程能力尚可
$0.67 < C_p < 1.00$	三級		過程能力不充足
$C_p < 0.67$	四級		過程能力太低

根據計算出的能力指數，便可作出過程是否具有能力的決策，不同的行業根據自身的質量控制要求有自己的標準，但一般被接受的過程能力衡量標準是 1.25、1.33 和 2.0，汽車行業要求 $C_p > 1.33$ 才為正常。高達 2.0 的能力指數則表明過程具有世界級的能力水平。

5.9.6.2 存在偏移系數 k 時是否需要調整的判斷依據（如表 5-7 所示）

表 5-7

偏移系數 k	過程能力指數	採取措施
$0 < k < 0.25$	$C_p > 1.33$	不必調整均值
$0.25 < k < 0.50$	$C_p > 1.33$	要注意均值變化
$0 < k < 0.25$	$1 < C_p < 1.33$	密切觀察均值
$0.25 < k < 0.50$	$1 < C_p < 1.33$	採取必要調整措施

5.9.6.3 不同過程能力指數的處理方法

① $C_p > 1.67$。

提高產品質量要求（關鍵質量特性參數）：

縮小公差；

改善產品性能。

放寬波動幅度或移動波動的平均水平可降低成本、提高工效：

延長刀具調整週期；

放寬對刀尺寸範圍；

提高切削量。

降低設備、工裝精度要求可降低成本。

② $1.67 \geqslant C_p > 1.33$ —。

非關鍵過程質量特性可放寬波動幅度或移動波動的平均水平。

簡化質量檢驗工作：

❈ 全檢轉為抽檢；

❈ 檢驗頻次減少。

③ $1.33 \geqslant C_p > 1.00$。

對過程過程進行控制監督，及時發現異常波動。

按正常方式實施檢驗。

C_p 趨於 1 時對影響過程能力的主要因素嚴加控制。

④ $1.00 \geqslant C_p > 0.67$。

分析過程能力不足的原因，通過 PDCA 循環制定改進措施。

適當放大公差範圍（在用戶許可時）。

提高工裝精度（經濟可行時）。

嚴格質量體驗、加強對不合格品的管理。

⑤ $C_p \leq 0.67$。

停止生產。

找出原因。

採取措施。

改進工藝。

提高能力。

立刻實行全檢，剔除不合格品。

5.9.6.4 能力指數的局限性

在使用 C_p、C_{pk} 時，存在以下幾個潛在的問題。首先，如果過程不夠穩定，C_p 和 C_{pk} 就毫無意義；其次，並非所有的過程都能滿足正態分佈的假設。因此，能力指數的初用者可能會錯誤地評估出超出規格界限的產出部分。最後，初學者經常會混淆 C_p、C_{pk}。

思考題：

1. 一個個人郵件投遞服務公司規定，包裹收到後必須保證在第二天上午 10：30 之前送到客戶手中。假設管理層想要研究在某個特定地理區域內 4 周內每週 5 天的工作績效。每天完成遞送的數目和未完成的數目記錄如下：

日期	遞送數目	遲到包裹數	日期	遞送數目	遲到包裹數
1	136	4	11	157	6
2	153	6	12	150	9
3	127	2	13	142	8
4	157	7	14	137	10
5	144	5	15	147	8
6	122	5	16	132	7
7	154	6	17	136	6
8	132	3	18	137	7
9	160	8	19	153	11
10	142	7	20	141	7

請繪製相應的控制圖並做出分析。

2. 對一家供應商的插塞外徑的進行測量，每隔半小時取 4 個觀測值，總共 20 個子組。雙方規定的規格上限為 0.219 分米，規格下限為 0.125 分米。請評估其過程能力。

序號	x_1	x_2	x_3	x_4	序號	x_1	x_2	x_3	x_4
1	0.189,8	0.172,9	0.206,7	0.189,8	11	0.216,6	0.174,8	0.196	0.192,3
2	0.201,2	0.191,3	0.187,8	0.192,1	12	0.192,4	0.198,4	0.237,7	0.200,3
3	0.221,7	0.219,2	0.207,8	0.198	13	0.176,8	0.198,6	0.224,1	0.202,2
4	0.183,2	0.181,2	0.196,3	0.18	14	0.192,3	0.187,6	0.190,3	0.198,6
5	0.169,2	0.226,3	0.206,6	0.209,1	15	0.192,4	0.199,6	0.212	0.216
6	0.162,1	0.183,2	0.191,4	0.178,3	16	0.172	0.194	0.211,6	0.232
7	0.200,1	0.192,7	0.216,9	0.208,2	17	0.182,4	0.179	0.187,6	0.182,1
8	0.240,1	0.182,5	0.191	0.226,4	18	0.181,2	0.158,5	0.169,9	0.168
9	0.199,6	0.198	0.207,6	0.202,3	19	0.17	0.156,7	0.169,4	0.170,2
10	0.178,3	0.171,5	0.182,9	0.196,1	20	0.169,8	0.166,4	0.17	0.16

3. 若某機械零件的技術要求為 $\Phi = 30 \pm \genfrac{}{}{0pt}{}{0.025}{0.023}$，對加工完成後的零件作抽樣檢查，抽取了 100 件產品測得 $\bar{X} = 29.998$，$S = 0.008$。

（1）計算加工工序的過程能力指數；

（2）判斷加工等級，給出合適的處理意見。

6 質量改進

除了前面第 5 章所論述的定量工具外，還有許多技術可以與控制圖結合使用來幫助解決過程中的特殊變異和減少過程的一般變異源，即改進過程。ISO 9,000：2,000 對質量改進與質量控制的解釋為：質量改進是質量管理的一部分，致力於增強滿足質量要求的能力。

本章介紹的質量改進診斷技術和工具包括檢查表、直方圖、散布圖、因果圖、帕累托圖、關聯圖、親和圖、系統圖、頭腦風暴法和流程圖等質量改進工具。定性和定量工具對過程改進都很重要。人們常常困惑在什麽時候最適合用什麽工具？為瞭解決這一問題，圖 6-1 給大家提供了一個質量改進工具箱適用範圍的圖示，方便大家在實際工作中靈活地選擇使用。本章將介紹常用的質量管理工具的使用方法及用途。

序號	方法 程序	質量管理老七種工具							質量管理新七種工具					其他方法			
		檢查表	直方圖	控制圖	散布圖	因果圖	帕累托圖	分層法	關聯圖	親和圖	系統圖	矩陣圖	矢量圖	PDPC法	矩陣數據分析法	簡易圖	正交試驗設計法	優選法	水平對比法	頭腦風暴法	流程圖
1	選題	●	○	○		●	●		○		○				●			○	●	
2	現狀調查	●	○	○		●	●									●					○
3	設定目標	○														●			○		
4	分析原因				●			●		●										●	
5	確定主要原因	○	○	○	●											●					
6	制定對策				○					●		●	●	●		●				●	●
7	按對策實施																				
8	檢查效果	○	○	○		○										●					
9	制定鞏固措施	○		○												●					○
10	總結和下一步打算															●					

註：1. ● 表示特別有效，○ 表示有效。
   2. 簡易圖包括：折線圖、柱狀圖、餅圖、甘特圖、雷達圖。

圖 6-1　質量改進工具的適用範圍

在所有的工具中，有七種簡明工具：流程圖、檢查表、直方圖、散布圖、控制圖、因果圖、帕累托圖。日本稱之為「全面質量的七種工具」，這些工具在支持質量改進的問題解決中已經使用了數十年。質量管理的七種基礎工具在使用上有一定的邏輯順序（如圖6-2所示）。流程圖對所要改進的過程進行基本描述；檢查表用於收集過程數據；而數據的分析則由直方圖、散布圖或控制圖來完成；因果圖用於分析問題的根本原因；最後，利用帕累托分析對原因進行排序。

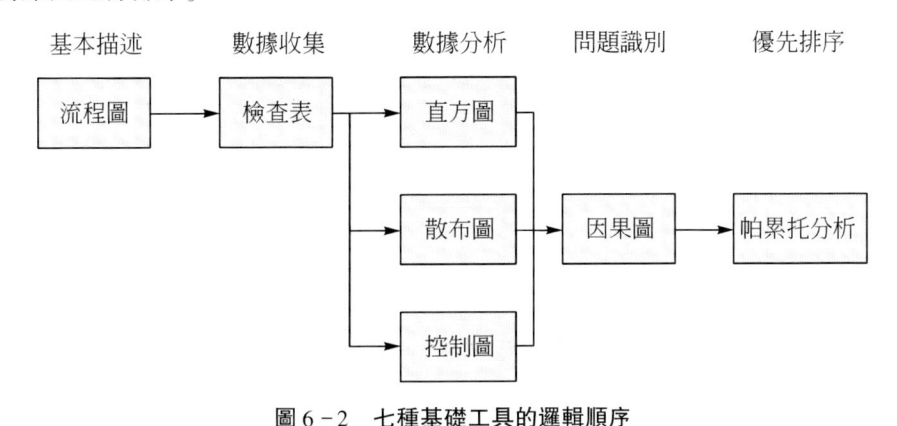

圖6-2　七種基礎工具的邏輯順序

6.1　質量管理的七種工具

本節將介紹除控制圖外的質量管理老七種工具，同時，鑒於流程圖是對質量改進的基本描述，本節也將予以介紹。

6.1.1　流程圖

流程圖用於描述整個過程。在許多過程改進項目中，首要步驟是創建實際的過程流程圖，以便確定過程改進的參數。原因在於我們改進過程之前，必須首先瞭解該過程。

流程圖的表達有簡單與複雜之分，圖6-3提供了一組簡單的流程圖符號。菱形表示決策，出現在流程圖中的分岔處；平行四邊形表示材料、模型或工具的輸入或輸出；矩形表示實際執行工作的處理符號；此外還有為方便人們使用而設定的開始/停止符號。以下是使用流程圖的一些簡單規則：

① 用這些簡單符號畫出整個流程，並用箭頭表示從前一步驟推至下一步驟。
② 首先繪製一個大致的流程圖，然後在每個元素內加入更多的細節。

圖6-3　基本的流程圖符號

③ 詢問具體的執行人員，以便逐步瀏覽整個流程。

④ 確定哪些步驟會增加價值，哪些不會增加價值，以簡化作業流程。

⑤ 簡化作業之前，需判別此項工作是否必須在第一時間內完成。

［例6-1］從2008年中開始，隨著原聯通C網出售給電信，並與原網通組成新的中國聯通。聯通與電信存在機房共用、光纜共用、傳輸設備共用，出現故障次數明顯增多的狀況，為此QC小組通過分析確定了基站問題是故障的主要原因，圖6-4是建設部一項新建傳輸工程所使用的簡單的流程圖。

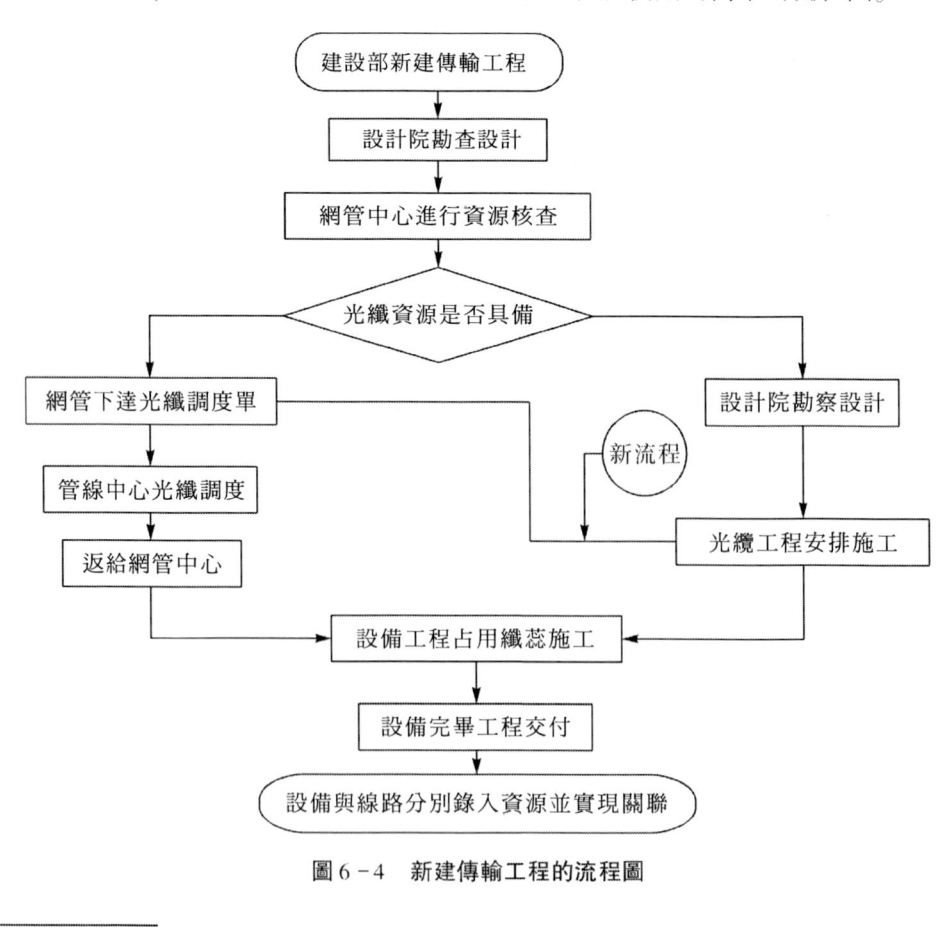

圖6-4　新建傳輸工程的流程圖

6.1.2 檢查表

檢查表又稱調查表，它是用來系統地收集數據，發現過程的缺陷，以便做量化分析的工具。

在工藝過程中，每天都會有很多檢驗原始數據，如何將這些數據有效地收集起來並進行分析呢？在畫直方圖、控制圖或作其他統計分析之前我們可以設計檢查表以方便數據收集。以下是兩個檢查表實例。

[例6-2] 表中幾個測量值的範圍，並對每個實際觀測值都做個記號，來創建工藝過程檢查表（如表6-1所示），為繪製直方圖而做準備。

表6-1　　　　　　　　　　工藝過程檢查表

測量範圍	頻次
0.990~0.995	5
0.996~1.000	6
1.001~1.005	12
1.006~1.010	10
1.011~1.015	5
1.016~1.020	3

在工作中不僅需要收集數據，還需要收集信息。有哪些項目需要檢查？這些檢查項目的實際狀況如何？檢查表可以將這些信息一一呈現，以下是兩個收集信息的檢查表實例：

[例6-3] 5S活動檢查表（如表6-2所示）。

表6-2　　　　　　　　　　5S活動檢查表

NO	檢查項目	評定基準	檢查情況
1	通道	1. 物品堆放多，且雜亂無章 2. 能通過，但要避開，推車不能再過 3. 物品擺放超出通路或過高 4. 雖超出超高，但很整齊且有標示 5. 通暢、整潔	

表6-2(續)

NO	檢查項目	評定基準	檢查情況
2	現場的設備和材料	1. 一個月來使用品仍堆放在現場，而且混亂	
		2. 堆放有不必要的物品，且不整齊（含不良品）	
		3. 存有半個月以內物品且混亂	
		4. 一週內物品中，整理有序	
		5. 只有當日、次日部品，乾淨、整齊	
3	辦公臺面、抽屜	1. 堆放長期沒用物品且混亂	
		2. 一個月前的資料仍放在臺面，沒做處理	
		3. 一週前的資料放在臺面沒處理	
		4. 近兩日待處理資材，整理有序	
		5. 每日處理清楚、整理有序、臺面、抽屜內物品均適量	
4	倉庫	1. 貨物塞滿通道，人行走動困難	
		2. 貨物擺放混亂，同一物品多處放置	
		3. 有區域之分，但擺放卻不遵守區分	
		4. 不用、近期不用和近期使用物品區分擺放	
		5. 用與不用分類清楚且擺放整齊	

註：請在與實際情況基本相符的一欄打「√」。

按照ISO 9000族標準和日常管理的要求，我們所做的許多工作必須留下記錄，因而我們每天都會面對大量需要填寫的表格，但相對於我們所做的工作來說，這些記錄是不能產生價值的。如果我們對每天的記錄時間做一個統計，發現一個工作日中有超過2個小時都是在填寫記錄，那就需要改進記錄表格了。如何使檢查表更加容易理解，加快填寫速度，不易出錯，方便統計？一張記錄表格的改進會大大提高工作效率，以下是檢查表的改進實例：

[例6-4] 某公司有4種主要產品需要檢驗，檢驗記錄格式簡單，通用性強，但一個批次的產品檢驗需填寫整整一張記錄，而且是大量重複的文字信息，檢驗人員的書寫工作量大而且紙張的浪費也很大。另外，由於檢驗記錄為通用記錄，記錄中沒有相應的檢驗所需的各種計算公式，檢驗員有時會把不同產品的檢驗計算公式用混淆，造成檢驗結果錯誤。表6-3是改進前的檢驗記錄：

表 6-3　　　　　　　　　　　檢驗記錄表

受控文件號：×××-01

產品名稱：	生產日期：
產量：	檢驗日期：
檢驗過程：	
檢驗結果：	
檢驗員簽名：	復核人簽名：

公司對檢驗記錄進行了改進，針對 4 種產品分別設計了檢驗記錄，表 6-4 是改進後其中一個產品的檢驗記錄：

表 6-4　　　　　　　　　　**A 產品檢驗記錄表**

受控文件號：×××-001

序號	檢驗日期	生產日期	產量	測量值 X（測量過程描述）	測量值 Y（×××）	測量值 Z（×××）	檢驗數據 $T = XY/2 + Z$	檢驗結果	檢驗人	復核人
1										
2										
3										
4										
5										
6										
7										
8										
9										
10										
11										

表6-4(續)

序號	檢驗日期	生產日期	產量	測量值 X（測量過程描述）	測量值 Y（×××）	測量值 Z（×××）	檢驗數據 $T=XY/2+Z$	檢驗結果	檢驗人	復核人
12										
13										
14										
15										
16										
17										
18										

新的檢驗記錄與原記錄表格相比有四大優勢：大量重複文字記錄改為數字記錄，記錄效率大大提高；一頁紙可記錄18個批次的產品檢驗數據，大大節約了紙張；連續18個批次產品檢驗數據在同一頁，方便統計和對照查看；檢驗計算公式在記錄上標明，避免公式混淆，減少計算錯誤。

6.1.2.1 檢查表的製作要點

①可先參考他人的格式製作新的檢查表。
②設計力求簡單，能在最短的時間內記錄現場信息。
③要檢查的項目集思廣益，不要遺漏重要項目。
④設計時應防止對檢查表的錯誤理解而導致的記錄錯誤。

6.1.2.2 檢查表的用途

①日常管理。如對質量控制項目的檢驗、作業前的檢查、設備安全的檢查、作業標準的執行檢查、5S實施情況檢查等。
②調查問題。如質量異常問題調查、內部審核、不合格原因調查等。
③取得記錄。為報告、調查取得記錄，做成統計表以便分析。

6.1.3 直方圖

6.1.3.1 概述

直方圖是一種利用正態分佈的原理，把50個以上的數據來分組，用柱形來說明各組數據的個數而組成的一種圖形。直方圖適用於對大量計量值數據進行整理加工，找出其統計規律。即分析數據分佈的形態，以便對其總體分佈特徵進行推斷的方法。

柱狀圖和直方圖有很大的區別，柱狀圖是利用推移的原理，只反應過去

每期或每類別項目的狀況比較；而直方圖是利用正態分佈原理，反應這整個時期的分佈狀況，並從中間找出可能的問題。

直方圖在質量管理中，一般應用於計量值部分，對質量狀況分析有極其重要的參考價值。

6.1.3.2 直方圖的圖形製作

①收集數據。數據個數一般在 100 個左右，至少不少於 50 個。理論上數據越多越好，但因收集數據需要耗費時間、人力和費用，所以收集的數據有限。

②找出最大值 L，最小值 S 和極差 R。找出全體數據的最大值 L 和最小值 S，計算出極差 $R = L - S$。

③確定數據分組數 k，通常分組數 k 取 6～20 之間的數值（如表 6-5 所示）。也可以按公式 $k = 1 + 3.32 \log N$（N 為樣本數）計算。

表 6-5　　　　　　　　　直方圖組數參考表

數　據　數	組　數
50～100	6～10
100～250	7～12
250 以上	10～20

④組距 h。通常取等組距，$h = R/k$。

⑤確定各組上、下界。只需確定第一組下界值即可根據組距 h 確定出各組的上、下界取值。注意一個原則：應使數據的全體落在第一組的下界值與最後一組（第 k 組）的上界值所組成的區間之內。

⑥累計頻率畫直方圖。累計各組中數據頻數 f_i，並以組距為底邊，f_i 為高，畫出一系列矩形，得到直方圖。如圖 6-5 所示。

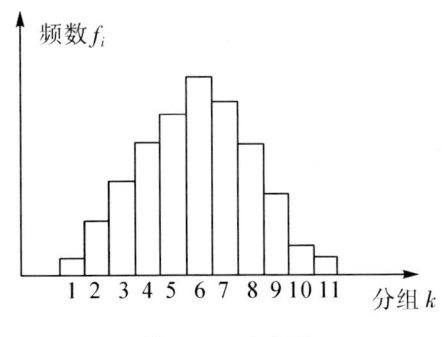

圖 6-5　直方圖

6.1.3.3　對直方圖的觀察與分析

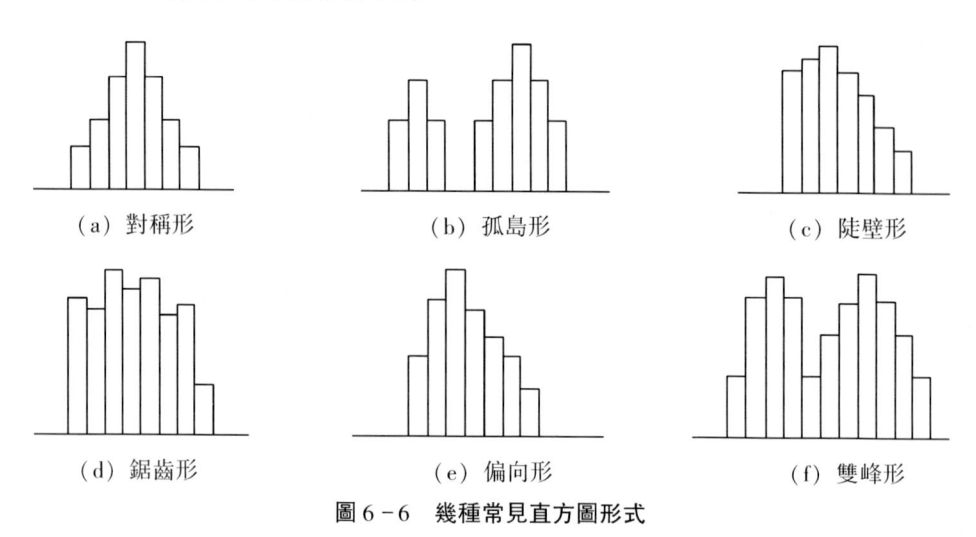

　　(a) 對稱形　　　　(b) 孤島形　　　　(c) 陡壁形

　　(d) 鋸齒形　　　　(e) 偏向形　　　　(f) 雙峰形

圖 6-6　幾種常見直方圖形式

　　直方圖的圖形（如圖 6-5 所示）有些參差不齊，應著眼於圖形的整體形狀近似於正態分佈圖形與否，作為分析的依據。

　　圖 (a) 是近似正態分佈形（中間高，兩邊低，左右對稱）。

　　圖 (b) 是孤島形，在主體直方圖外另出現一個小的直方圖，這可能是因材料中混入不同的材料，或者因操作方法變化等原因所引起的。

　　圖 (c) 是陡壁形，這意味著可能是將不合格的工件剔除後所得的數據。

　　圖 (d) 是鋸齒形，一般是因測量方法或讀數有問題，也有可能是分組不適當造成。

　　圖 (e) 是偏向形，這往往因加工習慣而造成。

　　圖 (f) 是雙峰形，通常是由兩個不同的分佈混合在一起形成的。

6.1.3.4　將直方圖與公差比較進行分析

　　如圖 6-7 所示：圖中 T 表示公差範圍，B 表示直方圖範圍。

　　其中，(a)、(b)、(c)、(d) 四種均表示質量未超出公差範圍。

　　圖 (e) 與 (f) 有一側或兩側質量超出公差範圍是不可以的。

　　圖 (b) 與 (c) 有一側或兩側與公差重合，說明是不安全和不穩定的。

　　圖 (d) 雖然沒有超公差範圍，但距離太大意味著精度浪費。

　　圖 (a) 是合適的，既沒有超公差範圍又沒有精度浪費。

图 6-7 直方图与公差比较

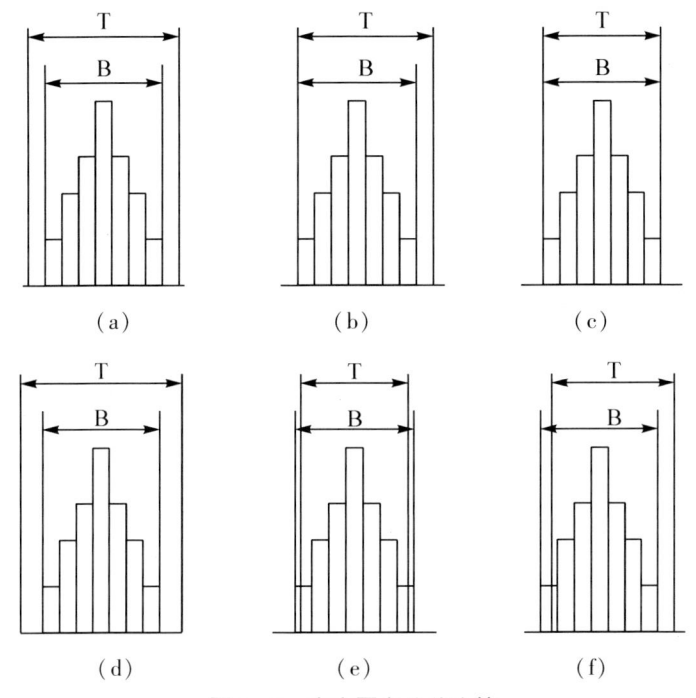

6.1.4 散布图

用于分析两个变量之间的相关性。如：焊接烙铁的温度和焊点强度等之间的相关性。

6.1.4.1 散布图的绘制

（1）收集两种对应的相关数据。至少要 30 组以上（如：焊接温度与焊点强度、产品不良率与质量成本等）。

（2）标明 X、Y 轴。

（3）找出 X、Y 的最大值与最小值，并以这两个值作为横坐标、纵坐标大约的长度。

（4）标点数据。x 数据与之对应的 y 数据交叉点为标点位置，当两类数据重合时用 ⊙ 表示。注意刻度的设定应尽可能让 x、y 值在足够大的范围内变动，否则可能无法看到相关性。

（5）标注附加信息。如品名、工程名、日期、制表人等。

6.1.4.2 三種典型的相關性關係

① 正相關。隨著 X 軸特性值變大，Y 軸的特性值也變大。

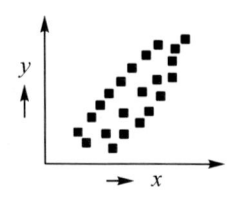

圖 6-8　正相關散布圖

② 負相關。隨著 X 軸特性值變小，Y 軸的特性值也變小。

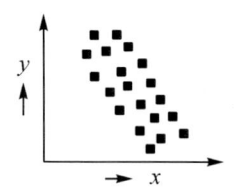

圖 6-9　負相關散布圖

③ 無線性相關。Y 軸的特性值不隨 X 軸特性值的變化而變化。

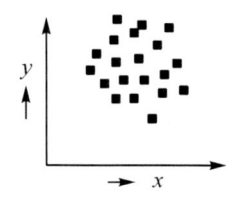

圖 6-10　無線性相關散布圖

6.1.4.3 散布圖的分析

r 為相關係數，可用微軟的 Office 中 Excel 軟件的中的數據分析工具求得，是表示變量 x 和 y 間的相關關係的參數：

$r=1$ 時，x 與 y 完全正相關；

$r=-1$ 時，x 與 y 完全負相關；

$r=0$ 時，x 與 y 完全不相關。

一般認為 r 的絕對值 >0.7 時，x 與 y 具有相關性。

［例 6-5］驗證網管負荷與定位時長兩組不同特徵的數據之間是否具有相關性？如圖 6-11 所示。

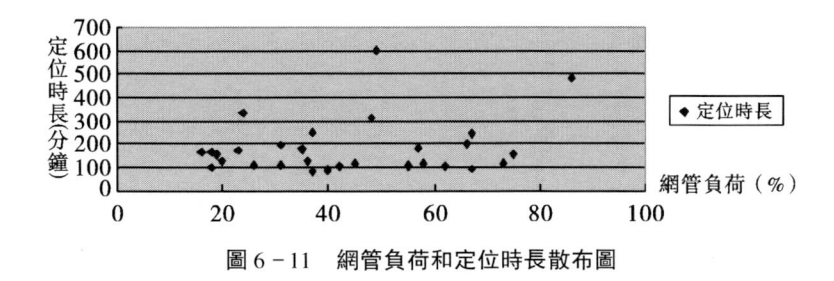

图 6-11 網管負荷和定位時長散布圖

由圖 6-11 可以看出，網管負荷和定位時長之間不存在相關關係。

[例 6-6] 分析銅製品焊接溫度與焊點強度是否存在相關關係，收集數據如表 6-6 所示。

表 6-6　　　某車間銅製品焊接溫度與焊點強度數據表

序號	焊接溫度(x)	焊點強度(y)	序號	焊接溫度(x)	焊點強度(y)	序號	焊接溫度(x)	焊點強度(y)
1	310	47	11	340	52	21	310	44
2	390	56	12	370	53	22	350	53
3	350	48	13	330	51	23	380	54
4	340	45	14	330	45	24	380	57
5	350	54	15	320	46	25	340	50
6	390	59	16	320	48	26	380	54
7	370	50	17	360	55	27	330	46
8	360	51	18	370	55	28	360	52
9	310	52	19	330	49	29	360	50
10	320	53	20	320	44	30	340	49

單位：焊接溫度（℃），焊點強度（KGF），x：max = 390　min = 310，y：max = 59　min = 42。

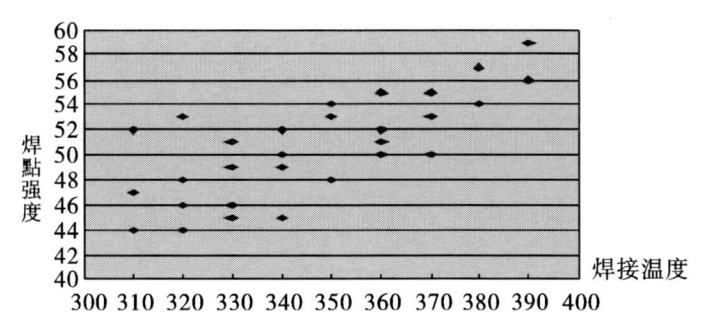

圖 6-12　某車間銅製品焊接溫度與焊點強度散布圖

由散布圖分析，相關係統 $r = 0.75$，由此可判定焊接溫度與焊點強度呈較強的正相關關係。

6.1.4.4 散布圖的用途

由散布圖可以判定兩個變量的關係及其相關聯的程度。

6.1.5 因果圖

因果圖又稱魚骨圖、石川（Ishikawa）圖，它是把問題的結果與帶來影響的要因之間的聯繫進行總結整理後，用魚骨圖的形式體現的圖表（如圖6-13所示）。

6.1.5.1 因果圖的分類

①尋求原因型。

先列出可能會影響過程的相關因素，以便進一步找出主要原因，以此圖形表示結果與原因之間的關係。

②尋求對策型。

此類型是將魚骨圖反轉成魚頭向左的圖形，目的在於追尋問題點應該如何防止、目標結果應如何達成的對策，故以因果圖表示期望效果與對策的關係。

6.1.5.2 因果圖的繪製

①選擇問題。

在畫圖之前，首先確定要分析的問題是什麼，在掛圖或白板的頂端寫出，選擇的問題不能含混不清或太抽象。一般來說，問題可以用零件規格、產品不合格率、客戶投訴、報廢率等與質量有關或和成本有關的人員費用、材料費等。

②繪製因果圖。

畫出因果圖形，將問題放在魚頭部位。

③確立原因類型。

原因類別一般包括：人員（man）、設備（machine）、材料（material）、方法（method）、環境（environment）五大類。這5種類型不一定適合任何情況，可以有不同的主要類型，但是類型數不應超過6種。其他經常使用的類別有：政策、測量和供應方等。

④頭腦風暴。

根據每一個主要原因類型，尋找所有下層次的原因，並畫在相應的主枝上並繼續尋找下去（展開至少兩層，多至三四層）。在易事貼上記下每一條原因，這樣容易以後把它們放在因果圖上，注意在這個階段不要混淆原因和解決辦法。

图 6-13 因果图的绘製

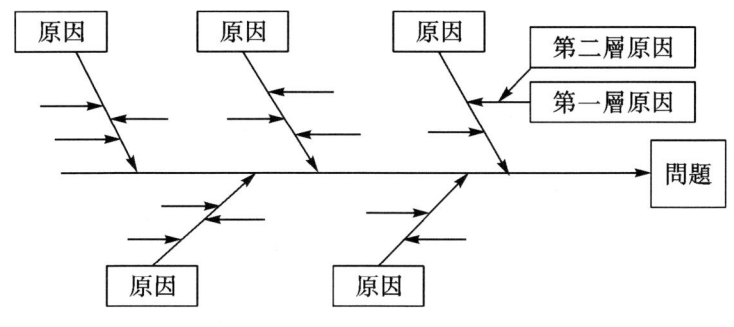

⑤分析重要原因。

對列出的原因進行分析,並用筆圈出 3 到 5 個對結果影響最大的原因。分析時可通過參與者之間的公開討論來分享看法和經驗,也可使用檢查表收集資料,通過帕累托法分析原因的重要程度,但要注意盡量考慮小組成員能夠影響的因素會更有利於問題的解決。另外,重要原因找到以後,應針對這些原因提出對策和解決問題的實際措施。如怎麼辦?在何處做?何時做?由誰做?方法如何?費用多少?

⑥列明相關事項。

如:製作目的、製作日期、製作者、參與人員等。

[例 6-7] 衛星電視業務是對傳統電視傳播方式的一場革命。有一點發射多點接收,通信靈活性大,傳輸距離遠等其他通信手段無法比擬的優越性。為了提高其回應及時率,小組對衛星電視業務地面段故障進行了分析,如圖 6-14 所示。

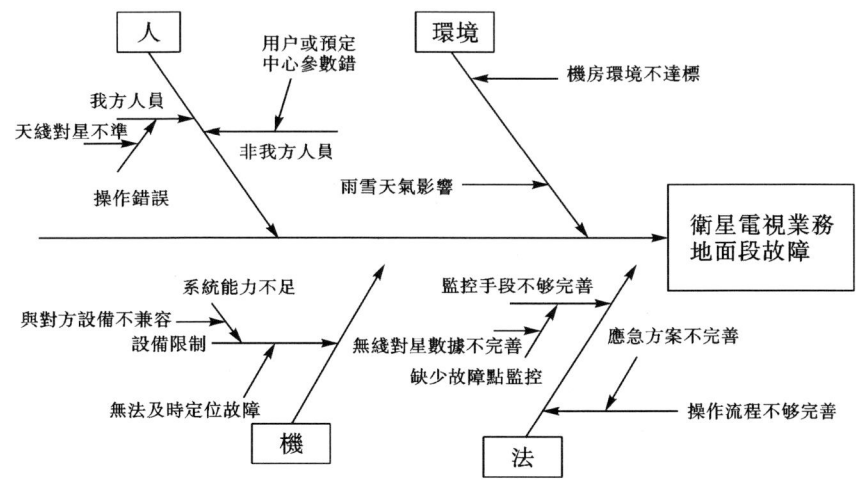

圖 6-14 衛星電視業務地面段故障原因的因果圖

[例6-8] 為瞭解決 TD（中國移動使用的 3G 技術，即 TD 模式）語音業務掉話率的問題，質量改進小組（QC）進行了原因分析，發現全網 TD 語音掉話率居高不下的癥結是 TD 網絡優化不及時，為了找出根本原因，小組成員用從人、料、法、環四個方面進行了分析，結果如圖 6-15 所示。

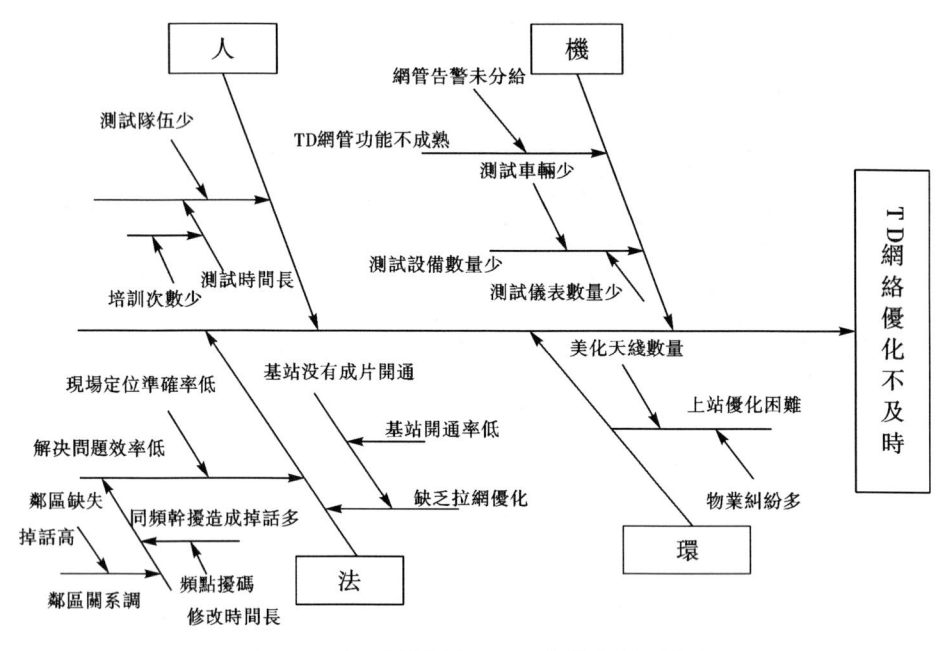

圖 6-15　因果圖實例——TD 網絡優化不及時

6.1.5.3　因果圖的用途

① 發現問題的原因，並根據原因找出初步解決問題的方法。

② 為進一步收集資料和行動提供依據。

6.1.6　帕累托分析

帕累托（Parato）分析圖又稱排列圖，由義大利經濟學家發明，它是根據收集的項目數據，按大小順序從左到右排列的圖。從帕累托圖中可看出哪一項目有問題，其影響程度如何，從而確定問題的主次，並可針對問題點採取改善措施。

帕累托圖經常提示出大多數的質量成本是由少數的問題引起的，這也體現了「80/20 法則」，而「80/20 法則」在許多方面都有體現。例如：80% 的銷售量是由 20% 的客戶所產生的；80% 的質量成本是因 20% 的問題所引起的。

根據「80/20 法則」，80% 的質量損失是由 20% 的不合格原因引起的，所

以，我們通常可對不合格原因做排列圖分析，選擇排列居前的 2～3 種不合格原因作為改善的研究對象，這樣解決的問題不多卻能減少大多數的質量損失。

[**例6-9**] 某公司對自郵一族會員服務項目投訴進行分析，收集數據如表 6-7 所示，繪製帕累托圖如圖 6-16 所示。

表 6-7　　　　　　　　　服務投訴統計表

序號	項目	頻數	累計頻數	累計百分率
1	代辦交通違章業務	54	54	79.41%
2	車輛年審、保險到期提醒及代辦業務	7	61	89.71%
3	特約商家聯盟業務	3	64	94.12%
4	年票、車船稅提醒及代繳業務	2	66	97.06%
5	證件年審、換證提醒及待辦理業務	2	68	100.00%
6	合計	68	—	—

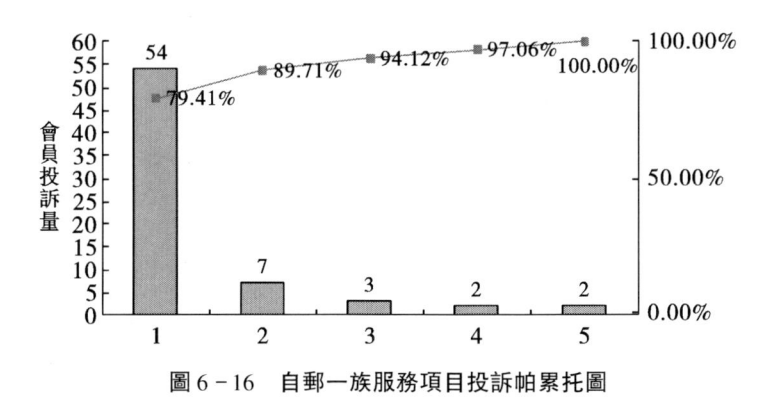

圖 6-16　自郵一族服務項目投訴帕累托圖

由帕累托圖分析得出代辦交通違章業務投訴次數最多，那麼再對代辦交通違章業務的不同環節進行分析，就可知道注意力應集中在哪一部分上。收集數據如表 6-8 所示。

表 6-8　　　　　　　代辦交通違章服務質量差錯統計表

序號	項目	頻數	累計頻數	累計百分比
1	違章代辦超時	47	47	87.04%
2	違章扣錯款	3	50	92.59%
3	違章代繳發票寄錯地址	2	52	96.30%
4	其他	2	54	100.00%
5	合計	54	—	—

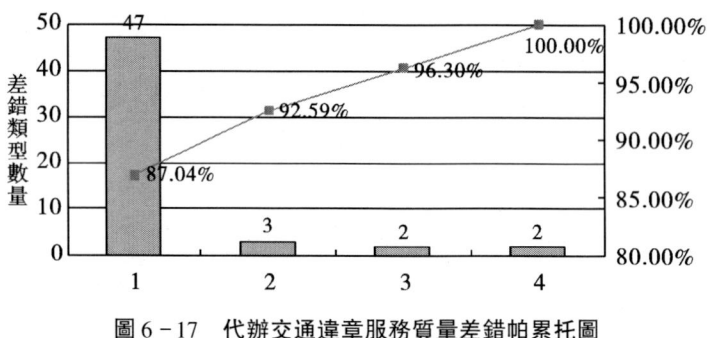

图 6-17 代办交通违章服务质量差错帕累托图

6.1.6.1 帕累托图的绘制

①选择要进行分析的项目。

②收集并整理数据。

③按测量单位的量值递减顺序从左到右在横坐标上列出项目，含有最小项目的类可归到「其他」这一栏，放到最右边。

④在横坐标两端画两个纵坐标。左纵坐标其高度须和所有项目量值之和相等。右边的纵坐标应等高并从 0~100% 标示。

⑤在每个项目上画长方形，其高度表示每项测量单位的量。

⑥从左至右累加每个项目的量，画累计频率线。

⑦利用排列图确定对质量改进最为重要的项目。

6.1.6.2 帕累托图的用途

①从许多琐碎的因素中分离出最关键的几个问题优先解决。分析内容可包括不合格品数、不合格率、返工、返修率、顾客投诉件数和质量各项成本数等。

②在质量改进方案的各个不同阶段确定下一步该做什么。

③确定哪些工序应该设立统计过程控制。

6.1.7 分层法

分层法又称层别法。被调查对象往往由很多数据组成，我们称之为群体。通过一定原则将此群体的数据分成若干更细小、更具体的几个子集合的方法，称之为层别法。

当发现某车间质量损失较大时，我们要分析是哪个工序的废品最多；当某个工序废品多时，我们要分析这个工序的哪一个环节最易出废品；当某个部件废品多时，我们要分析是哪个机床生产的废品最多……发现问题是解决

問題的第一步。

6.1.7.1　直方圖的層別分析

[例6-10] 同一零部件在2臺不同設備上生產，對這兩臺設備生產的零部件進行抽樣，並收集數據繪製直方圖，由圖6-18可見這一零部件的質量數據波動很大。

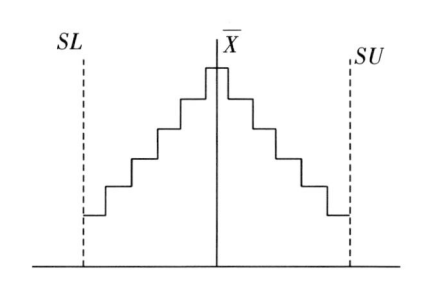

圖6-18　兩臺設備加工一種零件的直方圖

我們對這兩臺設備進行層別分析，如圖6-19、圖6-20所示。

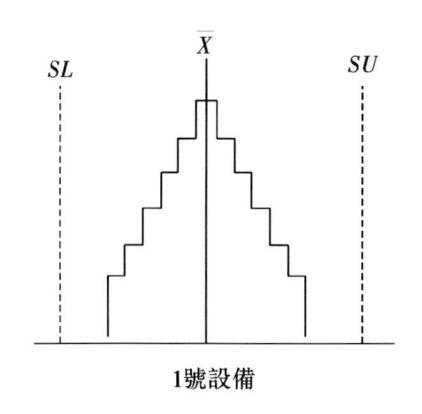

圖6-19　1號設備加工零件直方圖 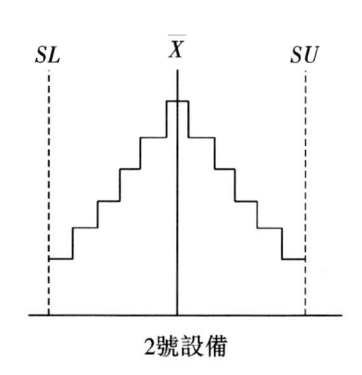　　圖6-20　2號設備加工零件直方圖

從分層圖中可以看出2號設備的質量波動大，所以實施改善的對象是2號設備，層別分析能使我們迅速發現問題的關鍵。

同樣產品、零部件依據時間段、廠商、操作者不同也可採用以上辦法作層別分析。

6.1.7.2　帕累托圖的分層分析

[例6-11] 某大廈的外牆補修後出現質量問題，對出現不良的部位作排列圖分析，發現主要問題出現在梁下這個部位。如圖6-21所示。

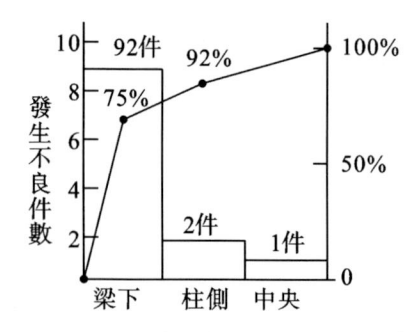

圖 6-21　外牆修補質量問題帕累托圖

此補修由 2 個班負責施工，我們對班別進行層別分析，發現問題主要在 1 班發生（如圖 6-22 所示）。

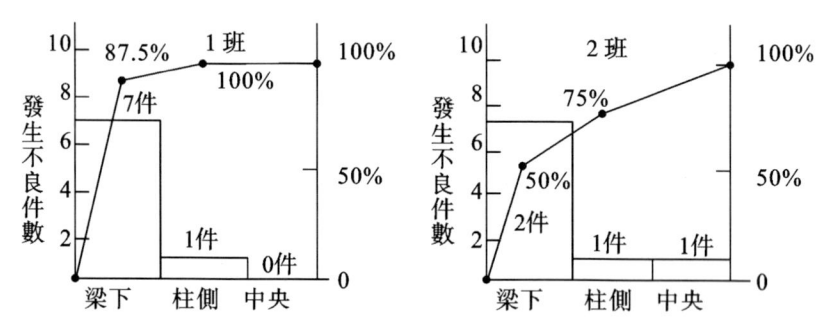

圖 6-22　對班別的分層分析圖

此時改善重點就應先調查第 1 班的施工方法，然後採取改善措施。

6.1.7.3　持續再細化調查的分層分析

［例 6-12］某公司對不合格產品數量進行班別分層分析，發現 A 班出的不合格品最多（如圖 6-23 所示）。

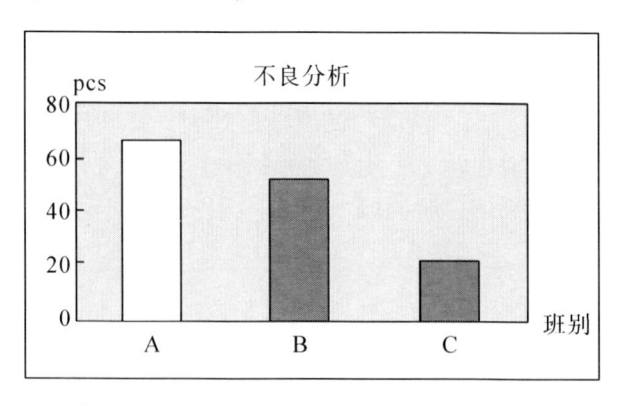

圖 6-23　不同班別不合格產品數量層別分析

再對 A 班的不合格品進行日期分層分析，發現 7 月份的不合格品最多（如圖 6-24 所示）。

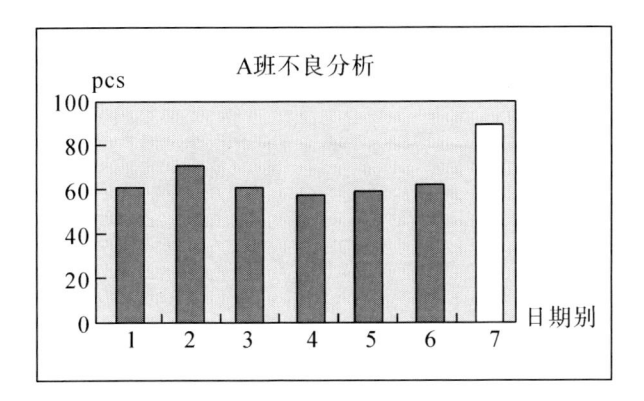

圖 6-24　不同月份不合格品的分層分析

再對 A 班 7 月份的不合格品進行工序分層分析，發現 7 月份鑽孔工序的不合格品最多（如圖 6-25 所示）。

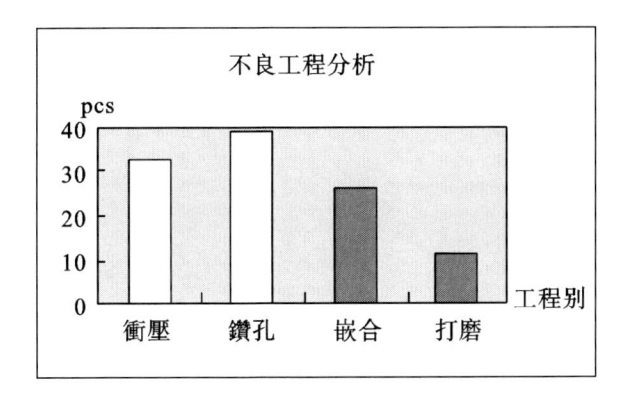

圖 6-25　7 月份的不合格品進行工序分層分析

再對 A 班 7 月份鑽孔工序生產的不合格品進行人員分層分析，發現員工 C 生產的不合格品最多（如圖 6-26 所示）。

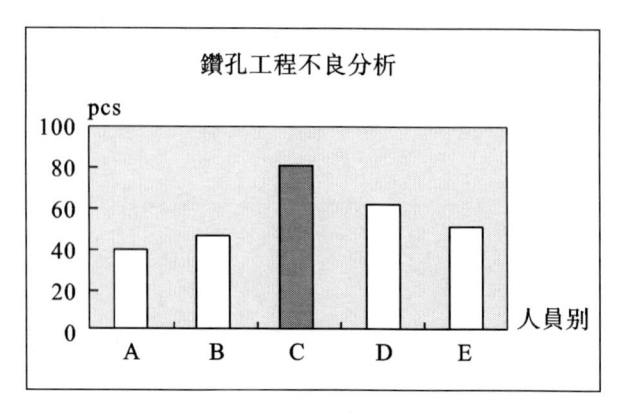

圖6-26　A班7月份鑽孔工序生產的不合格品人員分層分析圖

明白了主要問題出在員工 C 身上，公司對員工 C 進行了再培訓，考核合格後再上崗，在這之後不合格品的總數量開始下降。

同理我們還可用這種持續細化的分層法來分析是哪種機器甚至是哪個機床生產的不合格品數量多（如圖6-27所示）。

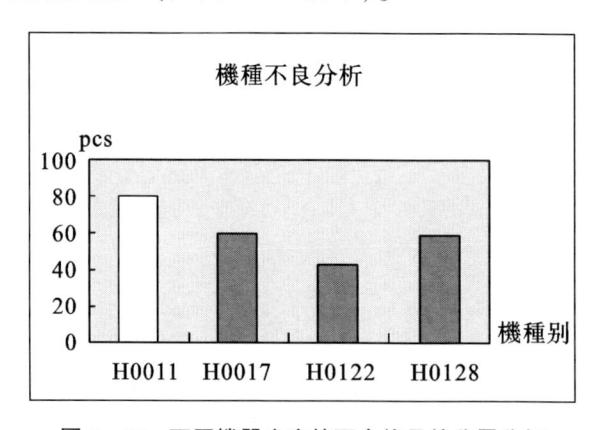

圖6-27　不同機器生產的不合格品的分層分析

6.1.7.1　分層法的方法

①明確分層對象。以時間分層（小時別、上下午別、日別、周別、月別等）；以操作員分層（班別、組別、新舊操作員等）；以設備分層（機臺、機型等）；以原料分層（供應商、批號等）；以生產線分層（A、B、C生產線別等）；以作業條件分層（作業場所、溫度、壓力、速度、濕度等）。

②利用檢查表收集數據。

③根據數據利用各種工具分層比較。可利用的工具有直方圖、排列圖、散布圖等。

6.1.7.2 分層法的作用

從眾多數據中找有共通點的數據，放在同一層裡分析，以在複雜的原因中找到最具有影響力的因素。

6.2 質量管理的新工具

除了質量管理的七種基礎工具之外，還有一組著重於群組作業與決策的管理工作工具，即質量管理的新七種工具。質量管理的新七種工具是日本質量控制技術開發協會的研究成果。

GOAL/QPC諮詢公司是推廣新七種工具的主力。該公司建議以一種「活動循環」的方式使用新七種工具，因為其中的一種工具可為另一種工具提供輸入信息。圖6-28（資料來源：M. Brassard. The Memory Jogger Plus. Goal/QPC, Boston, 1989）為一個可能的循環，其中親和圖或關聯圖可以作為樹形圖的輸入，依此類推。本節將選擇介紹一些新工具。

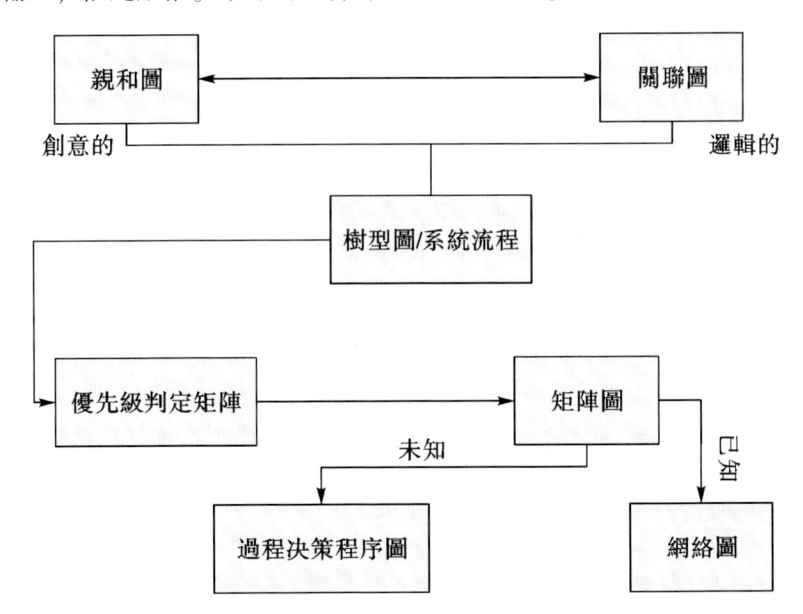

圖6-28　質量管理新七種工具的典型流程

6.2.1 親和圖

親和圖又稱卡片法、近似圖解法。它是把大量搜集到的針對某一特定主題的事實、意見或構思等語言資料，根據它們的相近性進行分類綜合的一種方法。

6.2.1.1 親和圖的繪製

①確定課題。親和圖只適用於時間較長、不容易解決而非解決不可的問題。

②收集語言資料。收集語言資料有如下方法（如圖6-29所示）：

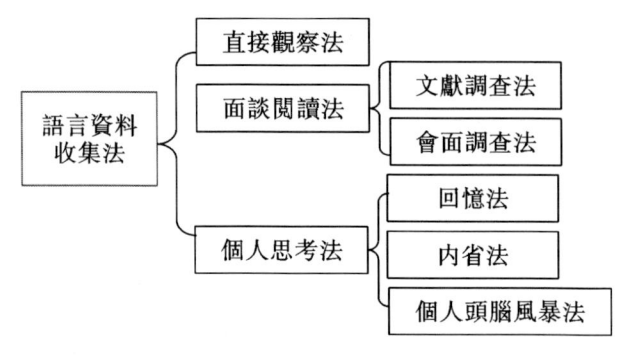

圖6-29 親和圖收集資料方法

③語言資料卡片化。將收集的語言資料用簡潔的詞彙或短句，記錄在卡片上，盡量描述真實，避免抽象化。

④整理卡片。反覆閱讀卡片，按其親和性，把相似內容的卡片匯總在一起。注意要以情感概念去綜合而不要用理智和邏輯去分類。

⑤製作標籤卡片。對內容相近相似的卡片組，寫出一張能代表該組內容的標籤卡。

⑥作圖。把匯總的卡片展開，安排在最容易使人理解的相應位置上，並用適當的符號畫出卡片之間的聯繫。

⑦口頭講解。按圖進行講解，並將產生的新構思加到裡面。

⑧編寫報告。把圖解和新構思整理成文字。

6.2.1.2 親和圖的用途

①確立事實。例如預測未來市場，掌握個人或車間經營管理情況等。

②確立思想。對於未知或未有經驗的領域，要從零開始，把收集的雜亂無章的資料和意見歸納整理起來。如開展QC小組，啓動六西格瑪計劃之前。

③促進協調、統一思想。使從不同性格經歷的人集中起來的意見達成相互理解和協作。

[例6-13] 以下是一個關於 QC 小組活動策劃的親和圖製作實例（如圖 6-30、圖 6-31 所示）。來自不同部門、不同專業的人集中在一起，就在企業中怎樣開展 QC 小組活動進行頭腦風暴法的討論，把集體創造性思考的結果歸納總結成親和圖，並使大家達成共識。

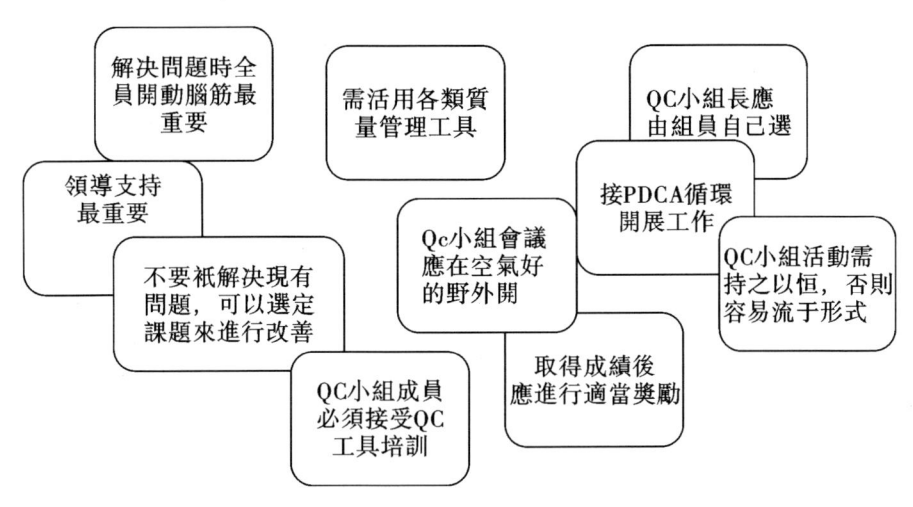

圖 6-30　QC 小組活動規則（整理前）

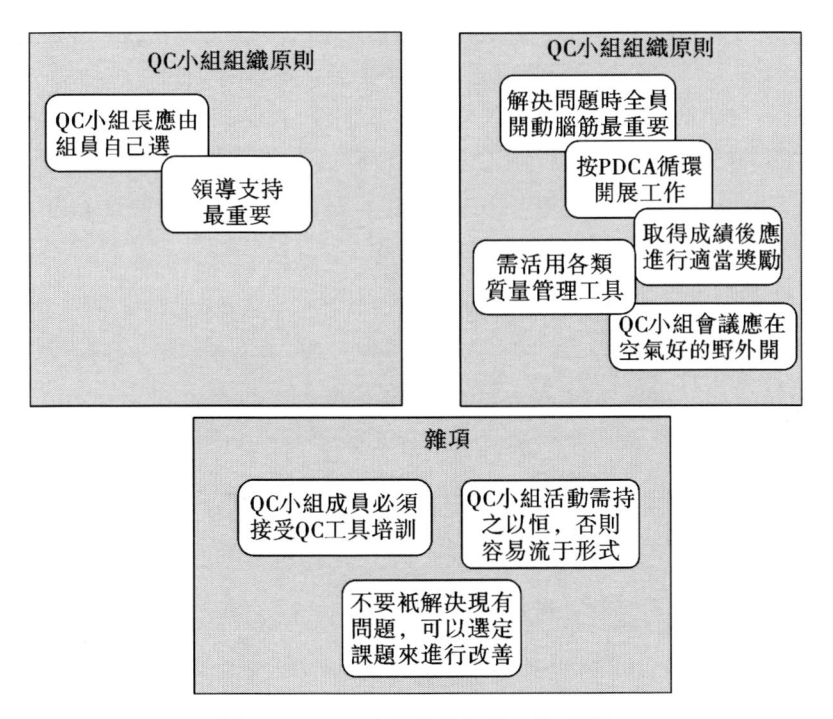

圖 6-31　QC 小組活動規則（整理後）

[**例6-14**] 某公司電信寬（ADSL）帶用戶下載速率過慢，來自不同部門的人在一起就這個問題進行了座談，對座談結果進行分析所做的親和圖（如圖6-32所示）。

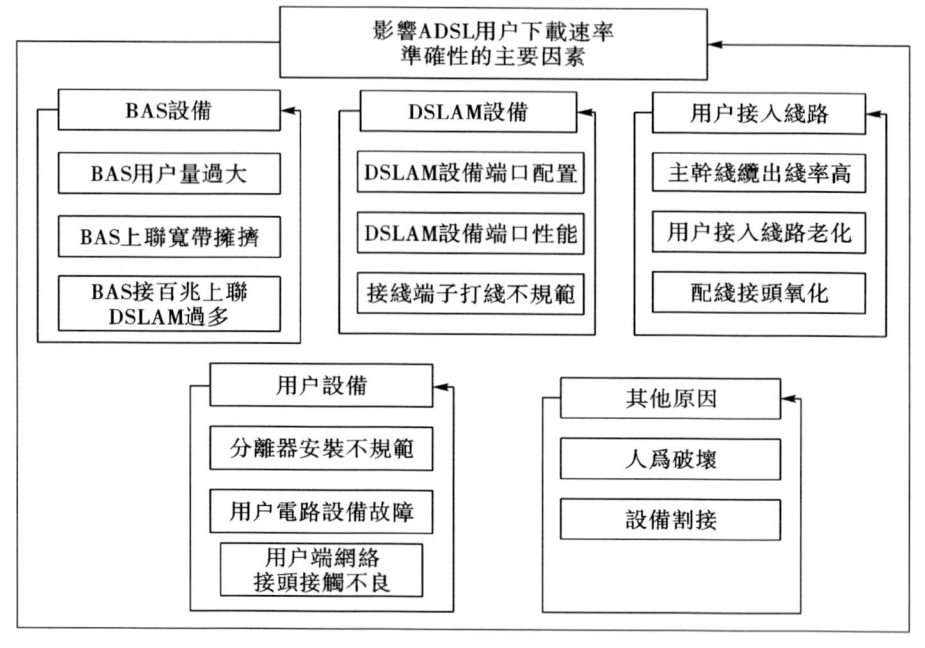

```
                  影響ADSL用戶下載速率
                  準確性的主要因素

    ┌─────────────┐  ┌──────────────────┐  ┌──────────────┐
    │   BAS設備   │  │    DSLAM設備     │  │ 用戶接入線路 │
    │ BAS用戶量過大│  │DSLAM設備端口配置 │  │主幹線纜出線率高│
    │BAS上聯寬帶擁擠│ │DSLAM設備端口性能 │  │用戶接入線路老化│
    │BAS接百兆上聯 │  │接線端子打線不規範│  │配線接頭氧化  │
    │  DSLAM過多  │  │                  │  │              │
    └─────────────┘  └──────────────────┘  └──────────────┘

         ┌──────────────┐        ┌──────────────┐
         │   用戶設備   │        │   其他原因   │
         │分離器安裝不規範│        │  人爲破壞   │
         │用戶電路設備故障│        │  設備割接   │
         │ 用戶端網絡   │        │              │
         │ 接頭接觸不良 │        │              │
         └──────────────┘        └──────────────┘
```

圖6-32　「影響ADSL用戶下載速率準確性」親和圖

6.2.2　關聯圖

關聯圖又稱關係圖，是對原因—結果，目的—手段等關係複雜而相互糾纏的問題，在邏輯上用箭頭把各要素之間的因果關係連接起來，從而找出主要因素和項目的方法。

6.2.2.1　關聯圖的類型

① 按應用形式可分為單一目的型（如圖6-33所示）和多目的型（如圖6-34所示）。

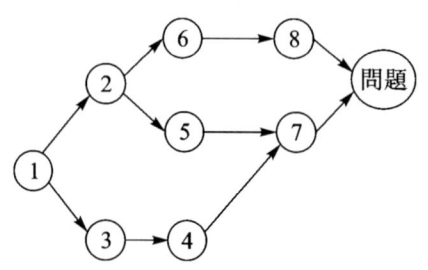

圖6-33　單一目的型關聯圖

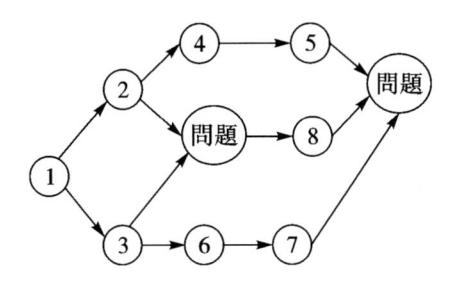

图 6-34 多目的型关联图

② 按结构可分为中央集中型（如图 6-35 所示）、单向汇集型（如图 6-36 所示）和应用型（如图 6-37 所示）。

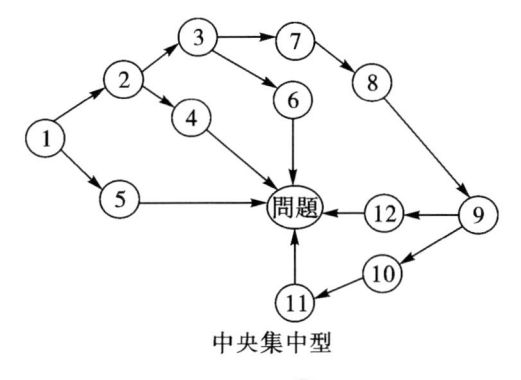

中央集中型

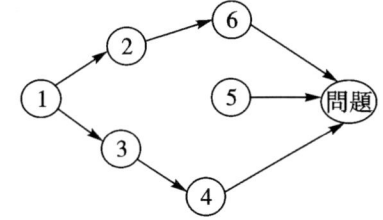

单向汇集型

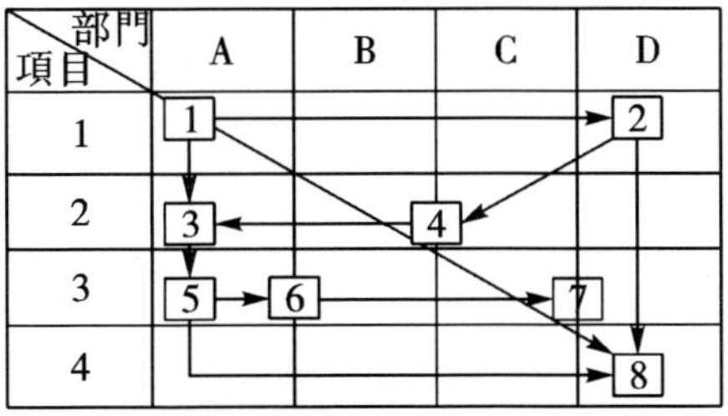

应用型

图 6-35 中央集中型关联图

图 6-36 单向汇集型关联图

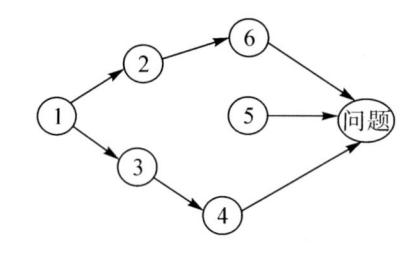

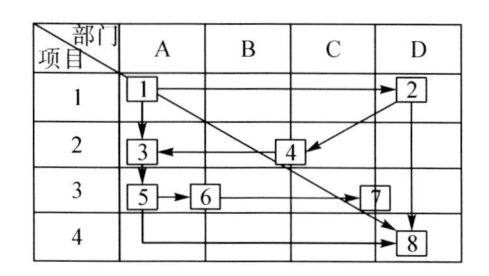

图 6-37 应用型关联图

应用型,指关联图与其他几种图形(系统图、矩阵图等)联合应用的情况。在关联图的外框排列有职能部门、工序名称等方框图为多目的型。

6.2.2.2 关联图的绘制

①组织有关人员,针对所需分析的问题,广泛收集情报,充分发表意见。

②将各要素或问题归纳成简明的短句或词汇,并用□或○圈起。

③根据因果关系,用箭头连接短句。箭头绘制原则:原因→结果,手段→目的。

④对图形进行多次修改、整理,尽量减少消除交叉箭头。

⑤在图中确定要因和问题并标示出来。

⑥在图中箭头只进不出的是问题。

⑦只出不进的是要因,是解决问题的关键。

⑧箭头有出有进的是中间因素,出多于进的是关键中间因素,一般可作为要因对待。

6.2.2.3 关联图的用途

①分析整理各种复杂因素交织在一起的问题。

②明确解决问题的关键,准确抓住重点。

[例6-15] WCDMA 星级客户(3G 客户)的评定每月进行一次,所有新入网的3G 客户入网当月都提升成星级客户。小组运用头脑风暴法,针对3G

星級客戶和 GSM 星級級別發生變動的星級客戶這兩類客戶群，從人、機、料、法、環五個方面進行了分析，得出圖 6-38。

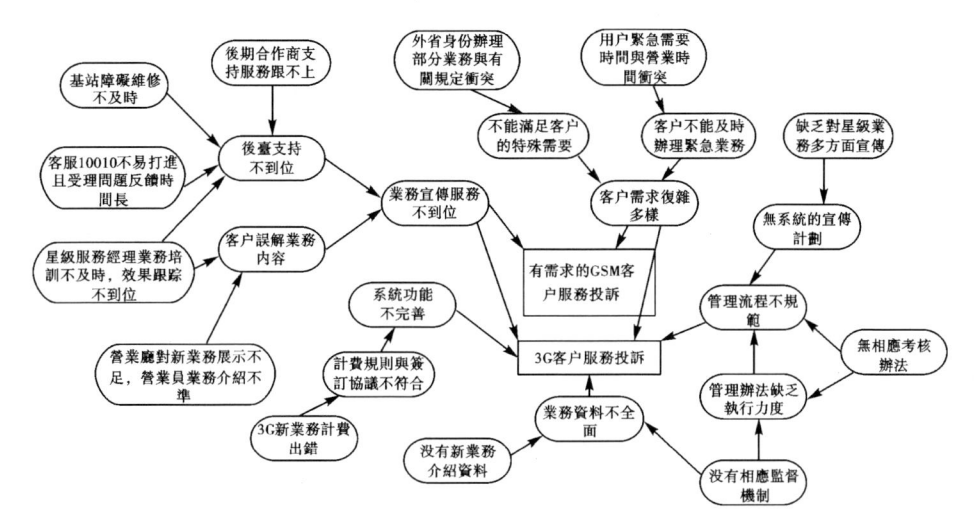

圖 6-38　分析 3G 客戶服務投訴原因關聯圖

[例 6-16]　某車間照明耗電量大，QC 小組分析原因繪出的關聯圖（如圖 6-39 所示）。

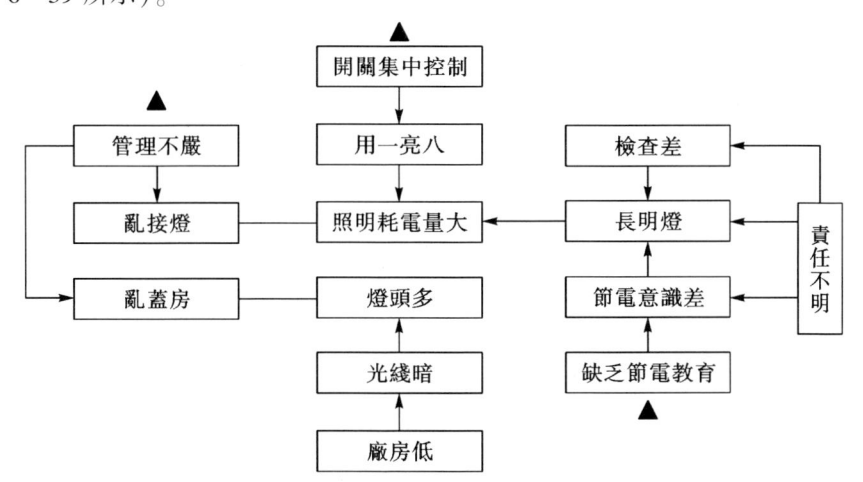

圖 6-39　分析車間照明耗電量大原因的關聯圖

6.2.3　系統圖

系統圖又稱樹圖法，為達到目的，需選擇手段，上一個目的又與下一個手段相聯繫，這種目的和手段相互聯繫起來逐級展開的圖形叫系統圖。利用它可系統分析問題的原因並確定解決問題的方法。

6.2.3.1 系統圖的分類

系統圖可分為構成因素展開型和方法展開型（如圖6-40所示）。

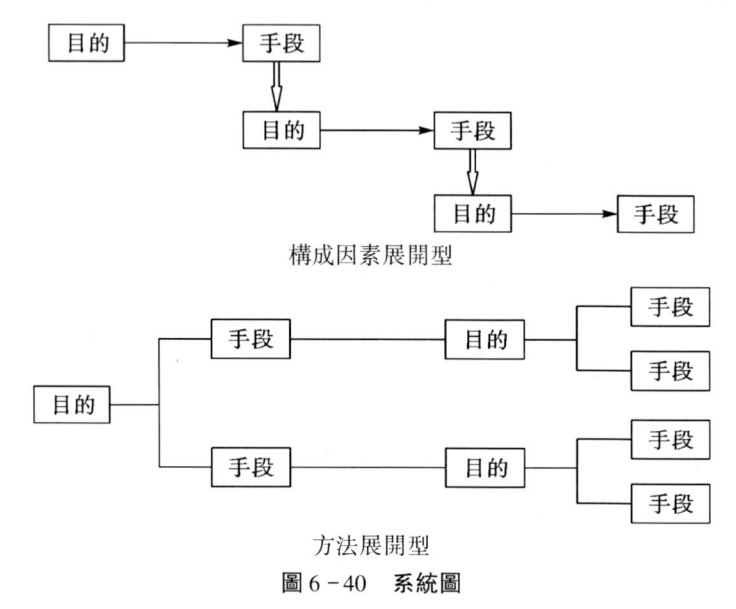

構成因素展開型

方法展開型

圖6-40　系統圖

［例6-17］某電信公司端口達標率低，經分析後發現其主要癥結在於某用戶達標率低。為此，QC小組召集ADSL專家、測試儀廠商、分局ADSL維護人員、QC活動專家和小組成員一起做原因分析，總結出造成端口達標率低的系統圖（如圖6-41所示）。

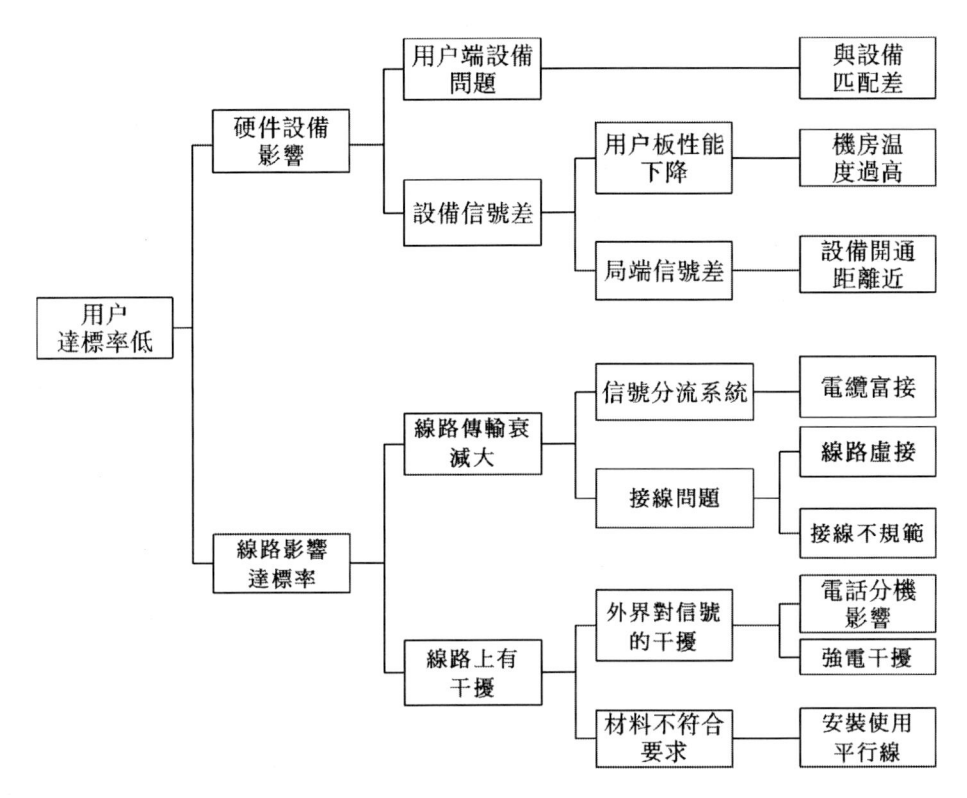

```
                            ┌─ 用戶端設備 ──── 與設備
                            │   問題           匹配差
              ┌─ 硬件設備 ──┤
              │   影響      │              ┌─ 用戶板性能 ── 機房溫
              │             └─ 設備信號差 ──┤   下降        度過高
              │                            │
              │                            └─ 局端信號差 ── 設備開通
   用戶                                                     距離近
   達標率低 ──┤
              │                            ┌─ 信號分流系統 ── 電纜富接
              │             ┌─ 線路傳輸衰 ──┤
              │             │   減大       │              ┌─ 線路虛接
              │             │              └─ 接線問題 ──┤
              └─ 線路影響 ──┤                            └─ 接線不規範
                 達標率      │
                            │              ┌─ 外界對信號 ──┬─ 電話分機
                            │              │   的干擾      │  影響
                            └─ 線路上有 ──┤              └─ 強電干擾
                                干擾       │
                                           └─ 材料不符合 ── 安裝使用
                                               要求          平行線
```

圖 6-41　用戶達標率低的原因分析

[例 6-18] 針對 DSLAM 設備原因導致 ADSL 用戶下載速率準確性這一原因，小組成員運用頭腦風暴法進行分析，並對造成 DSLAM 設備端口障礙的各種因素進行反覆討論。經匯總歸類，繪製了如下原因分析系統圖（如圖 6-42 所示）。

147

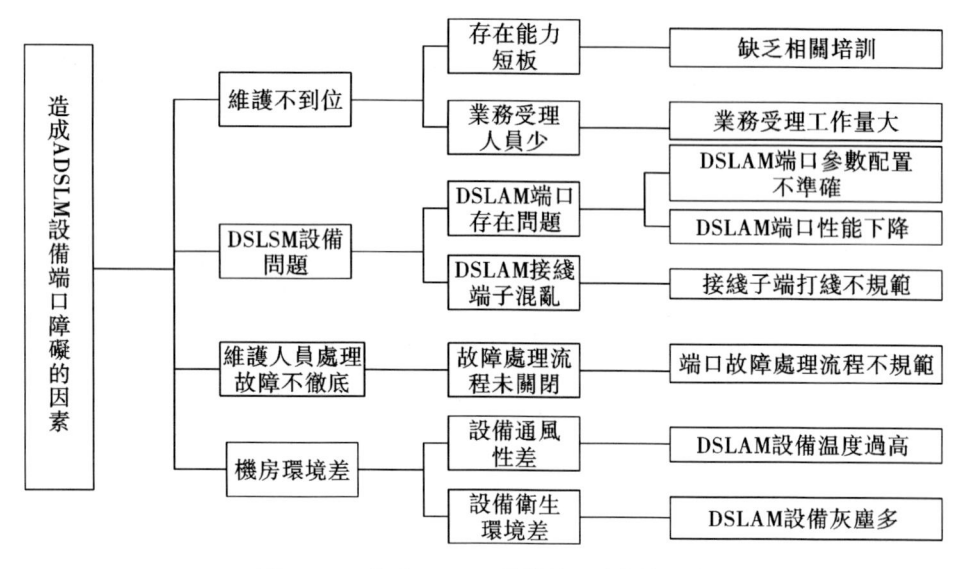

圖 6-42　造成 ADSLM 設備端口障礙的因素

6.2.3.2　系統圖的用途

①進行質量功能展開研究。根據質量功能的特點，進行層層分解，找到影響質量的關鍵功能點。

②加強組織內部管理。利用系統管理方法，可分析組織內部影響管理效果的深層次原因，以便進一步提高管理效能。

③分析過程中影響問題的要素。根據人、機、料、法、環的原則，逐項分析影響質量的原因，找到解決問題的突破口。

④找出影響產品質量的不良因素。根據 80% 原則，分析主要矛盾，找到問題的解決方法。

6.2.4　網絡技術法

網絡技術法（PERT）是制定最佳日程計劃，找出最佳線路，高效率完成項目進度的一種分析方法（如圖 6-43 所示）。

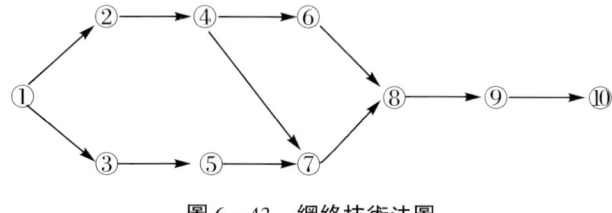

圖 6-43　網絡技術法圖

如圖6-43中①，②，③……⑩為項目的節點，從①節點出發到⑩節點結束，①節點到②節點稱為一個作業過程，也叫一個作業①。作業①不結束，作業②不能開始，作業①叫先行作業，作業②叫後續作業。節點的順序號一般是按從左到右，從上到下的順序編寫，不得重複且不能循環；循環箭條圖如圖6-44所示；圖6-45方式所示圖中虛線為虛擬作業線，工作無日程內容，作業時間為零，為避免邏輯混亂和增加節點工作量，盡量少用虛擬作業線。

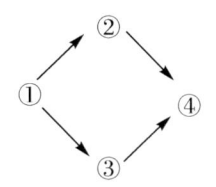

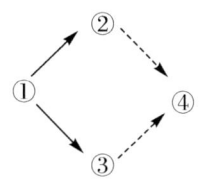

圖6-44　循環箭條圖　　　　　　圖6-45　虛環箭條圖

[例6-19] 完成某一工程需A、B、C、D四道工序，其作業如表6-9所示。

表6-9　　　　　　　　完成某一工程所需時間表

工序	先行工序	日程/時間
A	-	30天
B	-	40天
C	B	10天
D	A、C	15天

可以繪製箭條圖如圖6-46所示。

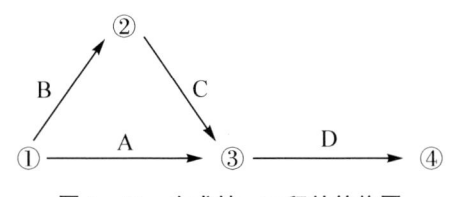

圖6-46　完成某一工程的箭條圖

從①→③→④共需時間：30+15=45天。

從①→②→③→④共需時間：40+10+15=65天，這條路線叫關鍵路線或臨界路線。

若A、B同時開工，最遲65天可完成此項工程。

若等A完工後B再開工，最早需95天才可完成此項工程。

6.2.4.1 網絡技術圖的優化

①時間優化。

就是在人力、設備、資金等有保證的條件下,尋求最短的工程週期。它可以爭取時間,迅速發揮投資效果。時間優化的具體措施可有:

利用時差,從非關鍵路線上抽調部分人力、物力集中用於關鍵路線,縮短關鍵路線的延續時間。

分解作業,增加作業之間的平行交叉程度。

在可能的情況下,增加投入的人力和設備,採用新工藝,新技術等來縮短工程週期。

②時間—資源優化。

它是在人力、設備等資源有一定限度的條件下,尋求最短工程週期或在工期有一定要求的條件下,通過資源平衡求得工期與資源需要的最佳組合。

6.2.4.2 網絡技術圖的用途

①開發新產品的推行計劃及其進度管理。

②產品的改良計劃及其進度管理。

③制定日程管理計劃及其進度管理。

④工廠遷移計劃及其進度管理。

⑤制定高效率計劃。

⑥其他日程計劃管理。

6.2.5 PDPC 法

PDPC（Process Decision Program Chart）法也稱為過程決策程序圖法,是為了完成某個任務或達到某個目標,在制訂行動計劃或進行方案設計時,預測可能出現的障礙和結果,並相應地提出多種應變計劃的一種方法。這樣在計劃執行過程中遇到不利情況時,仍能按第二、第三或其他計劃方案進行,以便達到預定的計劃目標。

6.2.5.1 PDPC 法的特徵

①PDPC 法不是從局部,而是從全局、整體掌握系統的狀態,因而可作全局性判斷。

②可按時間先後順序掌握系統的進展情況。

③可密切注意系統進程的動向,列出「非理想狀態」,也能掌握產生非理想狀態的原因。同時,從某一輸入出發,依次追蹤系統的運轉,也能找出「非理想狀態」。

④情況及時，計劃措施可被不斷補充、修訂。

6.2.5.2 使用 PDPC 法的步驟

步驟1：召集所有有關人員（要求盡可能地廣泛地參加）討論所要解決的課題。

步驟2：從自由討論中提出達到理想狀態的手段、措施。

步驟3：對提出的手段和措施，要列舉出預測的結果，以及提出的措施方案行不通，或難以實施時，應採取的措施和方案。

步驟4：將各研究措施按緊迫程度、所需工時、實施的可能性及難易程度予以分類，特別是對當前要著手進行的措施，應根據預測的結果，明確首先應該做什麼，並用箭條向理想的狀態方向連接起來。

步驟5：進一步決定各項措施實施的先後順序，從一條線路得到的情況，要研究它對其他線路是否有影響。

步驟6：落實實施負責人及實施期限。

步驟7：不斷修訂 PDPC 圖（如圖 6-47 所示）。按繪製的 PDPC 實施，在實施過程中可能會出現新的情況和問題，需要定期召開有關人員會議，檢查 PDPC 的執行情況，並按照新的情況和問題，重新修改 PDPC 圖。

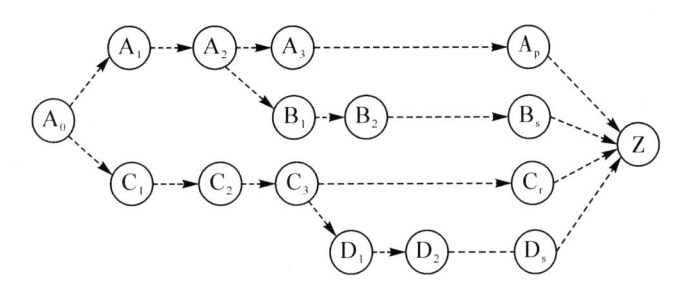

圖 6-47 PDPC 圖

[**例6-20**] 把某種不可倒置的易碎品運往某地，為了簡便，只考慮運到某地後直接運往收貨人的過程。如果在包裝上未註明注意事項，造成倒置狀態是無法阻止的，如果用英文註出「不可倒置」的字樣，送貨人注意了標記就能正確的輸送。是不是這樣就行了呢？這樣一定能保證貨物倒置現象不會出現嗎？運用 PDPC 法後，包裝設計者們就必須考慮到萬一由不懂英文的人送貨，那該怎麼辦好呢？可用圖示的方法；一種圖案不夠用，可繪製兩種形式的圖案，如酒杯和吊裝鏈。同時，細心的設計者們還會考慮到如果運輸者不理解圖畫呢？如果貨物滾動呢？等等。最終，為了使貨物不倒置，採取了四

種措施：英文標誌，用圖表示，設置吊環，改變包裝形狀。其PDPC法示意如圖6-48所示。

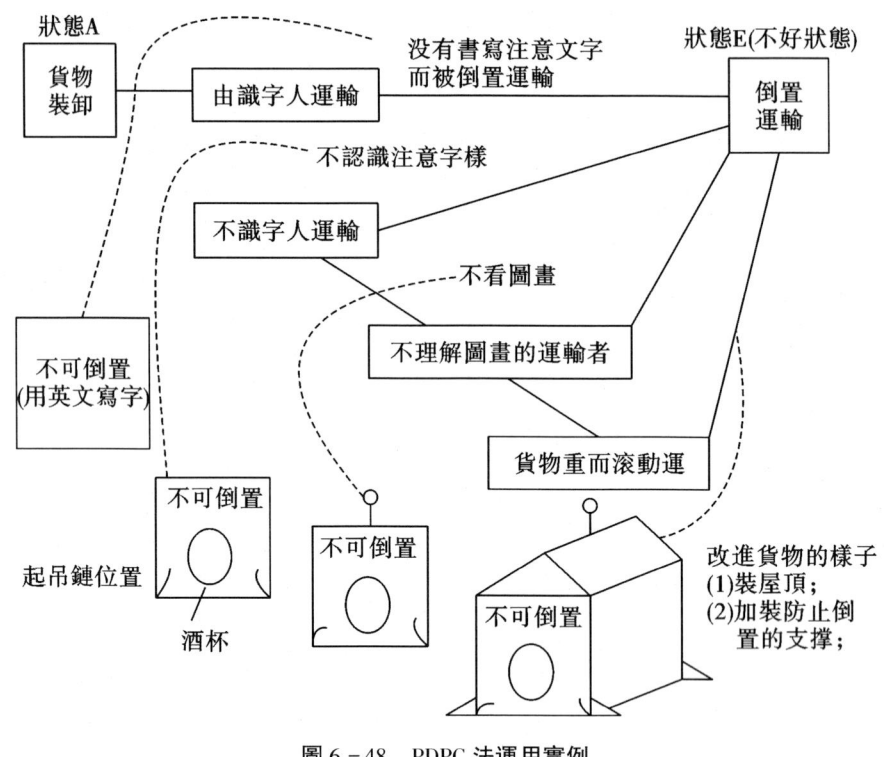

圖6-48 PDPC法運用實例

6.2.5.3 PDPC圖的用途

①制訂目標管理中的實施計劃。

②制訂科研項目的實施計劃。

③對整個系統的重大事故進行預測。

6.3 其他質量管理工具

6.3.1 頭腦風暴法

頭腦風暴法又稱暢談法、集思法、頭腦激盪法。它是採用會議的方式，引導每個參加會議的人圍繞某個議題（如質量問題等）廣開言路，激發靈感，在自己頭腦中掀起思想風暴，暢所欲言地發表見解的一種集體創造思維方法。

6.3.1.1 頭腦風暴法的方法

①把頭腦風暴小組集合在一起。
②指定一個記錄員。
③解釋頭腦風暴的主題和基本規則。
④提出觀念。可以隨機的提議，也可以小組內每個成員輪流提議（如果輪到某個人時沒有提議可以略過）。
⑤記錄員真實、準確地記錄每個成員的觀點。不得加以縮減或解釋，並確保小組的每個成員都能看到所有意見。
⑥解釋所有的觀點，並對其進行評估。在形成許多意見之後，要將每個觀點重述一遍，以使每個成員都知道每個觀點的內容，去掉重複、無關的觀點；對各種觀點進行評價、論證，評估其對滿足原有目標是否有用。

6.3.1.2 頭腦風暴法的基本規則

①不要批評。批評是創造性思維的障礙。
②鼓勵不受約束的意見。所有意見都是可以接受的。
③力求創造性。激發盡可能多的意見。
④搭便車。和別人的新構思結合起來，求得改善，增加和合併意見。
⑤醞釀。花些時間思考列出的意見，經常激勵新想法。

平時人們思考問題受大腦左半球支配，是理性的、批判的，但不是創造性的。當充分發揮右半球的作用時，可以進行感情的、創造性的思考。不少問題、難點，按常規思維無法解決，而打破常規的思考，甚至異想天開的設想，常引發出人意料的結果。

[例6-21] 核桃仁形狀複雜，狀似人腦，敲剝核桃仁很困難，即使靈巧的雙手也難剝出完整的核桃仁，要是成批大量地用機器剝仁，而且還要不破損，簡直是天方夜譚。通過頭腦風暴，人們打破常規思維，解決了這個難題——從裡往外剝！怎麼可能呢？你看：給核桃充填氣體，增加溫度，使它爆裂，結果殼碎了，得到了大瓣的核桃仁。

[例6-22] 某牙膏公司為提高產品銷量召開辦公會，運用頭腦風暴，大家各抒己見。提出的方案有設計新配方、提高產品質量、改善售後服務、增加贈品、增加廣告投入。有一個提議最後被採納，就是把牙膏的管口設計再加大一點點，結果牙膏的銷量果然大增。無獨有偶，另一家生產味精的公司也採用了同樣的辦法，增大了味精包裝瓶瓶口的設計，也收到同樣的效果。有時候，解決一個難題並不一定要有很大的投入，有時解決難題只需要幾個

人在一起利用頭腦風暴，發揮 30 分鐘的智慧。

6.3.1.3 頭腦風暴法的作用

①用來識別存在的質量問題並尋求解決的辦法。
②識別潛在的質量改進的機會。
③與因果圖、系統圖、親和圖、關聯圖等配合使用。

6.3.2 甘特圖

甘特圖是一種簡單的繪圖技巧，能顯示一定時間內的行動，以及不同行動之間的相互依賴性，是一種很好的計劃工具。

6.3.2.1 甘特圖的繪製

①先列出需要實施的任務。
②將這些任務進行排序。
③按照時間順序，對它們進行規劃。
④在甘特圖表上標示起止時間的跨度。
⑤依據整體時間檢查可行性。

[例 6-23] 某公司 QC 小組活動計劃討論後，制定了相應的行動方案，如圖 6-49 所示。

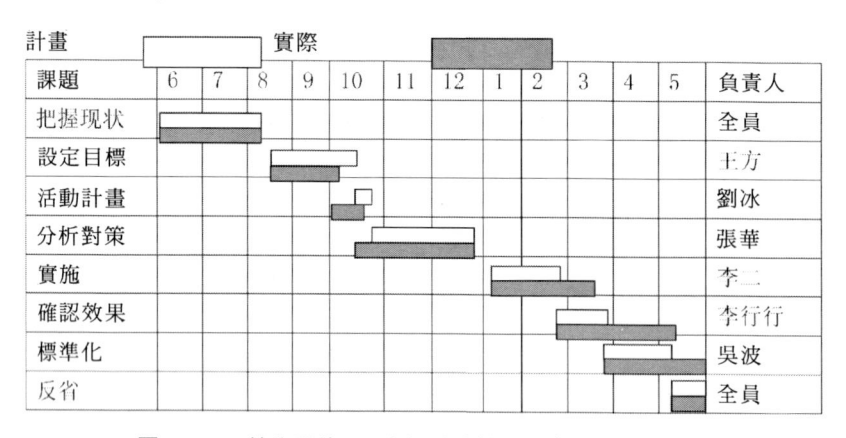

計畫 課題	6	7	8	9	10	11	實際 12	1	2	3	4	5	負責人
把握現狀													全員
設定目標													土方
活動計畫													劉冰
分析對策													張華
實施													李二
確認效果													李行行
標準化													吳波
反省													全員

圖 6-49　某公司的 QC 小組活動計劃及實際進度甘特圖

6.3.2.2 甘特圖的用途

甘特圖確定了所有需要實施的任務，以及為及時完成這些項目和任務的起始時間和應該完成的時間。這張圖表一旦完成了，就可以用於審核過程，並且在必要的時候修改計劃。

6.3.3 問五次為什麼

「問五次為什麼」是用來分析問題原因的一種簡單技巧。它通過重複地問「為什麼……」直到得出「因為……」的答案，由此很有可能確定問題的根本原因。

［例6-24］以下是某質量部利用「問五次為什麼」對小部件產品拒收率高問題的快速原因分析。

①為什麼小部件的不合格率很高？因為塑料被污染了。

②為什麼塑料被污染了？因為切割機內有過多的油。

③為什麼切割機內有過多的油？因為有好幾個月沒有做清潔，所以堵塞了。

④為什麼這麼長時間不做清潔？因為我們只是在機器損壞的時候才要求服務，而不是以預防為基礎。

⑤為什麼不以預防為主？因為交貨期短，生產壓力大。

6.3.4 PDSA 法

PDSA 循環又叫戴明環，是美國質量管理專家戴明博士首先提出的，它是全面質量管理所應遵循的科學程序。全面質量管理活動的全部過程，就是質量計劃的制訂和組織實現的過程，這個過程就是按照 PDCA 循環，不停頓地周而復始地運轉的。

PDSA 是英語單詞 plan（計劃）、do（執行）、study（研究）和 action（行動）的第一個字母（第三步「研究」原來叫做「檢查」，因此戴明環原先稱為 PDCA 循環。戴明在1990年做了改變。「研究」是更恰當的提法，僅僅通過檢查可能錯過一些東西）。PDSA 循環就是按照這樣的順序進行質量管理，並且循環不止地進行下去的科學程序，如圖 6-50 所示。

全面質量管理活動的運轉，離不開管理循環的轉動，這就是說，改進與解決質量問題，趕超先進水平的各項工作，都要運用 PDSA 循環的科學程序。不論提高產品質量，還是減少不合格品，都要先提出目標，即質量提高到什麼程度，不合格品率降低多少？就要有個計劃；這個計劃不僅包括目標，而且也包括實現這個目標需要採取的措施；計劃制訂之後，就要按照計劃去執行；按計劃執行之後，就要對照計劃進行研究，看是否實現了預期效果，有沒有達到預期目標；最後就要行動，將經驗和教訓轉化為標準，形成制度。

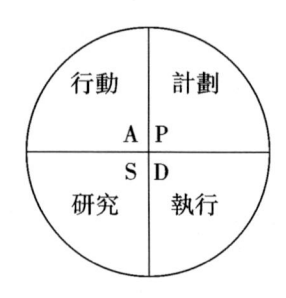

圖 6-50　PDSA 循環的四個階段

6.3.4.1　PDSA 循環運轉特點

①如圖 6-51 所示，PDSA 管理循環是大環套小環，一環扣一環，小環保大環，推動大循環。

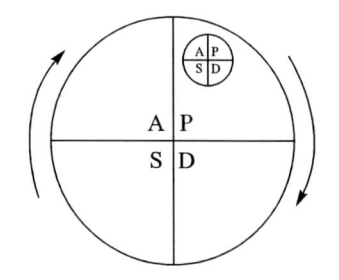

圖 6-51　PDSA 循環大環套小環

②如圖 6-52 所示，PDSA 循環每轉動一次就提高一步。

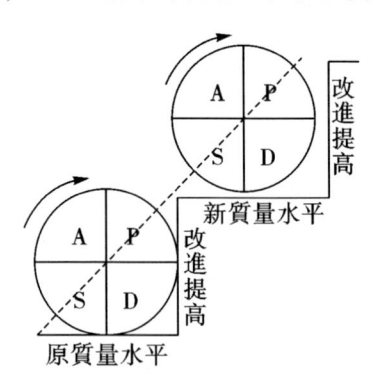

圖 6-52　PDSA 循環不斷上升

③PDSA 循環是綜合性的循環。PDSA 循環四個階段是相對的，各階段之間不是截然分開的，而是緊密銜接連成一體的，甚至有時是邊計劃邊執行，邊執行邊研究，邊研究邊總結，邊總結邊改進等交叉進行的。

［例 6－25］一家餐館的幾位合夥人決定設法解決店中每天都在發生的排長隊的問題，經過與員工討論，一些重要的事實浮出水面：

① 顧客最多要排隊等候 15 分鐘。
② 通常能夠找到座位。
③ 許多顧客是常客。
④ 接受訂單和準備食物的人互相干擾。

為了進行變革，他們決定收集一些數據，包括排隊的顧客人數、空座位數和顧客得到食物需要的時間等。午餐時間，一名店主每 15 分鐘統計一次排隊人數和空座位數。另外，每次統計完成後，記錄最後一名顧客的排隊時間以及得到食物所需的時間。

在計劃階段，店主們想要進行改革，他們最終決定以下三項行動：

① 允許顧客通過傳真提前發送訂單（租用一臺傳真機一個月）。
② 在廚房中建立一處準備臺，有足夠的地方放置傳真訂單。
③ 讓兩臺收銀員中的一名專門負責處理傳真訂單。

在執行階段，店主們觀察了三個星期這三項指標的結果。在研究階段，他們發現了一些改進，排隊時間從 15 分鐘下降到 5 分鐘，高峰期的平均排隊人數從 18 人下降到 12 人。在行動階段，店主們與員工開會討論這一結果。他們決定購買一臺傳真機，讓兩名收銀員共同接待上門顧客和處理傳真訂單。

【本章案例】

數據處理部門的例子表明了質量改進在組織改進方面的主要作用，圖 6－53 顯示了質量改進情節版圖。質量改進歷程經過了 PDSA 循環，不過，因為數據處理部門在日常工作中追求不斷改進，隨後就會永不停止的進行 PDSA 循環。[1]

---

[1] 資料來源：霍華德 S 吉特洛，等. 質量管理 [M]. 張杰，等，譯. 北京：機械工業出版社，2007.

質量管理學（第二版）

計劃

1. 選擇主題

減少由數據輸入操作人員造成的錯誤
數量(為什麼這些數據輸入人員會造成如此高比率的輸入)錯誤

選擇主題的背景(主題與組織目標之間的關系)

組織目標

組織的使命要求全體員工必須按照下列組織目標制定決策和采取行動

1. 追求客戶滿意度方面的改進
2. 尊重和持續促進員工發展
3. 與供應商建立長期的信任關系
4. 為股東提供合理的收益
5. 成為合格的企業公民

部門目標

數據處理部門的使命要求全體員工必須按照
下列部門目標制定決策和采取行動：
1. 認識到客戶既有組織內部的，也有組織外部
   的，必須努力改進數據處理服務
2. 確定員工需要改進的領域，制定培訓方案

數據輸入部門將通過以下方式實現第一個部門目標：
1. 嚴格按照原文件輸入所有的數據
2. 努力減少處理數據輸入所需要的時間

數據處理部門的經理意識到所選擇的研究主題
將直接受到上述目標的影響

圖6-53 質量改進情節

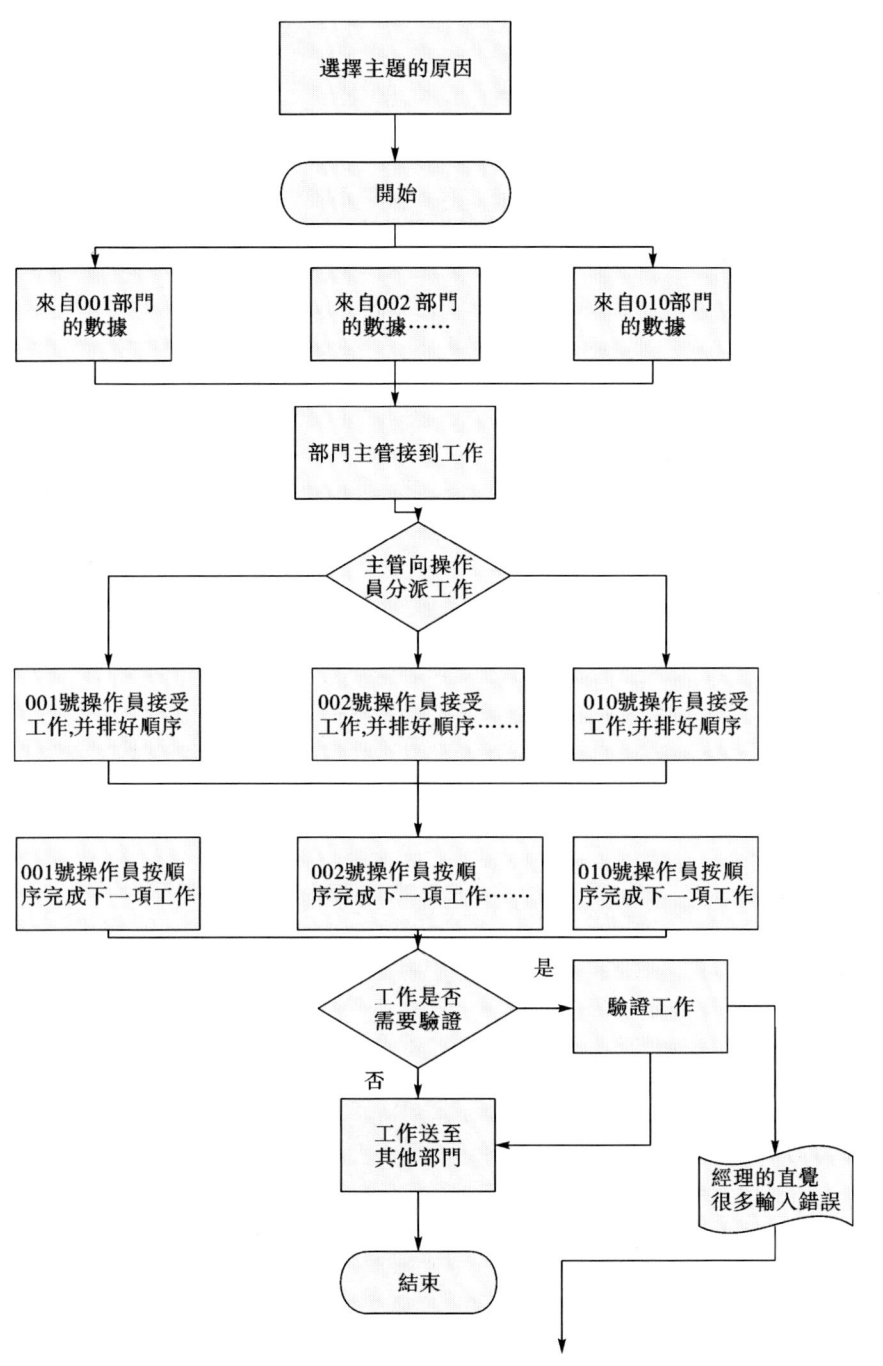

6 質量改進

```
                    選擇主題的原因
                          │
                          ▼
                        開始
          ┌───────────────┼───────────────┐
          ▼               ▼               ▼
      來自001部門      來自002部門       來自010部門
       的數據          的數據……          的數據
          └───────────────┼───────────────┘
                          ▼
                    部門主管接到工作
                          │
                          ▼
                   ◇主管向操作◇
                    員分派工作
          ┌───────────────┼───────────────┐
          ▼               ▼               ▼
      001號操作員接受   002號操作員接受   010號操作員接受
       工作,并排好順序   工作,并排好順序…… 工作,并排好順序
          │               │               │
          ▼               ▼               ▼
      001號操作員按順   002號操作員按順   010號操作員按順
       序完成下一項工作  序完成下一項工作…… 序完成下一項工作
          └───────────────┼───────────────┘
                          ▼
                      ◇工作是否◇──是──▶ 驗證工作
                       需要驗證              │
                          │否                │
                          ▼                  ▼
                      工作送至           經理的直覺
                      其他部門           很多輸入錯誤
                          │                  │
                          ▼                  │
                        結束                 │
                                             ▼
```

經理意識到自己的直覺在實現第1,2個部門目
標過程中的重要性

圖 6-53　質量改進情節（續）

159

```
┌─────────────┐
│ 2.掌握現狀  │
└─────────────┘
```

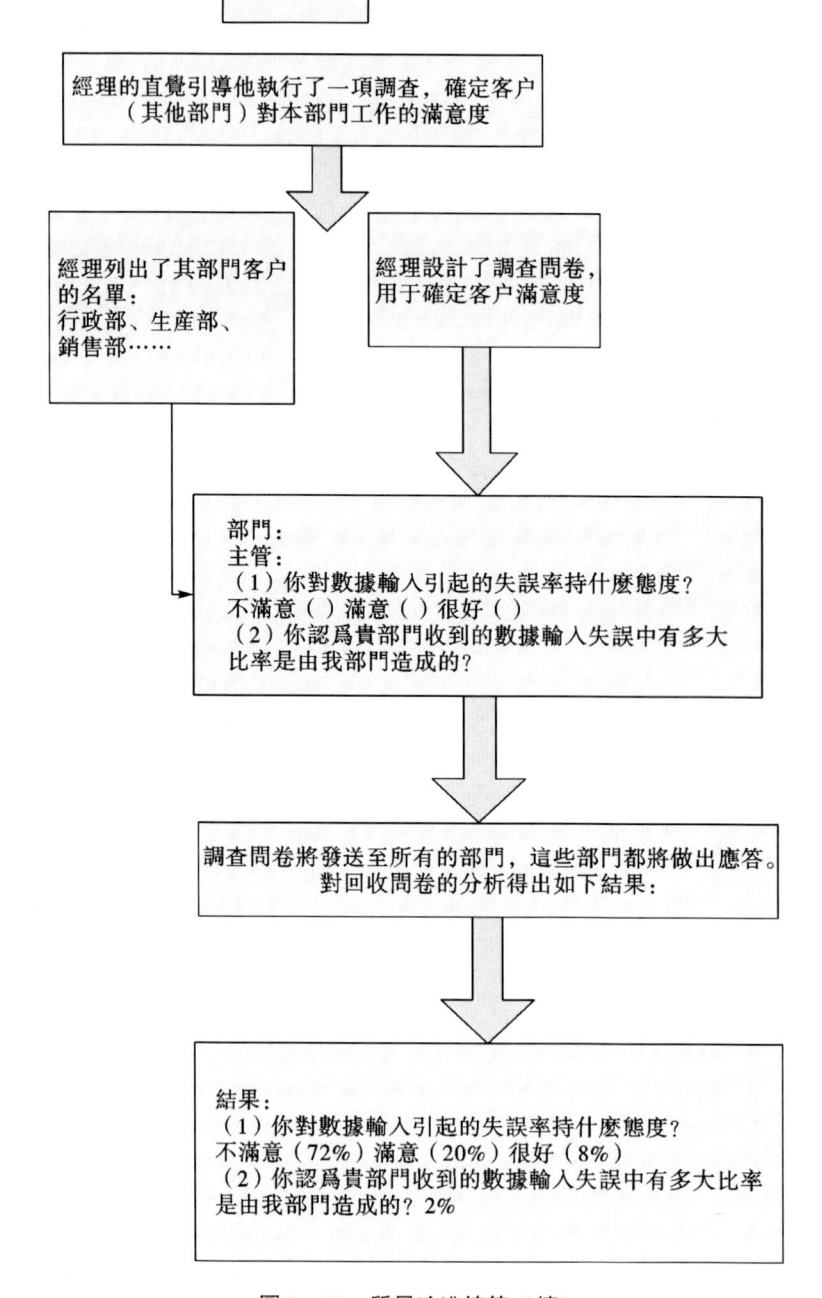

經理的直覺引導他執行了一項調查，確定客戶（其他部門）對本部門工作的滿意度

經理列出了其部門客戶的名單：
行政部、生產部、銷售部……

經理設計了調查問卷，用於確定客戶滿意度

部門：
主管：
（1）你對數據輸入引起的失誤率持什麼態度？
不滿意（　）滿意（　）很好（　）
（2）你認為貴部門收到的數據輸入失誤中有多大比率是由我部門造成的？

調查問卷將發送至所有的部門，這些部門都將做出應答。對回收問卷的分析得出如下結果：

結果：
（1）你對數據輸入引起的失誤率持什麼態度？
不滿意（72%）滿意（20%）很好（8%）
（2）你認為貴部門收到的數據輸入失誤中有多大比率是由我部門造成的？2%

圖 6-53　質量改進情節（續）

6 質量改進

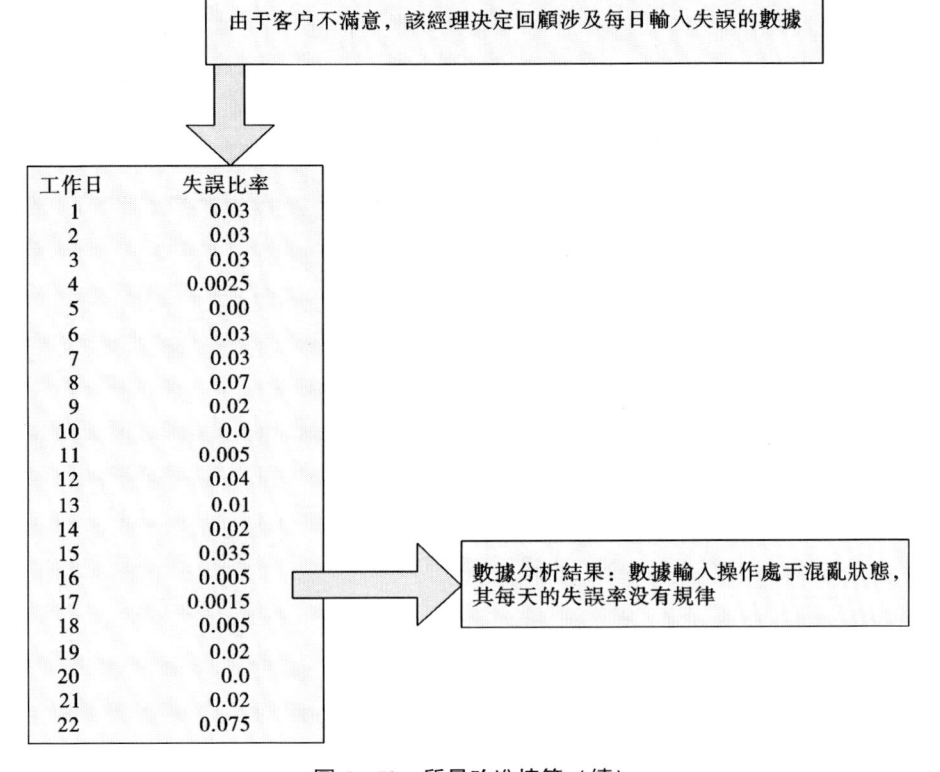

由于客户不滿意，該經理決定回顧涉及每日輸入失誤的數據

工作日	失誤比率
1	0.03
2	0.03
3	0.03
4	0.0025
5	0.00
6	0.03
7	0.03
8	0.07
9	0.02
10	0.0
11	0.005
12	0.04
13	0.01
14	0.02
15	0.035
16	0.005
17	0.0015
18	0.005
19	0.02
20	0.0
21	0.02
22	0.075

數據分析結果：數據輸入操作處于混亂狀態，其每天的失誤率沒有規律

圖 6-53　質量改進情節（續）

3.分析現狀

必須實現流程的穩定，進而找出第 8 天和第 22 天出現問題的原因，然後制定政策預防這些問題再次發生

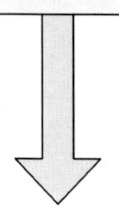

這名經理回顧了他對第8天第22天出現异常問題時的操作日志

數據輸入操作日志
工作日　　　　評論
8　　　　　　使用未受培訓
　　　　　　　的操作員完成
　　　　　　　應急工作
22　　　　　　用完了日常使用
　　　　　　　的調色劑

結果：
(1)培訓新操作員完成應急工作的政策
(2)設定安全庫存水平的政策

制訂計劃

執行

4.將解決方案應用于實踐

測試解決方案

經理嘗試着將解決方案用于實踐，他收集了更多信息，并檢測流程是否變穩定了，是否得到改進

圖 6-53　質量改進情節（續）

6　質量改進

研究

5.解決方案的有效性

在實現部門的第一個數據處理目標方面嘗試基礎上的解決方案非常有效。數據輸入流程逐步穩定，平均每天的平均失誤率僅為1.7%（之前為2.1%），而且每天的失誤率很少超過4.4%(之前最高為5.2%)

行動

6.標準操作程序

經理為存貨政策和新操作員技能開發制定了正式的操作程序，其中包括恰當的培訓

經理決定每個月抽查每名操作員的200條輸入數據作為樣本，然後對這些樣本進行分析，以便采取恰當的行動來預防已經得到改進的領域出現倒退現象

行動

7.計劃以後的行動

部門經理將繼續研究過程，尋找進一步降低失誤率的方法

圖6-53　質量改進情節（續）

思考題：

1. 某公司經常發生交貨期不準事件，屢次收到外部顧客的抱怨，目前收集到以下資料。請利用親和圖法尋找原因出自何處？

包裝錯誤	停水	人員不足
鍋爐故障	機器保養不周	人員流動高
機器老舊	原料貯存變質	訂單日期太近
物料延誤	設備操作不當	訂單臨時增加
產品色澤太深	人員疲勞	通知生產太遲
經常停電	工作環境差	產品重量

2. 某移動對營業大廳進行服務質量統計，發現220件投訴事件，按產生投訴的原因進行分類，原因分成四類，以下為一組數據，請畫出帕累托圖，並擬定下一步行動方案。

原因	投訴次數
補卡事宜	32
宣傳材料有誤	65
帳單事宜	103
其他	10

3. 根據例6-18的系統圖最右端分支列舉的各項構造一個甘特圖。

7 試驗設計

在工農業生產和科學研究中，經常需要做試驗，以達到預期的目的。如何做試驗，其中大有學問。試驗設計得好，會事半功倍，反之會事倍功半，甚至勞而無功。

7.1 試驗設計的基本概念

試驗設計的基本思想和方法是英國統計學家、工程師費歇爾（R. A. Fisher）於20世紀20年代創立的，他是試驗設計的奠基人，對試驗設計的發展做出了卓越的貢獻。

試驗設計與分析的發展大致可劃分為三個歷史階段。

第一，早期、傳統試驗設計階段（20世紀20年代——20世紀50年代）。費歇爾在農場進行田間試驗的過程中，對高產小麥品種遺傳進行研究。為減少偶然因素對試驗的影響，他對各種試驗因素的每一水平組合進行了試驗，並通過方差分析評價指標的優劣（用於排除偶然因素的影響），使小麥大幅增產。

1925年，費歇爾在《研究工作中的統計方法》一書中首次提出了「實驗設計」的概念；1935年，費歇爾出版了著名的《試驗設計法》一書；20世紀40年代前後，英國、美國、蘇聯等將試驗設計逐漸應用於工業生產領域及軍工生產領域；勞尼於40年代提出的多因素試驗的部分實施方法後來成為現代試驗設計理論的基礎。

第二，中期發展階段（20世紀50年代——20世紀70年代）。該階段以正交試驗設計、迴歸試驗設計為代表。

20世紀40年代末、50年代初，以田口玄一（Genichi Taguchi）為代表的日本電訊研究所（EOL）的研究人員在研究電話通訊設備質量時從英、美引進了試驗設計技術，提出了「正交試驗設計法」；田口玄一所在的研究所研發的產品——線形彈簧繼電器，有幾十個特性值和兩千多個試驗因素，經過7

年研製成功，其性能比美國的同一產品更優。雖然其成本僅幾美元，研究費用卻用了幾百萬美元，創造的經濟效益高達幾十億美元，擠垮了美國的企業。20世紀50年代初，田口玄一創立了「迴歸試驗設計法」；1957年，田口玄一又提出了「信噪比（S/N）試驗設計；1959年，G. E. 博克斯和J. S. 亨特爾提出了調優操作，也稱為調優試驗設計法；70年代中期，田口玄一提出了「產品三次設計」。

第三，現代試驗設計階段（20世紀70年代至今）。自20世紀70年代開始，S/N試驗設計及產品三次設計開始了實質性的應用。

7.1.1 因子與水平

為了方便起見，將試驗中要加以考察而改變狀態的因素稱為因子，常用 A, B, C 等大寫英文字母表示。因子在試驗中所取得狀態稱為水平，如果一個因子在試驗中取 k 個不同狀態，就稱該因子有 k 個不同水平。因子 A 的 k 個水平常用 A_1, A_2, $\cdots$, A_k。

在一次試驗中每個因子總是取一個特定的水平，稱各因子水平的一個組合為一個處理或一個試驗條件。

7.1.2 試驗指標

衡量試驗條件好壞的特性（可以是質量特性也可以是產量特性或其他）稱為指標，它是一個隨機變量，常用 x 表示。

7.1.3 正交表

正交試驗設計是利用正交表來選擇最佳的或滿意的試驗條件，即通過安排若干個條件進行試驗，並利用正交表的特點進行數據分析的一種常用的試驗設計的方法。正交表的形式如表7-1所示，它是一個最簡單的正交表。

表7-1　　　　　　　　　$L_4(2^3)$

列號 試驗號	1	2	3
1	1	1	1
2	2	1	2
3	1	2	2
4	2	2	1

這裡「L」是正交表的代號，「4」表示表的行數，在試驗中表示安排實驗的次數，即要作 4 個不同條件的試驗，「3」表示表的列數，在試驗中表示最多同時可考察 3 個因子，「2」表示表的主體只有 2 個不同的數字：1、2，在試驗中它代表因子水平的編號，即用這每個因子應考察 2 種狀態。

正交表有如下兩個特點：

①均衡分散性。每一列中，不同的字碼出現的次數相等。如表 7－1 中，字碼「1」和「2」各出現兩次。這就保證了試驗條件均衡地分散在配合完全的水平（位級）組合之中，因而代表性強，容易出現好條件。

②任意兩列中，將同一行的兩個字碼看成有序數字對時，則必然構成完全有序數字對，即對於每列因素，在各個水平（位級）的結果之和中，其他因素各個水平（位級）的出現次數都是相同的。這就保證了在各個水平（位級）的效果之中，最大限度地排除了其他因素的干擾，因而能最有效地進行比較。

若個別因子狀態不同，可選用混合正交表。但是，在實踐中，應盡可能讓所有因子的狀態一樣，即每個參數都有相同的狀態。

7.2　常用正交試驗設計與分析

常用正交試驗設計與分析的步驟如下：

①明確試驗目的。試驗前，首先要明確試驗目的，即通過試驗想解決什麼問題。是為了改進質量，還是為了提高產量，或是為了保護環境，等等。

②明確試驗指標。試驗指標用來判斷試驗條件的好壞。

③確定因子與水平。在試驗前首先要分析影響指標的因子是什麼，每個因子在試驗中取哪些水平。

④選用合適的正交表，進行表頭設計，列出試驗計劃。首先根據在試驗中所考察的因子水平數選擇具有該水平數的一類正交表，再根據因子的個數具體選定一張表。選定了正交表後把因子放到正交表的列上去，稱為表頭設計。在不考慮交互作用的場合下，可以把因子放在任意的列上，一個因子佔一列。有了表頭設計便可寫出試驗計劃，只要將置因子的列中的數字換成因子的相應水平即可，不放因子的列就不予考慮。

⑤將實驗結果記錄在對應的試驗條件後面。

⑥試驗結果分析：一般用目測法、極差分析法、畫趨勢圖等。

⑦反覆調優試驗以逼近最優方案。

⑧驗證試驗並通過生產驗證確認較優方案。
⑨結論與建議。

[例7-1] 磁鼓電機是彩色錄像機磁鼓組建的部件之一，按質量要求其輸出力矩應大於210g·cm。某生產廠過去這項指標的合格率較低，從而希望通過試驗找出好的條件，以提高磁鼓電機的輸出力矩。

（1）明確試驗目的。在本例中試驗的目的是提高磁鼓的電機的輸出力矩。

（2）明確試驗指標。在本例中直接用輸出力矩作為考察指標，該指標越大表明試驗條件越好。

（3）確定因子與水平（如表7-2所示）。在本例中，經分析影響輸出力矩的可能因子有三個，它們是充磁量A；定位角度B；錠子線圈匝數C。

表7-2　　　　　　　　因子水平表

因子 \ 水平	一	二	三
A：充磁量（10^{-4}T）	900	1,100	1,300
B：定位角度（（π/180）rad）	10	11	12
C：定子線圈匝數（匝）	70	80	90

在本例中所考察的因子是三水平的，因此選用三水平正交表，又由於現在只考察三個因子，所以選用$L_9(3^4)$即可。

（4）選用合適的正交表，進行表頭設計，列出試驗計劃。將三個因子分別置於前三列，將它寫成如表7-3的表頭設計形式。

表7-3　　　　　提高磁鼓電機輸出力矩的表頭設計

表頭設計	A	B	C
列號	1	2	3

用正交表$L_9(3^4)$安排試驗共有9個不同的試驗條件，它們是一起設計好的，而不是等一個試驗結束以後再決定下一個試驗條件，因此稱這樣的設計為「整體設計」。

這裡9個試驗點在三維空間中的分佈見圖，從圖7-1中可見：從三個方向的任意方向作三個等距的平行於坐標軸的平面，則每一平面上有3個點，再將每一平面分成等間隔的三行三列，則在每一行上有1個點，每一列上也有1個點。因此9個點在三維空間的分佈是均勻分散的。

7　試驗設計

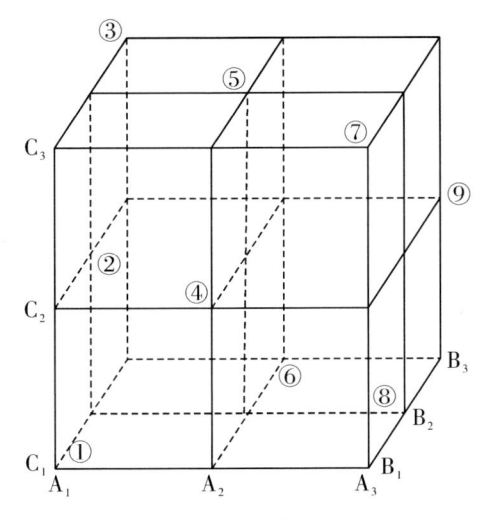

圖7-1　9個試驗點的分佈

（5）數據分析。在例7-1中考慮了三個三水平因子，其所有不同的實驗條件共有27個，現在僅做了其中的9個。試驗的目的是想找出哪些因子對指標是有明顯影響的，各個因子的什麼樣的水平組合可以使指標達到最大。這可以利用正交表的特點進行數據分析。

①數據的直觀分析。

Ⅰ．尋找最好的實驗條件。

首先我們來看第一列，該列中的1，2，3，分別表示因子A的三個水平，按水平號將數據分為三組：「1」對應 $\{y_1, y_2, y_3\}$，「2」對應 $\{y_4, y_5, y_6\}$「3」對應 $\{y_7, y_8, y_9,\}$。

「1」對應的三個試驗都採用因子A的一水平進行試驗，但因子B的三個水平各參加了一次試驗，因子C的三個水平也各參加了一次試驗。這三個試驗結果的和與平均值分別為T_1。「2」對應的三個試驗都採用因子A的二水平進行試驗，但因子B的三個水平各參加了一次試驗，因子C的三個水平也各參加了一次試驗。這三個試驗結果的和與平均值分別為T_2。「3」對應的三個試驗都採用因子A的三個水平進行試驗，但因子B的三個水平各參加了一次試驗，因子C的三個水平也各參加了一次試驗。這三個試驗結果的和與平均值分別為T_3。

由以上可知，T_1，T_2，T_3之間的差異只反應了A的三個水平間的差異，因為這三組試驗條件除了因子A的水平有差異外，因子B與C的條件是一致的，所以可以通過比較這三個平均值的大小看出因子A的水平的好壞。從這三個數據可知因子A的二水平最好，因為其指標均值最大。這種比較方法稱

為「綜合比較」。

Ⅱ. 各因子對指標影響程度大小的分析。

這可從各個因子的「極差」來看，這裡指的一個因子的極差是該因子不同水平對應的試驗結果均值的最大值與最小值的差，因為該值大的話，則改變這一因子的水平會對指標造成較大的變化，所以該因子對指標的影響大，反之，影響就小。

Ⅲ. 各因子不同水平對指標的影響圖。

可以將每個因子不同水平下試驗結果的均值畫成一張圖，從圖上就可以明顯看出每一因子的最好水平 A_2，B_2，C_3，也可以看出各個因子對指標影響的大小，$R_B > R_A > R_C$。

②數據的方差分析。在數據的直觀分析中是通過級差的大小來評價各個因子對指標影響的大小那麼級差要小到什麼程度可以認為該因子對指標值已經沒有顯著的影響了呢？為回答這一問題，需要對數據進行方差分析。

Ⅰ. 統計模型。

在對數據進行方差分析時要做出如下假定。若記 A_i，B_j，C_k 水平下的試驗結果為 y_{ijk}，則 $y_{ijk} = \mu_{ijk} + \varepsilon_{ijk}$。

其中，μ_{ijk} 與該條件中各因子的水平有關，現假定 $\mu_{ijk} = \mu + a_i + b_j + c_k$，其中 μ 稱為一般平均，ai，bj，ck 分別為因子 A 的第 i 個水平效應、因子 B 的第 j 個水平效應、因子 C 的第 k 個水平效應，它們分別滿足如下的約束條件：

$a_1 + a_2 + a_3 = 0$，$b_1 + b_2 + b_3 = 0$，$c_1 + c_2 + c_3 = 0$

而各個 ε_{ijk} 被假定是相互獨立同分佈的正態隨機變量，它們服從 $N(0, \sigma^2)$。

Ⅱ. 平方和分解。

為進行方差分析，就必須從試驗結果出發。由於試驗條件的不同與試驗中存在誤差，因此各試驗結果不同，我們可以用總偏差平方和 S_T 去描述數據的總波動：

$$S_T = \sum_{i=1}^{n} (y_i - \bar{y})^2$$

其中，n 是試驗次數，$\bar{y}$ 是試驗結果的總平均，若記 $T = \sum_{i=1}^{n} y_i$，則 $\bar{y} = T/n$。

造成數據波動的原因可能是因子所取水平的不同，也可能是試驗誤差，當然也可能兩者都有。為此要把由各個原因造成的波動分別用數量來表示。

Ⅲ. F 比。

由於 S_e 中只反應誤差的波動，而 S_A 中除了誤差外還反應因子 A 的效應

不同所引起的波動，因此可以將兩者進行比較，如果 S_A 相對於 S_e 大的多，則可認為因子 A 是顯著的，否則就認為因子 A 不顯著。

如果記 $V_A = S_A/2$，$V_e = S_e/2$，則在 $a_1 = a_2 = a_3 = 0$ 時，$F_A = V_A/V_e$ 服從自由度是 (2，2) 的 F 分佈，因此可以用 F 分佈的分位數來劃分比值的大小。記 $F_{1-\alpha}(2, 2)$ 為其 $1-\alpha$ 分位數，當 $F_A > F_{1-\alpha}(2, 2)$ 時認為因子 A 顯著，否則認為因子 A 不顯著。

Ⅳ. 計算。

通常也用列表的方法計算各列的偏差平方和。通過代數運算可以用下式計算一列的偏差平方和與總偏差平方和：

$$S = \sum_{i=1}^{q} \frac{T_i^2}{n/q} - \frac{T^2}{n}$$

$$S = \sum_{i=1}^{n} y_i^2 - \frac{T^2}{n}$$

③最佳條件的選擇與對應條件下指標均值的估計。對顯著因子應該選擇其最好的水平，因為水平變化會造成指標的顯著不同，而對不顯著因子可以任意選擇水平，實際中常可以根據降低成本、操作方便等來考慮其水平的選擇。

7.3 有交互作用的正交設計

7.3.1 試驗步驟

[例 7-2] 2，4—二硝基苯肼的工藝改革

(1) 明確試驗目的。

2，4—二硝基苯肼是××化工廠生產的一種試劑產品。過去的工藝過程長、工作量大，且產品經常不合格。今採用 2，4—二硝基氯代苯（以下簡稱氯代苯）與水合肼在乙醇作溶劑的條件下合成的新工藝，小試已初步成功，但產率只有 45%，希望用正交試驗，找出好的生產條件，達到優質增產的目的。

(2) 確定考察的指標。

要考察的指標：產率（%）；外觀（顏色）。

(3) 挑因素，選水平（位級），制定因素水平（位級）表。

影響試樣結果的因素是多種多樣的。通過分析矛盾，決定本試驗需考察乙醇用量、水合肼用量、反應溫度、反應時間、水合肼品種和攪拌速度六種因素。對於這六個要考察的因素，現分別按具體情況選出要考察、比較的條

件（正交法中稱之為位級）。

因素 A——乙醇用量：

第一位級 A_1=200 毫升，第二位級 A_2=0 毫升（即不用乙醇，挑選這個因素與相應的位級，是為了考察一下能否省下乙醇，砍掉中途加乙醇這道工序）。

因素 B——水和肼用量：

第一位級 B_1 等於理論用量的 2 倍，第二位級 B_2 等於理論用量的 1.2 倍。

水合肼的用量應超過理論值，但應超過多少？心中無數。經過討論，選了 2 倍和 1.2 倍兩個位級來試一試。

因素 C——反應溫度：

第一位級 C_1 = 回流溫度，第二位級 C_2=60℃（回流溫度容易掌握，便於操作，但對反應是否有利呢？現在另選一個 60℃ 跟它比較）。

因素 D——反應時間：

第一位級 D_1=4 小時；第二位級 D_2=2 小時。

因素 E——水合肼純度：

第一位級 E_1 等於精品（濃度為 50%）；第二位級 E_2 等於粗品（濃度為 20%）。（考察本因素是為了看看能否用粗品取代精品，以降低成本與保障原料的供應。）

因素 F——攪拌時間：

第一位級等於中速；第二位級等於快速。（考察本因素及反應時間 D，是為了看看不同的操作方法對於產率和質量的影響。）

現將以上的討論，綜合成一張因素位級表，如表 7-4 所示。

表 7-4　　　　　　　　因素位級表

因素	乙醇用量 A (ml)	水合肼用量 B	溫度 C (℃)	時間 D (h)	水合肼純度 E	攪拌速度 F
位級 1	200 毫升	理論值的 2 倍	回流	4 小時	精品	中速
位級 2	0 毫升	理論值的 1.2 倍	60℃	2 小時	粗品	快速

（4）設計試驗方案。

表 $L_8(2^7)$ 最多能安排 7 個 2 位級的因素。本例有 6 個因素，可用該表來安排。具體過程如下。

① 因素順序上列。按照因素位級表中固定下來的 6 種因素的次序，把 A（乙醇用量）、B（水合肼用量）、C（反應溫度）、D（反應時間）、E（水合肼純度）和 F（攪拌速度），順序地放在 $L_8(2^7)$ 前面的 6 個縱列上，每列上放一種。第 7 列沒有放因素，那麼，它在安排試驗條件上不起作用，可以

② 位級對號入座。6 種因素分別在各列上安置好以後，再來把相應的位級，按因素位級表所確定的關係，對號入座。具體來說：

第一列由 A（乙醇用量）所佔有，那麼，在第 1 列的四個號碼「1」的後面，都寫上（200ml），即因素位級表中因素 A 的位級 1 所對應的具體用量 A_1；在第 1 列的四個數碼「2」的後面都寫上（0ml），即 A_2。

第 2 列由 B（水合肼用量）所佔有，那麼，在第 2 列的四個號碼「1」的後面都寫上（2 倍），即因素 B 的位級 1 對應的實際用量 B_1 等於理論量的 2 倍；在第 2 列四個數碼「2」的後面都寫上（1.2 倍），即因素 B 的位級 2 對應的實際用量 B_2 等於理論量的 1.2 倍。

第 3、4、5 和 6 列的填法也一樣（如表 7－5 所示）。

表 7－5　　　　　　　　　　位級對號入座表

試驗號＼因素＼列號	乙醇用量 A 1	水合肼用量 B 2	溫度 C 3	時間 D 4	水合肼純度 E 5	攪拌速度 F 6
1	1（200ml）	1（2 倍）	1（回流）	2（2 h）	2（粗品）	1（中速）
2	2（0 ml）	1（2 倍）	2（60℃）	2（2 h）	1（精品）	1（中速）
3	1（200ml）	2（1.2 倍）	2（60℃）	2（2 h）	2（粗品）	2（快）
4	2（0 ml）	2（1.2 倍）	1（回流）	2（2 h）	1（精品）	2（快）
5	1（200ml）	1（2 倍）	2（60℃）	1（4 h）	1（精品）	2（快）
6	2（0 ml）	1（2 倍）	1（回流）	1（4 h）	2（粗品）	2（快）
7	1（200ml）	2（1.2 倍）	1（回流）	1（4 h）	1（精品）	1（中速）
8	2（0ml）	2（1.2 倍）	2（60℃）	1（4 h）	2（粗品）	1（中速）

③ 列出試驗條件。表 7－6 是一張列好的試驗方案表。表的每一橫行代表要試驗的一種條件。每種條件試驗一次，該表共 8 個橫行，因此要做 8 次試驗。8 次試驗的具體條件如下：

第 1 次試驗：$A_1 B_1 C_1 D_2 E_2 F_1$，具體內容是：

乙醇用量：200 ml；

水合肼用量：理論量的 2 倍；

反應溫度：回流溫度；

反應時間：2 小時；

水合肼純度：粗品；

攪拌速度：中速。

第 3 次試驗：$A_1 B_2 C_2 D_2 E_2 F_2$，具體內容是

乙醇用量：200 ml；

水合肼用量：理論量的 1.2 倍；

反應溫度：60℃；

反應時間：2 小時；

水合肼純度：粗品；

攪拌速度：快速。

至於第 2、4、5、7、8 號試驗的具體條件，讀者可作為練習，自行排出。

到這裡，完成了試驗方案的制訂工作。隨後的任務是，按照方案中規定的每號條件嚴格操作，並記錄下每號條件的試驗結果。至於 8 次試驗的順序，並無硬性規定，可以根據方便而定。對於沒有參加正交表的因素，最好讓它們保持良好的固定狀態；如果試驗前已知其中某種因素的影響較小，也可以讓它們停留在容易操作的自然狀態。

（5）實施實驗方案。

本例的考察指標是產品的產率和顏色。通過試驗，8 次試驗的結果填在表 7-6 的右方。

怎樣充分利用這 8 次試驗的結果呢？

（6）試驗結果的分析。

① 直接看，可靠又方便。直接比較 8 次試驗的產率，容易看出：第 2 次試驗的產率為 65%，最高；其次是第 5 次試驗，為 63%。這些好效果，是通過試驗的實踐直接得到的，比較可靠。

對於另一項指標——外觀，第 2 次和第 7 次是紫色，顏色不合格；而第 2 次的產率還是最高。為弄清出現紫色的原因，對這兩號條件又重複做一次試驗。試驗結果是，產率依舊；奇怪的是，其顏色卻得到橘黃色的合格品。這表明，對於產率，試驗是比較準確的；對於顏色，還有重要因素沒有列入要考察的項目，而又沒有固定在某個狀態。工人師傅對於這兩號試驗的前後情況進行了具體分析後推測，影響顏色的重要因素可能是加料的速度，決定下一批試驗中進一步考察。

② 算一算，有效又簡單。對於正交試驗的數據結果，通過簡單的計算，往往能由此找出更好的條件，也能粗略的估計一下哪些因素比較重要，以及各因素的好位級在什麼地方。

表 7-6　　　　　　　　　　　　試驗結果表

試驗號 \ 因素 列號	乙醇用量 A 1	水合肼用量 B 2	溫度 C 3	時間 D 4	水合肼純度 E 5	攪拌速度 F 6	產率(%)	顏色
1	1(200ml)	1（2倍）	1(回流)	2(2h)	2(粗品)	1(中速)	56	合格
2	2(0 ml)	1	2(60℃)	2	1(精品)	1	65	紫色
3	1	2（1.2倍）	2	2	2	2(快速)	54	合格
4	2	2	1	2	1	2	43	合格
5	1	1	2	1(4h)	1	2	63	合格
6	2	1	1	1	2	2	60	合格
7	1	2	1	1	1	1	42	紫色
8	2	2	2	1	2	1	42	合格
Ⅰ = 位級1四次產率之和	215	244	201	207	213	205	Ⅰ+Ⅱ =425 =總和	
Ⅱ = 位級2四次產率之和	210	181	224	218	212	220		
極差 R = Ⅰ Ⅱ 中, 大數 − 小數	5	63	23	11	1	15		

在表 7-6 每一列的下方，分別列出了Ⅰ、Ⅱ的極差 R，它們的算法如下：

如第一列的因素是乙醇用量 A。它的Ⅰ = 215，是由這一列四個位級 1（A_1）的產率加在一起得出的。第 1 列的數碼「1」所相應的試驗號是第 1、3、5 和 7 號，所以

（產率和數）　Ⅰ = ① + ③ + ⑤ + ⑦ = 56 + 54 + 63 + 42 = 215

同樣，Ⅱ = 210，是由第 1 列中的四個位級 2（A_2）的產率加在一起的，即：

（產率和數）　Ⅱ = ② + ④ + ⑥ + ⑧ = 65 + 43 + 60 + 42 = 210

其他五列的計算Ⅰ、Ⅱ的方法，跟第 1 列的方法相同。

為了檢查計算是否正確，對每列算出的Ⅰ和Ⅱ進行驗證：

Ⅰ + Ⅱ = 425（即八次試驗產率的總和）？

倘若不等，要找出差錯，把它改正。

至於各列的極差 R，由Ⅰ、Ⅱ兩數中，用大數減去小數即得。如：

第 1 列乙醇用量的 R = 215 − 210 = 5

第 2 列水合肼用量的 R = 244 − 181 = 63。

怎樣看待這些計算所得的結果呢？

首先，對於各列，比較其產率和數Ⅰ和Ⅱ的大小。如Ⅰ比Ⅱ大，則佔有該列的因素的位級1，在產率上通常比位級2好；如Ⅱ比Ⅰ大，則佔有該列因素的位級2比位級1的產率好。比如第4列的Ⅱ＝218，它比Ⅰ＝207大，這大致表明了時間因素以位級2為好，即反應時間2小時優於4小時。

極差R的大小用來衡量試驗中的相應因素作用的大小，極差大的因素，意味著它的兩個位級對於產率所造成的差別比較大，通常是重要因素。而極差小的因素往往是不重要的因素。在本例中，第2列（水合肼用量B所佔有）的R＝63，比其他各列的極差大，它表明對於產率來說，水合肼用量是重要因素，理論的2倍比1.2倍明顯地提高產率。要想再提高產率，可對水合肼用量詳加考察，決定在第二批試驗中進行。第3、6和4列的R分別是23、15和11，相對來說居中，表明反應溫度、攪拌速度和反應時間是二等重要的因素，生產中可採用它們的好位級。第1列的R＝5，第5列的R＝1，極差值都很小，說明兩個位級的產率差不多，因而這兩個因素是次要因素。本著減少工序、節約原料、降低成本和保障供應的要求，選用了不加乙醇（砍掉這道工序）A_2和用粗品水合肼E_2這兩個位級。對於次要因素，選用哪個位級都可以，應根據節約方便的原則來選用。

現在按照R的大小，把因素的大致主次順序，以及選用的位級排在下面，幫助大家看得更清楚：

因素從主到次

水合肼用量	反應溫度	攪拌速度	反應時間	乙醇用量	水合肼純度
B_1	C_2	F_2	D_2	A_2	E_2
理論量2倍	60℃	快速	2小時	0毫升（不用）	粗品

③ 直接看和算一算的關係。怎樣看待「直接看」與「算一算」的好條件呢？在本例中，正交試驗向我們提供了「直接看」的好條件$A_2B_1C_2D_2E_1F_1$與「算一算」的好條件，$A_1B_1C_2D_2E_1F_2$。本例有6個兩位級的因素，可產生$2^6＝64$個試驗條件，由正交表選出八個條件是其中一部分。然而，借正交表的正交性，這8個條件均衡地分散在這64個條件中，它們代表性很強。所以「直接看」的好條件$A_2B_1C_2D_2E_1F_1$的產率65%在全體64個條件中會是相當高的。大量實踐表明，這種好結果，在生產上常能起到很大的作用。

但8個條件畢竟只占全體的八分之一，即使不改進位級。也還有繼續提高的可能。「算一算」的目的，就是為了展望一下更好的條件。對於大多數項目，「算一算」的好條件（當它不在已做過的8個條件中時），將會超過「直

接看」的好條件。不過對於少數項目，「算一算」的好條件卻比不上「直接看」的。由此可見，「算一算」的好條件（本例中 $A_1B_1C_2D_2E_1F_2$），還只是一種可能的好配合。

如果生產上急需，通常應優先補充試驗「算一算」的好條件。經過試驗，如果效果真有提高，就可將它交付生產上使用。倘若驗證後的效果比不上「直接看」的好條件，就說明該試驗的現象比較複雜。還有一種情況是由於試驗的時間較長，等不到驗證試驗的結果。對於這兩種情況，生產上可先使用「直接看」的好條件，也可結合具體情況，與此同時另安排試驗，尋找更好的條件。

（7）反覆調優試驗，逼近最優方案。

在第一批的基礎上，為弄清影響顏色的原因及如何進一步提高產率，覺得再撒一個小網，即做第二批正交試驗。

① 挑因素，選位級，制定因素位級表。根據上批試驗情況，以「算一算」的好條件為主，參考「直接看」的好條件以及影響顏色的因素的分析猜測，決定挑出下面三個要考慮的因素及相應的位級。安排第二批正交表，撒個小網。

因素 A——粗品水合肼的用量：

第一位級 A_1 等於理論量的 1.7 倍，第二位級 A_2 等於理論量的 2.3 倍。

水合肼是上批試驗中最重要的因素，應該詳細考慮。現決定在原有用量 2 倍的周圍，再取 1.7 倍與 2.3 倍兩個新用量繼續試驗。至於水合肼的品種，由上批試驗的「算一算」知道它的極差很小，這表明粗品和精品的差別很小；又由上批的「直接看」知道，用粗品的第 6 號試驗效果相當好，所以這批試驗都用的是粗品。即水合肼純度這個因素在這批試驗中不再考慮，而保持在良好的固定狀態——粗品。

因素 B——反應時間：

第 1 位級 B_1=2 小時，第二位級 B_2=4 小時。

因為其他因素與位級有了變化，有由於第一線人員對 2 小時很有興趣，為慎重起見，再比較一次 2 小時和 4 小時這兩個位級。

因素 C——加料速度：

C_1 為快，C_2 為慢。

在追查出現紫色原因試驗驗證後，猜想加料速度可能是影響顏色的重要原因，因此在這批試驗中要重點考察這個猜想。

綜上所述，得位級因素表，如表 7-7 所示。

表 7-7　　　　　　　　　　　因素位級表

因素	水合肼用量	時間	加料速度
位級 1	1.7 倍	2 小時	快
位級 2	2.3 倍	4 小時	慢

至於上批試驗的其他因素，位了節約與方便，這一批決定砍掉中途「加乙醇」這道工序，用「快速攪拌」，「反應溫度60℃」，雖然比回流好，但60℃難於控制，決定用60℃至70℃之間。另外由於第一批試驗效果很好，在第二批試驗中，打算除去「精製主料氯代苯」這道危險工序，而一律採用工業氯代苯。

② 利用正交表確定試驗方案。$L_4(2^3)$ 是兩個位級表，最多能安排 3 個兩位級的因素，本批試驗用它來安排是很合適的。

至於填表及確定試驗方案的過程，即所謂「因素順序上列」，「位級對號入座」及列出實驗條件的過程已經介紹過，不再詳細描述，現將試驗計劃與試驗結果列於表 7-8。

表 7-8　　　　　　　　新的試驗計劃與試驗結果表

試驗＼因素列號	水合肼的用量 A	時間 B	加料速度 C	產率%	顏色
	1	2	3		
1	1（1.7倍）	1（2 h）	1（快）	62	不合格
2	2（2.3倍）	1	2（慢）	86	合格
3	1	2（4 h）	2	70	合格
4	2	2	1	70	不合格
I = 位級 1 二次產率之和	132	148	132	I + II = 288 = 總和	
II = 位級 2 二次產率之和	156	140	156		
極差 R = I、II 中大數—小數	24	8	24		

③ 試驗結果的分析。關於顏色：「快速加料」的第 1、4 號試驗都出現紫色不合格品，而「慢加速料」的第 2、3 號試驗都出現橘黃色的合格品。另外兩個因素的各個位級，紫色和橘黃色各出現一次，說明它們對於顏色不起決定性的影響。由此看出，加料速度是影響顏色的重要因素，應該慢速加料。

關於產率：

直接看：第 2 號的 86% 最高（比第一批的好產率 65% 又提高了不少）。

試驗條件是：水合肼用量為理論的 2.3 倍；反應時間為 2 小時；慢速加料。

算一算：

	因素從主到次		
	水合肼用量	加料速度	時間
好位級	2.3 倍	慢	2 小時

「算一算」的好條件和「直接看」的好條件一致。

最後順便提一下投產效果。通過正交試驗法，決定用下列工藝投產：用工業 2，4—二硝基氯代苯與粗品水合肼在乙醇溶劑中合成：水合肼用量為理論量的 2.3 倍，反應時間為 2 小時，溫度掌握在 60℃～70℃之間，採用慢速加料與快速攪拌。效果是：平均產率超過 80%，從未出現紫色外觀，質量達到出口標準，砍掉了「精製主料氯代苯」。總之，這是一個較優的方案，可以達到優質、高產、低消耗的目的。

7.3.2 運用正交試驗法的注意事項

①不應隨便選取非正交表進行正交試驗。

②當選用日本型正交表做試驗時，則應按日本型正交試驗的程序、方法進行試驗設計與分析；當選用中國型正交表做試驗時，則應按中國型正交試驗的程序、方法進行試驗設計與分析。二者不能混用。

③試驗前要確定考察指標，對多項考察指標要分清主次，最好設法（如綜合評分）使之變成單項考察指標。

④進行正交試驗設計時應盡量多考察因素、水平（位級）。這樣，才能避免漏掉重要因素和水平（位級），造成人力、財力、物力等資源的更大浪費。

⑤在試驗實施的過程中，因素水平（位級）要嚴格控制在規定的水平（位級）變化精度內。對非考察因素應實施標準化作業，最大可能地排除非考察因素的異常波動給試驗結果帶來的干擾。

⑥正交試驗設計不是一次簡單利用正交表就可以順利取得成功，而應多次反複利用才能取得較佳效果，如在第一輪試驗結束後，要根據「重要因素有苗頭處加密」和「次要因素綜合確定」的原則，結合展望條件安排第二輪試驗，也是調優試驗。經過多輪反覆試驗，逐步逼近最優條件組合。

⑦試驗結果的測試技術和手段的精度要有保證，計算應正確無誤，避免發生分析失誤。

讀者如需進一步地學習正交試驗設計的知識，請參閱相關專著。

7.3.3 計劃實驗設計

有經驗的統計學家都明白，一個正式的實驗設計絕不僅僅是選擇一個實驗方案，進行統計計算那麼簡單。一個成功的實驗設計需要在實驗前、實驗中和實驗後都做好周密的計劃工作。比克寧（Bicking，1945）的一篇經典的論文中給出了計劃活動的工作清單。這個由 44 項活動組成的目錄中包含了下面的內容：明確研究問題、收集背景知識、設計實驗、進行實驗、分析數據、說明實驗結果和準備報告。在對這一清單審核前，不應當進行任何實驗。

比斯加德（Bissgaard，1999）提出了實驗方案前應該注意的 11 點事項：
① 明確實驗的目標。
② 列出所有的影響因子水平。
③ 說明如何衡量因變量。
④ 列表表示出設計方案和可能的混淆。
⑤ 設計數據記錄表。
⑥ 描述實驗過程。
⑦ 安排好實驗次序。
⑧ 列出數據分析過程。
⑨ 給出時間、成本以及其他資源的預算。
⑩ 預測可能出現的問題以及相應的解決方案。
⑪ 確定實驗小組成員以及各自的職責。

思考題：

1. 一個具有 7 個因子（A、B、C、D、E、F、G），每個因子有兩個水平（1 和 2）的因子實驗，有多少種可能的組合？運用田口方法需進行幾種實驗？

2. 一個工程師想檢驗烤箱種類和溫度對一個部件的平均壽命是否有顯著性影響。她提出以下的實驗設計方案：

	烤箱1	烤箱2	烤箱3
550°	1	0	1
575°	0	1	1
600°	1	1	0

表格中的數字表示實驗中要測量的次數。給出兩個該實驗設計不能完全反應變量間交互作用的理由。

8　質量功能展開

質量功能展開（Quality Function Deployment，QFD）是一種在設計階段應用的系統方法，它採用一定的方法保證將來自顧客或市場的需求精確無誤地轉移到產品壽命循環每個階段的有關技術和措施中去。

8.1　質量功能展開簡介

質量功能展開於20世紀70年代初起源於日本的三菱重工，由日本質量管理大師赤尾洋二（Yoji Akao）和水野滋（Shigeru Mizuno）提出，旨在時刻確保產品設計滿足顧客需求和價值。後來被日本其他公司廣泛採用，現已成為一種重要的質量設計技術，得到世界各國的普遍重視，認為它是滿足顧客要求、贏得市場競爭、提高企業經濟效益的有效技術。質量功能展開首先成功地應用於船舶設計與製造，現在已擴展到汽車、家電、服裝、集成電路、建築機械、農業機械等行業。

QFD是一種系統性的決策技術，在設計階段，可以保證將顧客的要求準確無誤地轉換成產品定義（具體的功能、實現功能的機構和零件的形狀、尺寸、公差等）；在生產準備階段，可以保證將反應顧客要求的產品定義準確無誤地轉換為產品製造工藝過程；在生產加工階段，可以保證製造出的產品完全滿足顧客的需求。在正確應用的前提下，質量功能展開技術可以保證在整個產品壽命循環中，顧客的要求不會被曲解，也可以避免出現不必要的冗餘功能，還可以使產品的工程修改減至最少，也可以減少使用過程中的維修和運行消耗，追求零件的均衡壽命和再生回收。正是由於這些特點，質量功能展開真正成為一種可以使製造者以最短的時間、最低的成本生產出功能上滿足顧客要求的高質量產品，其在生產中的地位可用圖8-1來表示。

質量管理學（第二版）

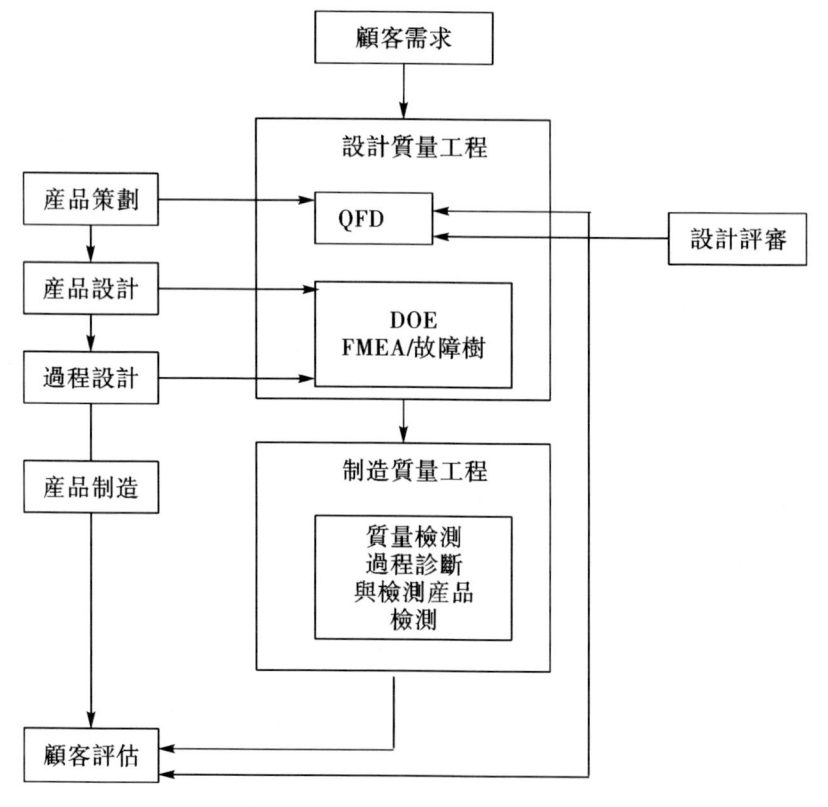

圖 8-1　QFD 在產品設計中的地位

8.2　質量功能展開的原理與方法

　　質量功能展開是採用一定的規範化方法將顧客所需特性轉化為一系列工程特性。所用的基本工具是「質量屋」。質量屋（如圖 8-2 所示）主要由六部分組成：

　　①用戶要求，由客戶確定的產品或服務的特性。

　　②技術措施，將客戶需求轉化為可執行的、可度量的技術要求或方法。

　　③關係矩陣，描述客戶需求與實現這一需求的技術措施間的關係程度的矩陣。

　　④競爭能力評估，對應客戶需求進行的評價，用來判斷本公司相對於競爭對手的產品市場的競爭能力。

　　⑤用戶要求權重，客戶對其各項需求進行定量評分，以表明各項需求對

其到底有多重要。

⑥最佳技術參數，技術上的難點、技術上的重要性、級別與目標值。

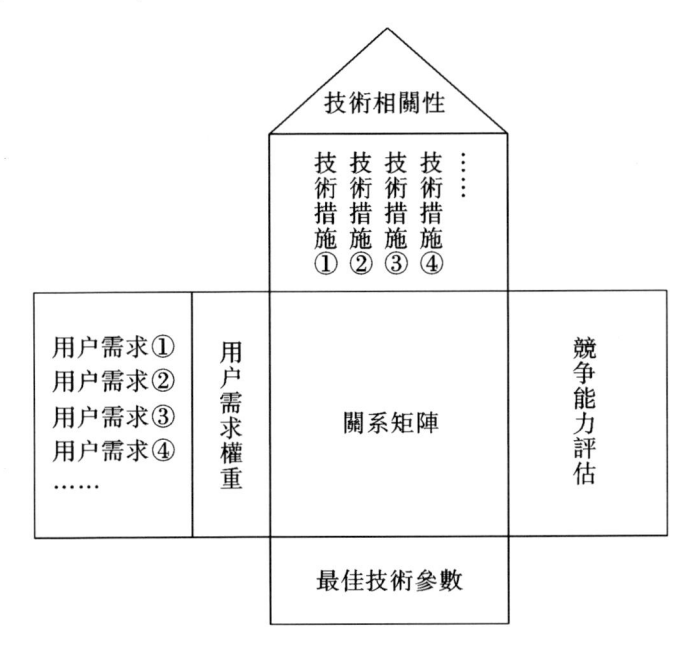

```
                    ╱╲
                   ╱  ╲
                  ╱技術╲
                 ╱相關性╲
                ╱────────╲
               │技 技 技 ⋯│
               │術 術 術  │
               │措 措 措 措│
               │施 施 施 施│
               │① ② ③ ④│
    ┌──────────┼──┬──────┬──────┐
    │用戶需求① │用│      │競     │
    │用戶需求② │戶│      │爭     │
    │用戶需求③ │需│關係矩陣│能    │
    │用戶需求④ │求│      │力     │
    │……       │權│      │評     │
    │          │重│      │估     │
    └──────────┴──┼──────┼──────┘
                  │最佳技術參數│
                  └──────┘
```

圖 8-2　質量屋的基本組成

　　顧客需求特性之間會有一定的聯繫，顧客需求特性中並不是所有要求都是同等重要的，應在充分考慮顧客意願的基礎上確定出全部顧客需求特性的相對重要性。如果產品有競爭對手，企業欲以質取勝超過對手，就應通過調研，掌握顧客對本企業的產品及對競爭對手的產品質量特性間的評價，顧客需求特性的相對重要性及顧客的評價。

　　與競爭對手比較一下，就可以發現有質量改進的機會。顧客對本公司產品的評價不理想，該項目應是質量改進的重點所在。

　　怎樣才能改進產品質量呢？顧客需要「什麼」項目已經清楚，我們應該「如何」做？這就需要用工程的語言，也就是用生產過程有關人員都懂得的語言來描述生產特性，即根據顧客的需求特性設計出可定量表示的工程技術特性。這就需要有顧客需求特性和工程技術特性的關係矩陣圖。關係矩陣有助於人們對複雜事物進行清晰思維，並提供機會對思維的正確性反覆交叉檢查。如果發現某項工程技術特性項目與任何一項顧客需求特性沒有關係，那麼這項工程技術特性就可能是多餘的，或者設計小組在設計時漏掉了一項顧客需求特性。如果某項顧客需求特性與所列的任何工程技術特性都沒有關係，那麼，就有可能要增加產品的工程技術要求，在工程技術上應加以滿足。

質量屋的基本應用是傾聽顧客的意見，捕捉顧客的願望，很好地理解顧客的需求，並將顧客需求特性設計到產品中去，合理確定各種技術要求，為每一項工程技術特性確定定量的特性值。質量功能展開過程通過質量屋全面確定各種工程技術特性和間接工程技術特性的值。在質量屋每一項工程技術特性下加上對應的顧客測量值，根據顧客測量值來設計每項工程技術特性的理想值，即目標值。如果某項產品同時有幾家公司生產，則公司之間存在著產品質量的競爭。這時，質量屋可提供本公司的產品質量與主要競爭對手產品質量的比較。質量屋矩陣的右邊為顧客對各項顧客需求特性的評價，分別按本公司的產品及競爭對手產品的質量以五級記分來評價。質量屋的下面分別列出了本公司的產品和競爭對手產品的各工程技術特性的客觀測量值。這樣，在質量屋中既有顧客需求特性及其重要性的信息，又有與顧客需求特性相關的工程技術特性信息及工程技術特性之間的相互關係信息，再加上對顧客需求特性和工程技術特性的競爭性評價，就可以借此分析判斷本公司工程技術特性的規範是否符合顧客要求，同時也可以確定質量改進所在。

　　某一顧客需求特性重要性較大，而顧客的評價又不怎麼高，我們就應重點研究與該特性正相關的特性是否合適。另外，在技術項目的目標值方面還應考慮該項技術實現的難度、重要性及經濟性等因素，考慮這些因素後的質量屋又擴展了產品的技術。

　　質量功能展開之所以可以取得很好的效果，其原因在於它強調「團隊」工作方式，也提供了比較嚴格規範的工具使得各方面的專家可以按照一定的工作程序一步一步地實現「要求」和「措施」之間的映射，並可得出應重點進行質量控制的項目。

8.3　質量功能展開表的製作

　　根據下道工序就是上道工序的「顧客」的內部顧客原理，從產品設計到生產的各個階段均可建立質量屋，且各階段質量屋內容上有內在的聯繫，上階段質量屋天花板的主要項目將轉換為下階段質量屋的顧客需求，QFD 最早在日本提出時有 27 個階段，後來簡化為 4 個階段，如圖 8-3 所示。

　　從圖 8-3 可以看出，質量屋各階段的結構要素基本相同，可根據具體情況做適當增刪。且並非所有質量機能展開都需嚴格按照上述 4 個階段，也可以進行增刪。

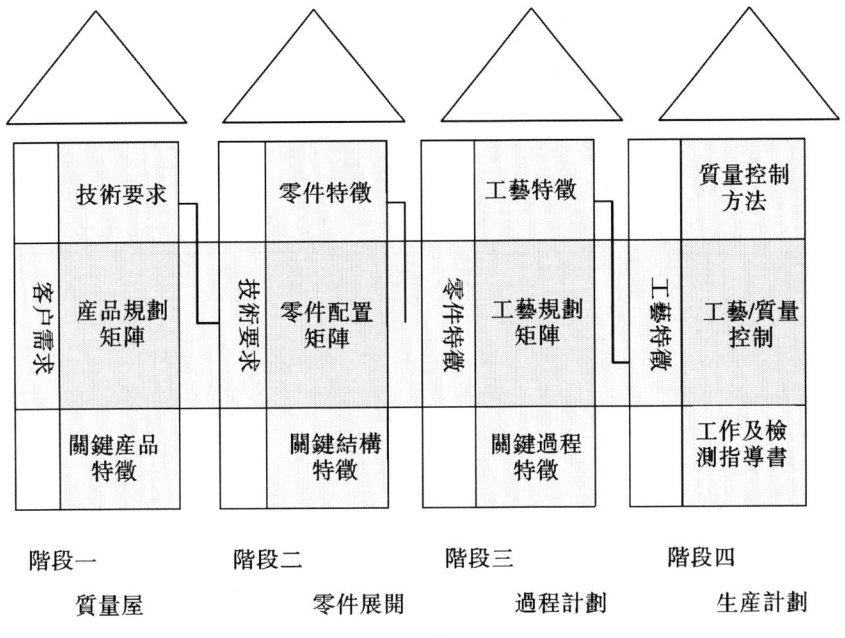

圖 8-3　質量機能展開的四個階段

8.3.1　質量屋的繪製方法

質量屋在繪製中有特定的符號與方法，如圖 8-4 所示。

8.3.2　質量功能展開的步驟

質量功能展開是從消費者的需求開始的。

第一步：明確客戶的要求。

① 列出所有的主要客戶的要求。

② 對目標客戶（如：那些對此類產品有潛在需求的客戶）有清楚的描述。

③ 應用市場分析（內部的和外部的），從銷售及服務活動中以及從批發商和零售商處（在適用的情況下）再收集客戶信息及反饋意見。

④ 用客戶自己的「語言」列出客戶的需求，如：「齒輪應該無噪聲」「汽車應該花哨一點」「筆的書寫時間應該長一點」、「電視的價格應該低一些」。

第二步：評估客戶的需求。

顯然，並非所有的需求都具有同等的重要性，即對客戶而言具有同樣的重要意義。因此，有必要對這些要求的重要性進行量化，比如，給出一個由

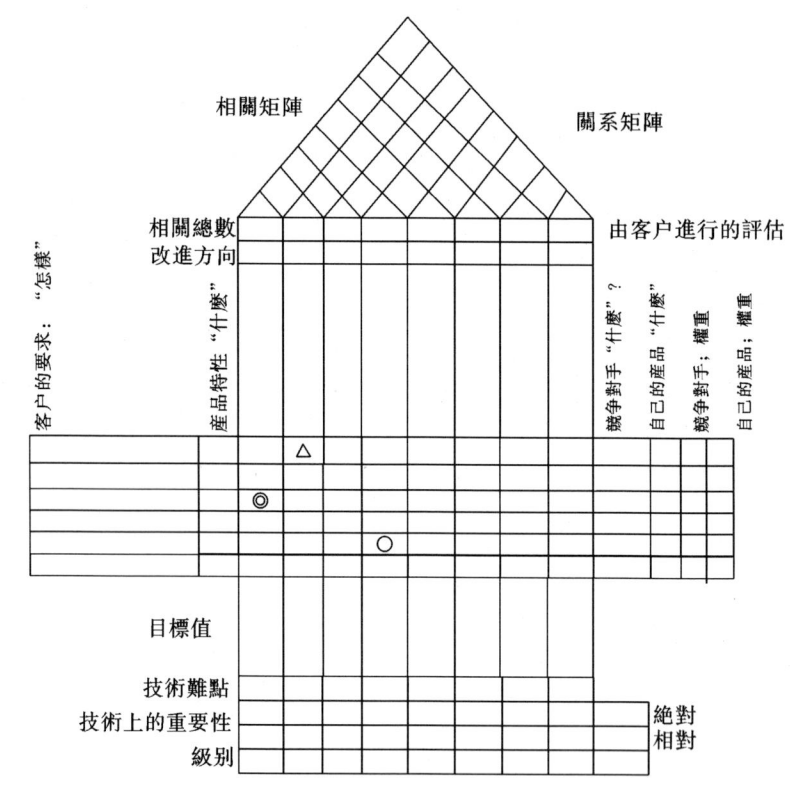

圖 8-4 質量屋的製作圖

1~10 的分值。

第三步：以客戶的眼光對產品進行競爭性評估。

為了有利於進行評估以獲取最客觀的結果，應將自己的產品（或產品意向）與競爭者的產品都加以評估，如：對照那些在市場上佔有領先地位的產品或成功運作的競爭者，確定自己產品的相對競爭力。

在進行衡量時採用標記區分自己的產品與競爭對手的產品。同樣，評估應該站在外部客戶的立場上來進行，而不是以內部工程師的觀點或意見來進行。

這樣做是為了瞭解產品的潛在改進措施，同時也可以通過競爭對手對產品的優劣勢進行辨識。

第四步：明確產品的技術特性。

在完成對客戶的要求評估之後，需要對產品的技術要求進行評估，包含以下幾項工作：列出所有與滿足客戶需求相關的產品特性；對各產品技術特性的相關性進行分析；如在列有技術特徵上不能滿足客戶需求的地方，要麼是沒有進行相關的質量功能展開，要麼是疏忽了一個重要的客戶。

第五步：確定關聯矩陣圖。

質量功能展開的核心是在一個矩陣圖中將客戶的要求與產品的特徵直接關聯起來。同時也是檢測某一特定產品特性是否會影響有關的客戶的要求。當某個特性能直接滿足某個顧客需求時，在矩陣圖中用一個符號將這種關聯性加以固定，就可以確定這種關聯性的重要性。而且在設計中，必須確保客戶的強烈要求要有相關產品特性的較強的關聯性來加以滿足。否則，在產品設計或產品變更的初期階段，質量功能展開就不能滿足所有客戶的要求。

第六步：確立技術特性的相互關係。

產品的質量功能展開的一個難點是一項產品特性可能與其他的客戶需求之間發生衝突，如增加汽車安全性的技術特性可能與降低汽車油耗的降低汽車質量這一特性要求相衝突，因此必須在兩者之間採取一定的辦法。為此必須明確產品技術特性間的相互關係，這種關聯性常標註在質量屋的屋頂。這樣有助於：將每一個產品特性與其他產品特徵相聯繫起來；在每一種關聯中考慮其優化的方向；對一個目標特性進行改進而引發對另一目標特性進行改進時，就會有一種積極的關係；當某一特性的目標改進對另一特性起到了不好的影響時，就會引起一種消極的關係；結果可表明產品（零部件）技術變更的因果關係，方便在潛在的可選擇的方案與客戶的需求之間尋找一種適宜的和可行的平衡。

第七步：產品特性評估。

對產品特性在技術上的難度、目標值以及與競爭產品特性差距進行評估。

產品特性實現的難易程度可以用從 1 到 10 的等級來標誌，1 =「非常容易實現」，10 =「非常難/實際上不可能實現」（包括所需的成本）。

為每一產品特性確定一個準確描述的可測定值。這有助於對照內部設定的標準對產品特性進行測定和控制。並可以用這些測定值對競爭對手的產品進行測定，與企業自己的產品值一同比較，就能構成一個該產品的技術方面的輪廓圖，進一步明確在關鍵產品特性方面自己的產品與競爭對手的產品間的差距。

第八步：對產品特徵技術的重要性進行評估。

結合客戶需求與競爭關係，明確自身企業產品的定位，來確定自身產品各項特性的重要性，通常採用 10 分制的打分法來進行標註，然後可以按絕對值和相對值來確定產品特性的重要性，確定最關鍵的產品特徵與產品特性改進的先後順序。

8.3.3　QFD 的應用步驟

設定質量以實施 QFD 的關鍵是將顧客需求分解到產品形成的各個過程，將顧客需求轉換成產品開發過程具體的技術要求和質量控制要求。通過對這些技術和質量控制要求的實現來滿足顧客的需求。

嚴格地說，QFD 只是一種思想，一種產品開發管理和質量保證的方法論。對於如何將顧客需求一步一步地分解和配置到產品開發的各個過程中，還沒有固定的模式和分解模型，可以根據不同目的按照不同路線、模式和分解模型進行分解和配置。

8.3.3.1　典型的 QFD 瀑布式分解模型

QFD 瀑布式分解模型可分解為 4 個質量屋矩陣，如圖 8-3 所示；也可分解為 5 個質量屋矩陣，如圖 8-5 所示；也可分解為 6 個質量屋矩陣，如圖 8-6 所示。

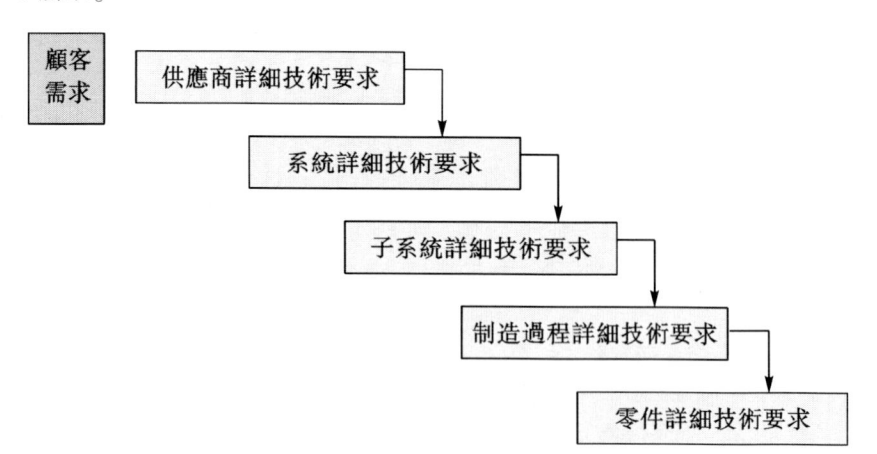

圖 8-5　5 個質量屋的瀑布式分解模型

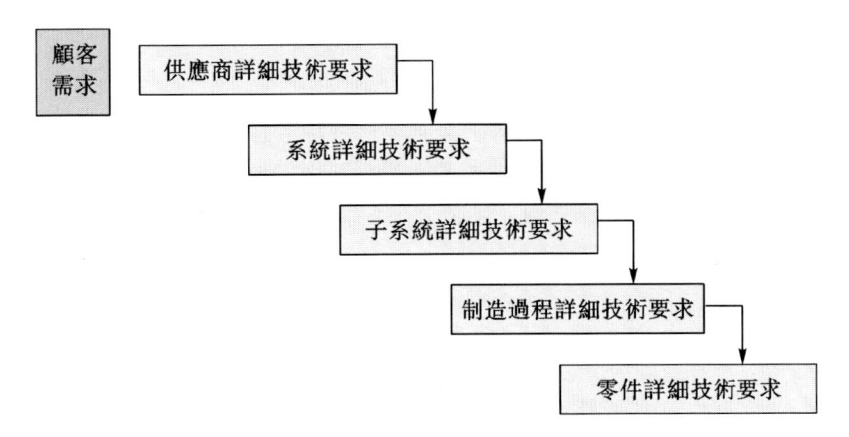

```
顧客     ┌─供應商詳細技術要求
需求     │
         └→系統詳細技術要求
              │
              └→子系統詳細技術要求
                   │
                   └→制造過程詳細技術要求
                        │
                        └→零件詳細技術要求
```

圖 8-6　6個質量屋的瀑布式分解模型

【本章案例】圓珠筆的質量屋——從客戶的要求到產品特性

級別圖例　　相關性：
△ 9　　　　⊕ 強正相關
◎ 3　　　　⊖ 強負相關
○ 1　　　　重要度 1-10

步驟1：按一支好的圓珠筆的水準列出主要客戶的要求，如無漏油、易於書寫、書寫平滑、輕巧、環保、標準設計。

步驟2：列出客戶要求所對應的主要產品特性，如長度、直徑、圓珠大小、重量、有毒物質、材料類型、材料強度、外形。

步驟3：根據上述結果畫出「質量屋」（如圖 8-7 所示），並將顧客要求與產品特性填寫到「質量屋」中，如圖 8-8 所示。

步驟4：對顧客需求與圓珠筆特性的相關性與重要度進行分析，如圖 8-8 所示。

步驟5：得出改進的方向——既能更好的滿足顧客的需求，又能很好的應對競爭。本例中自己的產品相比競爭對手更書寫更平滑，材料更環保，但是設計不標準、不易於書寫。而易於書寫與否主要與長度與外形有關。因此我們要通過改進外形來使產品更易於書寫，而這更需要選擇更輕便、更易於成型的材料來使產品長度與外形更易於書。如圖 8-9 所示。

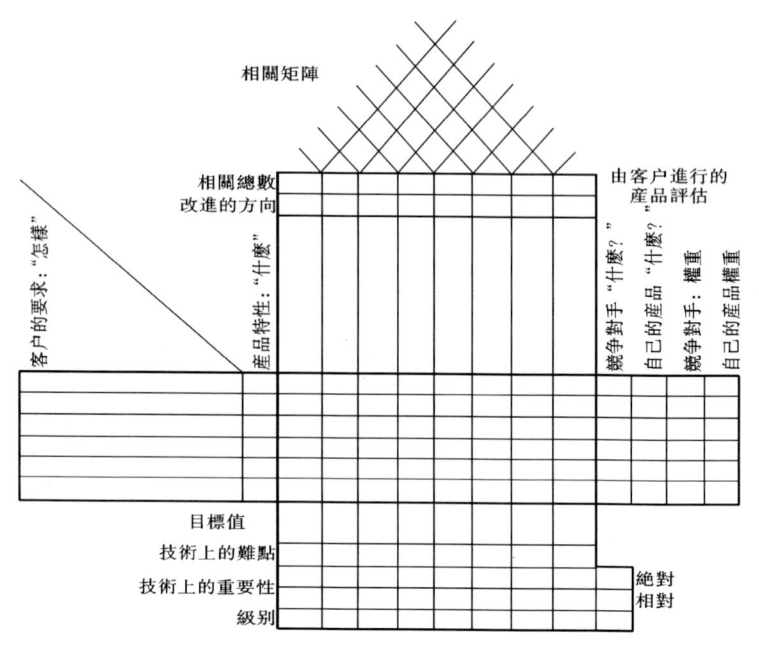

圖 8-7 畫出「質量屋」

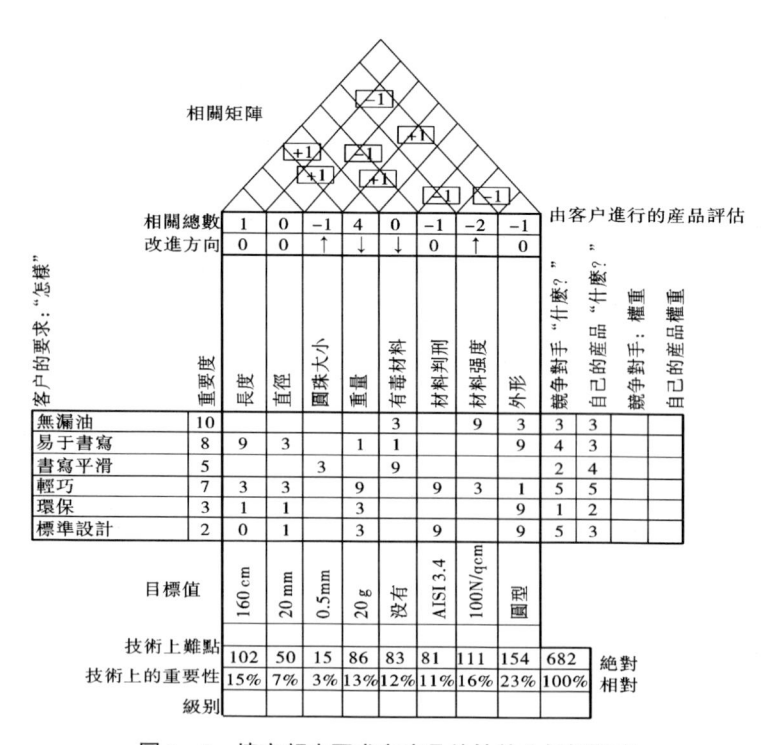

客戶的要求	重要度	長度	直徑	圓珠大小	重量	有毒材料	材料判別	材料強度	外形	競爭對手"什麼?"	自己的產品"什麼?"	競爭對手：權重	自己的產品權重
相關總數		1	0	−1	4	0	−1	−2	−1				
改進方向		0	0	↑	↓	↓	0	↑	0				
無漏油	10					3		9	3				
易于書寫	8	9	3		1	1		9	4	3			
書寫平滑	5			3		9			2	4			
輕巧	7	3	3		9			1	5	5			
環保	3	1	1		3			9	1	2			
標準設計	2	0	1		3		9		9	5	3		
目標值		160 cm	20 mm	0.5mm	20 g	沒有	AISI 3.4	100N/qcm	圓型				
技術上難點		102	50	15	86	83	81	111	154	682		絕對	
技術上的重要性		15%	7%	3%	13%	12%	11%	16%	23%	100%		相對	
級別													

相關矩陣頂部：+1, +1, +1, −1, +1, −1, −1

圖 8-8 填寫顧客要求與產品特性並分析相關度

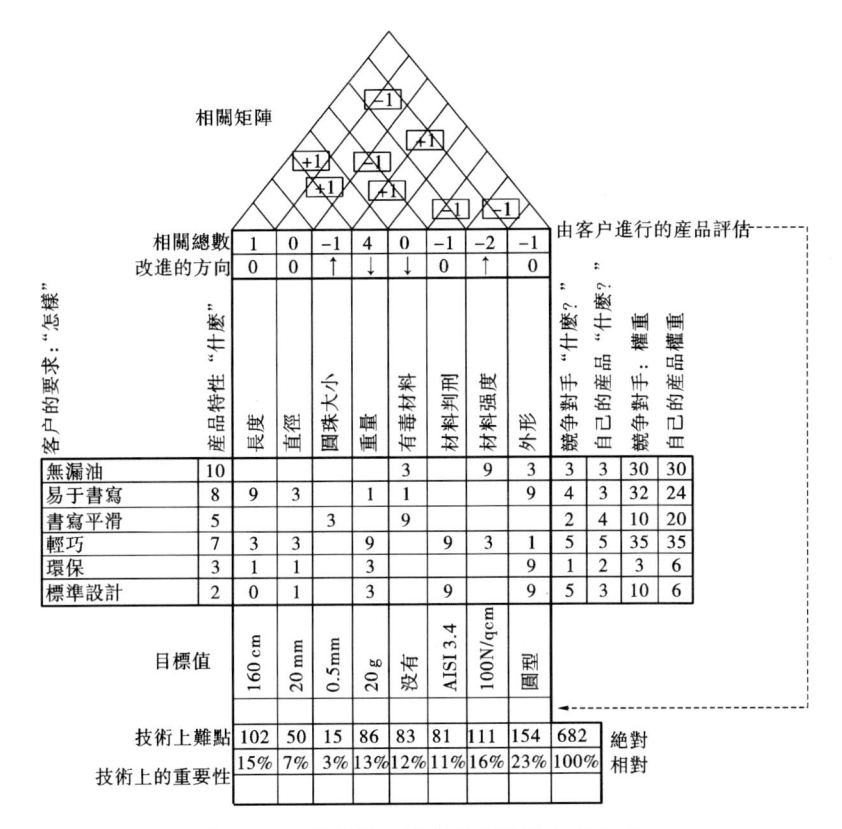

客户的要求："怎樣"	產品特性："什麼"	長度	直徑	圓珠大小	重量	有毒材料	材料判用	材料強度	外形	競爭對手"什麼？"	自己的產品"什麼？"	競爭對手：權重	自己的產品權重
相關總數		1	0	-1	4	0	-1	-2	-1				
改進的方向		0	0	↑	↓	↓	0		0				
無漏油	10					3		9		3	3	30	30
易于書寫	8	9	3		1	1			9	4	3	32	24
書寫平滑	5			3		9				2	4	10	20
輕巧	7	3	3		9		9	3	1	5	5	35	35
環保	3	1	1		3				9	1	2	3	6
標準設計	2	0	1		3		9		9	5	3	10	6
目標值		160 cm	20 mm	0.5mm	20 g	沒有	AISI 3.4	100N/qcm	圓型				
技術上難點		102	50	15	86	83	81	111	154	682 絕對			
技術上的重要性		15%	7%	3%	13%	12%	11%	16%	23%	100% 相對			

圖 8-9 競爭性、重要性與改進方向分析

思考題：

1. QFD 成功應用的關鍵點是什麼？
2. QFD 的成功應用對提高產品質量有哪些重要意義？

9 質量管理體系與 ISO 9000 族標準

為了能夠使組織獲得生存和發展,當今眾多組織都積極地開展質量管理活動,其中不僅是企業,甚至政府和公共組織也在進行不斷的探索,如何才能提高產品和服務質量。產品和服務質量通常是以技術標準為保證,為此,世界上很多國家都制定了各種質量保證標準,隨著國際間經濟、技術合作的加強,各種標準逐漸協調一致,並迅速被世界各國所採用。本章主要從質量管理體系入手,著重介紹質量管理體系的相關概念和內容,同時詳細介紹 ISO 9000、ISO 9001、ISO 9004、ISO 14000 標準。

9.1 質量管理體系的基本知識

9.1.1 質量管理體系的定義

9.1.1.1 質量管理

質量管理是組織為了使產品質量能夠滿足不斷變化的顧客需求而開展的策劃、組織、計劃、實施、檢查、改進等一系列管理活動的總和。由組織的最高管理者領導,由企業內的所有職工負責實施。

9.1.1.2 質量管理體系

2000 年版 ISO 9000 族標準指出質量管理體系是在質量方面指揮和控制組織的管理體系,即實現質量管理的方針目標,有效地開展各項質量管理活動而建立的相應的管理體系。ISO 9000 族標準是國際上通用的質量管理體系。

由於企業自身的差異,因此每一個企業都有屬於自己的質量方針和目標,因而質量管理體系的內容應以滿足質量目標的需要為準則,為滿足實施質量管理的需要而設計。企業應根據顧客的需要和自身經營的特點、產品類型、技術要求等情況按照相關質量標準體系的建議,建立和健全一個完善的企業質量管理體系,並使其有效運作。當然公共組織同樣也需要根據公眾的需要和社會發展的需要,結合組織自身的特點來建立和健全自身的質量管理體系。

9.1.2 質量管理體系的特點

9.1.2.1 系統性

質量管理體系是一個相互關聯和作用的組合體,是一個完整的體系,包括質量策劃、質量控制、質量保證和質量改進等活動。

9.1.2.2 全面性

質量管理體系的運行應是全面有效的,既能滿足組織內部對於質量管理的要求,又能滿足顧客的需求,同時還能滿足第三方認證和註冊的要求。

9.1.2.3 動態性

組織的最高管理者應定期批准進行組織內部質量管理體系的審核,定期進行管理評審,目的是為了根據實際情況的變化,不斷改進質量管理體系。同時還要不斷配合質量職能部門採用糾正和預防措施改進過程,從而完善質量管理體系。

9.1.2.4 預防性

質量管理體系應能採用適當的預防措施,防止重大質量問題的發生,特別是對於企業而言,建立質量管理體系尤為重要,在一定程度上能起到預防的作用。

9.1.3 質量管理體系的作用

9.1.3.1 引導組織認識顧客需求並滿足顧客需求

產品的實現過程首先要分析顧客自身存在的需求,規定滿足這些需求的實現過程以及有關的支持過程,並能夠隨時監控和掌握這些過程的實現,從而確保能向顧客提供滿足他們需求的產品。

9.1.3.2 構建組織的競爭優勢

組織的競爭力由多種因素構成,如:企業的綜合實力、產品的質量、企業的形象、企業的信譽、企業的技術等,但最根本的一點是適應市場的能力。質量管理體系能幫助組織在上述各個方面增加組織的競爭力,從而獲得更多的市場空間和效益。

9.1.3.3 增加顧客和其他相關方的滿意程度

按照質量管理體系的總的要求和各個過程的具體要求運行,能適應顧客的需求和期望的變化。按照 PDCA 循環,可以找到改進的機會和措施,最終

能夠實現顧客和其他各方對組織及其產品的滿意。

9.1.4 建立質量管理體系的步驟

建立、完善質量體系包括質量體系的策劃與設計，質量體系文件的編製、質量體系的試運行，質量體系審核和評審四個階段，每個階段又可分為若干具體步驟。

9.1.4.1 質量體系的策劃與設計

這一階段最主要的工作是做好各種準備，包括教育培訓、組織落實、擬定計劃、確定質量方針、制訂質量目標；分析和調查現狀；調整組織結構，確定資源配置等方面。

9.1.4.2 質量體系文件的編製

質量體系文件的編製應強調以下幾個問題：

①體系文件一般應在第一階段工作完成後才正式制訂，必要時也可交叉進行。

②除質量手冊需統一組織編訂外，其他體系文件應有各職能部門分別制定，先提出草案，再進行審核。

③質量體系文件的編製應按所選擇的質量體系要求，逐個展開為各項質量活動（包括直接質量活動和間接質量活動），並將質量職能分配落實到各職能部門。

④為了使所編製的質量體系文件做到統一、協調，在編製前應制訂相應的「質量體系文件明細表」，將現行的質量手冊、企業標準、規章制度、管理辦法以及記錄表式收集在一起，與質量體系要素進行比較，從而確定質量體系文件項目。

⑤為了提高質量體系文件的編製效率，在文件編製過程中要加強協調。雖然一套質量好的質量體系文件要經過多次反覆，但是通過加強協調和合作，在一定程度上能提高文件的編製效率。

⑥編製質量體系文件的關鍵是講求實際效果，不搞形式主義，既要從總體上和原則上滿足 ISO 9000 族標準，又要在方法上和具體做法上符合組織的實際。

9.1.4.3 質量體系的試運行

質量體系試運行的目的是通過試運行，檢查質量體系文件的協調性和有效性，並對暴露出的問題，採取改進的辦法，達到進一步完善質量體系文件的目的。在質量體系試運行過程中，要注意以下問題：

①有針對性地宣傳質量體系文件。使全體組織成員認識到新建立或完善質量體系的重要性，認識到新的質量體系是舊的質量體系的變革，是為了和國際標準接軌而進行的調整，要適應這種變革就必須認真學習、貫徹整個質量體系文件。

②試運行的目的是通過實踐來檢驗質量體系，通過在試運行中出現的問題和改進意見，組織成員必須如實地匯報給相關部分，以便採取糾正措施進行協調和改進。

③加強信息管理，不僅是體系運行本身的需要，也是保證成功的關鍵。所有與質量活動有關的人員應做好質量信息的搜集、分析、傳遞、反饋、處理和歸檔等工作。

9.1.4.4 質量體系的審核與評審

質量體系審核與評審的主要內容包括：規定的質量方針和質量目標是否可行；體系文件是否包含了所有主要質量活動；質量體系要素的選擇是否合理；組織結構是否合理，能否滿足質量體系運行的需要；各部門、各崗位的質量職責是否明確；所有組織成員是否養成了按體系文件操作或工作的習慣，執行情況如何等等。

9.2　ISO 9000 族國際標準的產生和發展

9.2.1　質量管理體系國際標準的相關機構

9.2.1.1　國際標準化組織

質量管理體系標準是由國際標準化組織組織制定並頒布的。國際標準化組織（International Organization for Standardization，ISO），是一個全球性的非政府組織，是國際標準化領域中一個十分重要的組織，是目前世界上最大、最具權威性的國際標準化專門機構，成立於 1947 年，有 25 個國家為創始成員國，現在有 131 個國家的標準化機構參加。

國際標準化組織的宗旨：「在全世界範圍內促進標準化工作的發展，以便於產品和服務的國際交往，並擴大在知識、科學、技術和經濟方面的合作。」國際標準化組織的主要任務是制定、發布和推廣國際標準；協調世界範圍內的標準化工作；組織各成員國和技術委員會進行信息交流；與其他國際組織共同研究有關標準化問題。

9.2.1.2 質量管理和質量保證技術委員會

1979年9月ISO理事會全體會議通過決議，決定正式成立質量管理和質量保證技術委員會，即「TC176」，專門研究國際質量保證領域內的標準化問題，負責制定世界性的有關質量管理和質量保證的標準，負責促進世界質量管理和質量保證標準化及有關活動的開展。TC176的秘書國是加拿大，正式成員國包括美國、英國、法國、德國等209個國家，並有一些國家作為觀察員參加該委員會。中國於1981年參加了TC176技術委員會。

9.2.2　ISO 9000 族國際標準的產生

ISO 9000 是質量管理體系國際標準的序列號。隨著國際貿易和各國技術交流的進一步發展，英國標準化協會（BSZ）在1979年向國際標準化組織提交了一份建議，要求制訂一個有關質量保證技術和實踐的國際標準，以便在世界範圍內統一對企業質量保證能力的認識和客觀評價。為此，國際標準化組織在1979年成立了TC176，專門負責制定質量管理和質量保證方面的國際標準。經過近十年的努力，ISO/TC176在1987年正式頒布了ISO 9000族質量管理和質量保證系列標準（稱1987年版ISO 9000）。由於該標準的實用性和普遍適應性，一經問世，就受到了世界各國的普遍重視和歡迎，並成為國際上公認的組織（供方）質量保證和實施質量管理體系評審的統一標準。

ISO 9000：1987年標準頒布以後，很快就有60多個國家等同或等效採用了該系列標準，如歐洲共同體將該系列標準作為其成員國建立質量保證體系必須遵循的依據，並要求申請產品認證或向歐共體各國出口產品的廠家均需按ISO 9000族系列標準的要求建立其相應的質量管理體系。同樣，中國在1988年也等效採用了該系列標準，並參照該標準制定了GB/T10300.1－5《質量管理和質量保證》國家系列標準。

9.2.3　ISO 9000 族國際標準的發展

隨著ISO 9000：1987族系列標準應用的不斷深入，在實踐過程中發現1987年版質量管理體系標準存在著一些缺陷。為此，ISO/TC176組織有關專家對1987年版ISO 9000族標準進行了全面的修改和擴充，並於1994年發布了1994年版的ISO 9000族標準。1994年版是在ISO 9000標準的總體思路保持不變的情況下，對質量保證要求和質量管理指南的有關技術內容進行了細微的修訂，使之更合理。同時為下一步對結構體例、基本原則、過程安排等進行更大幅度的全面修訂，做了必要的準備。

ISO 9000：1994年的族標準在世界各國的推廣應用取得極大的成功，很

多組織都積極按照該標準建立自己的質量保證或質量管理體系，並尋求通過認證，企業（或組織）通過這一活動也使得質量管理水平和產品質量得到質的提高。在經過六年的應用後，又發現 1994 年版 ISO 9000 族標準中存在一些問題，比如標準的結構過於複雜，過分注重製造業等，國際質量管理界對其有效性的懷疑漸多。因此，在經過大量的修訂工作後，ISO/TC176 又在 2000 年 12 月 15 日發布了 2000 年版的 ISO 9000 族標準。2000 年版標準針對 1994 年版標準存在的不足，對標準進行了全面的改進，無論是內容結構、基本思想，還是具體要求都以全新的面貌出現，從而使 ISO 9000 族標準的適用範圍更廣、邏輯性更強、相關性更好。該標準頒布以後，世界上很快就有 100 多個國家和地區等同或等效地採用了該標準，至今全世界已累計頒發 ISO 9000 質量管理體系認證證書 60 餘萬張。自 2000 年版標準頒布以後，中國隨即等同採用並於 2000 年 12 月 28 日正式發布了 GB/T19000 族國家標準，並要求全國從 2001 年 6 月 1 日起實施該標準。到目前，實施 ISO 9000 標準仍然是企業提高質量管理水平的主要措施，企業尋求通過 ISO 9000 認證仍然處於高潮中。

9.3　ISO 9000 族標準簡介

9.3.1　ISO 9000 族標準文件結構

表 9－1　　　　　　　　　　ISO 9000 族的文件結構

核心標準	其他標準	技術報告（TR）	小冊子	轉至其他技術委員會	技術規範（TS）
ISO 9000 ISO 9001 ISO 9004 ISO 19011	ISO 10012	ISO/TR 10006 ISO/TR 10007 ISO/TR 10013 ISO/TR 10014 ISO/TR 10015 ISO/TR 10017	質量管理原則選擇和使用指南小企業的應用	ISO 9000－3 ISO 9000－4	ISO/TS 16949：2002 質量體系要求——汽車供應商關於應用 ISO 9001：2000 的特別要求

在 2000 年版的 ISO 9000 族標準中，包括四項核心標準：ISO 9000、ISO 9001、ISO 9004、ISO 19011。

9.3.2 ISO 9000 族的核心標準介紹

9.3.2.1 ISO 9000：2000《質量管理體系——基礎和術語》

該標準取代了 ISO8402：1994 和 ISO 9000-1：1994 的一部分。標準首先明確了組織改進業績、獲得持續成功的八項質量管理原則；表述了建立、實施質量管理體系的基礎；闡明了 ISO 9000 族標準所應用的 80 個術語及術語的使用方法、術語間的關係。

9.3.2.2 ISO 9001：2000《質量管理體系——要求》

該標準取代了 1994 年版的 ISO 9001、ISO 9002 和 ISO 9003 三個質量保證模式標準，成為用於審核和第三方認證的唯一標準。標準規定了對質量管理體系的要求，適用於內部和外部評價組織是否有能力穩定地提供滿足顧客和適用的法律法規要求的產品。

標準以八項質量管理原則為基礎，採用了過程方法模式。該模式把顧客要求作為產品實現過程的輸入，通過產品實現過程，將輸出（產品）提交給顧客，以取得顧客滿意。標準分為「管理職責」「資源管理」「產品實現」和「測量、分析和改進」四大過程，分別為標準中的第 5、6、7 和 8 章。四大過程相互聯繫，並形成一個封閉環。標準要求「管理職責」要以顧客為關注焦點，通過「測量、分析和改進」來監控顧客滿意。同時通過這個大過程使質量管理體系得到持續改進。

9.3.2.3 ISO 9004：2000《質量管理體系——業績改進指南》

該標準的理論基礎和結構模式與 ISO 9001：2000 完全相同，仍以鼓勵組織採用過程方法建立、實施和改進質量管理體系。同時提供了超出 ISO 9001 標準要求的指南和建議，旨在幫助組織以有效和高效的方式識別並滿足顧客及其他相關方的需求和期望，實現、保持和改進組織的總體業績而提高相關方的滿意程度，從而使組織獲得成功，並給出了自我評價和持續改進過程的示例。

9.3.2.4 ISO 19011：2001《質量和環境管理體系審核指南》

該標準提供了質量和環境管理體系審核的基本原則、審核方案的管理、審核的實施指南及審核員的資格要求，以指導其內審和外審的管理工作。體現了「不同管理體系可以有共同管理和審核要求」的原則。

9.3.3 技術報告和小冊子

技術報告和小冊子都是 ISO 9000：2000 族標準的組成部分，屬於對質量

管理體系建立和運行的指導性標準，也是 ISO 9001 和 ISO 9004 質量管理體系標準的支持性標準。1994 年版 ISO 9000 族標準中的 10000 系列標準（管理技術標準）將會視需要逐步進行修訂後成為技術報告。已修訂或正在修訂的有：ISO/TR 10006《質量管理——項目管理指南》、ISO/TR 10007《質量管理——技術狀態管理指南》、ISO/TR 10013《質量管理——體系文件指南》、ISO/TR 10014《質量經濟性管理指南》、ISO/TR 10015《質量管理——培訓指南》、ISO/TR 10017 統計技術在 ISO 9001：1994 中的應用指南。

此外，《質量管理原則》《選擇和使用指南》和《小型企業的應用》等標準將以小冊子的形式出現。

9.3.4 八項質量管理原則

八項質量管理原則是 ISO/TC176 在總結質量管理實踐經驗的基礎上，用高度概括、易於理解的語言所表述的質量管理的最基本、最通用的一般性規律，成為質量管理的理論基礎。它是組織的領導者有效地實施質量管理工作必須遵循的原則。

第一，以顧客為關注焦點。組織依存於其顧客，因此，組織應當理解顧客當前的和未來的需求，滿足顧客要求並爭取超越顧客期望。任何組織均提供產品，產品的接受者、使用者即為顧客。如果不存在顧客，則組織將無法生存。因此，任何一個組織均應將爭取顧客、使顧客滿意作為首要的工作來考慮，依此安排所有的活動。超越顧客的期望，將為組織帶來更大的利益。

第二，領導作用。領導者將本組織的宗旨、方向和內部環境統一起來，並創造使員工能夠充分參與實現組織目標的環境。在組織的管理活動中，領導者起著關鍵的作用。領導者應當確定本組織的方針、目標，創造一個實施方針和目標的環境，如建立適宜高效的管理體系以確保方針、目標和相應管理體系的協調和統一。為達成方針和目標，領導者應當營造員工能充分參與的氛圍。

第三，全員參與。各級人員是組織之本，只有他們的充分參與，才能使他們的才干為組織帶來最大的收益。組織的運作需要不同層次的人員。如管理、技術、操作、執行和驗證人員。所有這些人員都是組織必不可少的，否則組織運作將會出現問題。全員充分參與是組織良好運作的必需條件。當每個人的能力、才干得到充分發揮時，將會為組織帶來最大的收益。

第四，過程方法。將相關的資源和活動作為過程進行管理，可以更高效地得到期望的結果。組織為了能有效地運作，必須識別並管理許多相互關聯的過程。通常一個過程的輸出會直接成為下一個過程的輸入。組織系統地識

別並管理所採用的過程以及過程的相互作用，稱之為「過程方法」。

第五，管理的系統方法。針對設定的目標，識別、理解並管理一個由相互關聯的過程所組成的體系，有助於提高組織的有效性和效率。

管理需要方法，而方法的系統性則有助於管理目的的實現並提高管理的效率和有效性。系統方法的特點在於，它圍繞某一設定的方針和目標，確定實現這一方針和目標的關鍵活動，識別由這些活動所構成的過程，分析這些過程間的相互作用和相互影響的關係，按某種方式或規律將這些過程有機地組合成一個系統，管理由這些過程構築的系統，使之能協調地運行。管理的系統方法是系統論在質量管理中的應用。

第六，持續改進。持續改進是組織的一個永恆的目標。事物是在不斷發展的，都會經歷一個由不完善到完善、直至更新的過程。人們對過程結果的質量要求也在不斷提高，例如對產品（包括服務）的質量要求。對這一過程的活動的管理必須包含對這種變化的管理。管理的重點應關注變化或更新所產生結果的有效性和效率。這是一種持續改進的活動。由於改進是無止境的，所以持續改進是組織的永恆目標之一。

第七，基於事實的決策。對數據和信息的邏輯分析或直覺判斷是有效決策的基礎。成功的結果取決於活動實施之前的精心策劃和正確的決策。正確適宜的決策依賴於良好的決策方法。決策需要依據。依據準確的數據和信息進行邏輯推理分析或依據信息做出直覺判斷是一種良好的決策方法。利用數據和信息進行邏輯判斷分析時，可借助其他的輔助手段，如統計技術等。

第八，互利的供方關係。通過互利的供方關係，增強組織和供方創造價值的能力。任何一個組織都有其供方或合作夥伴。供方或合作夥伴已成為組織不可缺少的資源之一。供方或合作夥伴提供的高質量產品將使組織為顧客提供高質量的產品提供保證，最終確保顧客滿意。組織與供方或合作夥伴的合作與交流是非常重要的。合作與交流的結果最終促使組織與供方或合作夥伴均增強了創造價值的能力，使雙方都獲得效益。

9.3.5　ISO 9000 族標準新舊版本的聯繫

① ISO 9000：2000 合併了 ISO 8402：1994 和 ISO 9000—1：1994 中的第 4 章和第 5 章。

② ISO 9001：2000 在合併 ISO 9001：1994、ISO 9002：1994、ISO 9003：1994 的基礎上重新起草制定。

③ ISO 9004：2000 在合併 ISO 9004—1：1994、ISO 9004—2：1994、ISO 9004—3：1994、ISO 9004—4：1994 的基礎上重新起草制定。

④ ISO 19011 是在合併 ISO 10011 和 ISO 14010、ISO 14011、ISO 14012 的基礎上重新起草制定。中國已於 2003 年 6 月等同採用。

⑤ ISO 10012 是在合併 ISO 10012—1、ISO 10012—2 的基礎上重新起草制定。國際標準已於 2003 年 4 月發布。

9.3.6　ISO 9000 族標準發展新動向

根據 ISO/TCl76 提出的未來發展設想，ISO 9000 族標準在未來的發展中，為了更好地適用於各種規模和性質的組織，擴大標準在不同行業的應用。其結構將發生重大變，如：ISO 9001，ISO 9003 合併為 ISO 90011 ISO 9000－2、ISO 9000－3、ISO 9004－2、ISO 9004－3 歸到 ISO 9004/ISO 10005、ISO 10007 歸到 ISO 9004/ISO 10013－ISO 10016 歸到 ISO 9004/1 或作為技術報告 ISO 10011 和 ISO 10012 仍作為單獨的標準，還有一些標準將以宣傳引導性的小冊子或使用手冊或以技術委員會報告的形式出現。總之，未來的 ISO 9000 族標準的新結構將是以 ISO 9001 和 ISO 9004 兩個標準為核心，包括少量的支持性標準。

9.3.7　ISO 9000 族標準的特點

① 標準加強了通用性，適用於提供所有產品類別、不同規模和各種類型的組織，並允許組織根據自身及其產品的特點對不適用的質量管理體系要求進行刪減。

② 標準採用「以過程為基礎的質量管理體系模式」，強調質量管理體系是由相互關聯和相互作用過程構成的一個系統，特別關注過程之間的聯繫和相互作用，邏輯性強，相關性好。

③ 強調質量管理體系只是組織管理體系的一個組成部分，標準的內容應充分考慮了與其他管理體系標準的相容性。

④ 標準減少了對文件的要求。除了滿足標準中規定的需要有的質量管理體系文件外，組織可以根據其自身的產品和過程的特點，結合實際運作能力和管理水平，確定其所需的文件。

⑤ 標準強調了與 ISO 14000 的相容性。ISO 9000：2000 族標準的結構趨近於 ISO 14000：1996 標準，在章節之間有較強的對應關係，兩標準相互兼容。組織在建立管理體系時，可依據兩類標準將質量管理子體系和環境管理子體系整合，實現一體化。

⑥ 更注重質量管理體系的有效性和持續改進，PDCA（策劃、實施、檢查、處置）循環模式適用於所有過程。

⑦ 標準明確要求質量管理體系要以顧客為關注焦點,並考慮了所有相關方的利益和需求。

⑧ 質量管理八項原則在標準中得到充分的體現。

⑨ 提高了與環境管理體系的相容性。

9.3.8　推行 ISO 9000 族標準的作用

① 有利於強化質量管理,提高企業效益。負責 ISO 9000 質量體系認證的認證機構都是經過國家認可機構認可的權威機構,對企業的質量體系的審核是非常嚴格的。這樣,對於企業來說,既可以按照國際標準化的質量體系進行質量管理,極大地提高工作效率和產品合格率,同時又可以獲得外部顧客的信任和支持,從而不斷擴大企業的市場佔有率。

② 可以消除國際貿易壁壘。許多國家為了保護自身的利益,設置了種種貿易壁壘,包括關稅壁壘和非關稅壁壘。技術壁壘是關稅壁壘的主要部分,而技術壁壘中,產品質量認證和 ISO 9000 質量體系認證非常重要。特別是在「世界貿易組織」內,各成員國之間相互排除了關稅壁壘,只能設置技術壁壘,所以,獲得認證是消除貿易壁壘的主要途徑。

③ 節省了第二方審核的精力和費用。在現代貿易實踐中,第二方審核早就成為慣例,但是第二方審核也存在很多弊端,一方面,一個供方通常要為許多需方供貨,第二方審核無疑會給供方帶來沉重的負擔;另一方面,需方也需支付相當的費用,同時還要考慮派出或雇傭人員的經驗和水平問題,所有這些問題只有 ISO 9000 認證可以解決,因為 ISO 9000 屬於第三方認證,只要通過認證獲得證書,眾多第二方就不必再對第一方進行審核,這樣,不管是對第一方還是對第二方都可以節省很多精力或費用。

④ 有利於國際間的經濟合作和技術交流。按照國際間經濟合作和技術交流的慣例,合作雙方必須在產品(包括服務)質量方面有共同的語言、統一的認識和共守的規範,方能進行合作與交流。ISO 9000 質量體系認證正好提供了這樣的信任,有利於雙方迅速達成協議,加強交流和合作。

9.4　ISO 9001 和 ISO 9004 標準簡介

9.4.1　ISO 9001 標準簡介

ISO 9001:2000 是 ISO 9000 族標準中規定質量管理體系要求的標準。組織貫徹本標準將對擬建立的質量管理體系提出要求,幫助組織在滿足顧客要

求的基礎上，贏得相應的利益。

9.4.1.1　ISO 9001 標準適用範圍

① 適用於所有組織。本標準適用於各種類型、不同規模的所有組織。例如：公司、企事業單位、研究機構等。組織也可以是上述組織的部分或組合。

② 適用於各類產品。本標準適用於組織所提供的各類產品。被公認的通用產品類別包括硬件、軟件、服務和流程性材料。多數產品是四種通用產品類別中若干種的結合。

9.4.1.2　ISO 9001：2000 標準的內容

① ISO 9000 作為選用標準，同時也是名詞術語標準，即 1994 版 ISO 9000 - 1 標準與 8402 的結合。

② ISO 9001 標準代替 1994 版三個模式標準，按 1994 版 ISO 9002 標準獲證的企業在復審時，允許對 2000 版 ISO 9001 標準進行裁剪。

③ ISO 9004 標準代替 1994 版 ISO 9004 - 1 多項分標準。

④ ISO/CD. 1,19011 標準代替 1994 版 ISO 10011 標準和 1994 版環境 ISO 14010、ISO 14011、ISO 14012。

標準的重點內容體現在第 4、5、6、7、8 章。第 4 章「質量管理體系」規定了體系總要求和文件要求，主要內容包括體系總要求、文件總要求、質量手冊、文件控制和記錄的控制。第 5 章為「管理職責」，規定了管理的基本職能，主要內容包括管理承諾、以顧客為關注焦點、制定質量方針和質量目標、進行質量策劃、規定組織的職責與權限、就體系有效性進行了內部溝通、任命管理者代表、進行管理評審。第 6 章「資源管理」為實施質量管理體系確定並提供適當的資源，主要內容包括能力需求的識別、提供培訓、評價培訓的有效性、人員安排、設施和工作環境的提供等。第 7 章「產品實現」表述的過程是質量策劃結果的一部分，其主要內容包括實現過程的策劃、與顧客有關的過程、設計和（或）開發、採購、生產和服務提供、監視和測量裝置的控制。第 8 章「測量、分析和改進」規定了策劃和實施所需的監視、測量、分析和改進過程，主要內容包括監視和測量、不合格品控制、數據分析、糾正措施、預防措施和持續改進。

ISO 9001 標準用五個「板塊」取代 1994 版標準的 20 個要素，並鼓勵建立、實施質量管理體系時採用過程方法。標準圍繞如何滿足顧客要求，增強顧客滿意，以「識別—策劃—實現—評價—改進」的基本思想，貫穿於整個標準內容之中。將「PDCA」方法應用於質量管理的過程當中。

9.4.1.3 ISO 9001 標準的主要變化

第一，思路和結構上的變化：

① 把過去三個外部保證模式 ISO 9001、ISO 9002、ISO 9003 合併為 ISO 9001 標準，允許通過裁剪適用不同類型的企業，同時對裁剪也提出了明確嚴格的要求。

② 把過去按 20 個要素排列，改為按過程模式重新組建結構，其標準分為管理職責，資源管理，產品實現，測量、分析和改進四大部分。

③ 引入 PDCA 戴明環閉環管理模式，使持續改進的思想貫穿整個標準，要求質量管理體系及各個部分都按 PDCA 循環，建立實施持續改進結構。

④ 適應組織管理一體化的需要。

第二，新增加的內容：

① 以顧客為中心。

② 持續改進。

③ 質量方針與目標要細化、要分解落實。

④ 強化了最高管理者的管理職責。

⑤ 增加了內外溝通。

⑥ 增加了數據分析。

⑦ 強化了過程的測量與監控。

9.4.1.4 ISO 9001：2000 標準特點

① 通用性強，1994 版 ISO 9001 標準主要針對硬件製造業，新標準則適用於硬件、軟件、流程性材料和服務等行業。

② 更先進、更科學，總結補充了企業質量管理中一些好的經驗，突出了八項質量管理原則，包括原則以顧客為關注焦點、領導作用、全員參與、過程方法、管理的系統方法、持續改進、基於事實的決策方法、互利的供方關係。

③ 對 1994 版標準進行簡化，簡單好用。

④ 提高了其他管理的相容性，協調了環境管理和財務管理。

⑤ ISO 9001 標準和 ISO 9004 標準作為一套標準，互相對應，協調一致。

9.4.1.5 ISO 9001：2000 標準與相關標準的關係

第一，ISO 9001：2000 標準與 ISO 9000 族標準的關係：

① ISO 9001：2000 標準與 ISO 9000：2000 標準的關係。ISO 9000：2000 標準的八項質量管理原則、質量管理體系基礎、術語和定義等內容是 ISO 9001 標準的理論基礎，在 ISO 9001 標準的條款中有充分的體現。

② ISO 9001：2000 標準與 ISO 9004：2000 標準的關係。ISO 9001：2000 標準與 ISO 9004：2000 是協調一致的質量管理體系標準。它們具有共同的目的、結構，可以相互補充，可以一起使用，也可單獨使用。但是二者之間也存在一定的差異，ISO 9001 標準為組織的建立、實施質量管理體系提出了要求，既可以用於組織內容的質量管理，也可以用於第二方評定和第三方認證；ISO 9004 標準是在 ISO 9001 標準的基礎上，從質量管理體系的要求出發，擴展為目標、範圍更大的質量管理體系指南。組織的最高管理者為追求業績的持續改進，超越 ISO 9001 的要求，可以選擇 ISO 9004 標準作為完善組織質量管理體系的指南。

第二，ISO 9001：2000 標準與其他管理體系標準的關係：

① 與環境管理體系標準的關係。ISO 9001 標準在制定過程中，充分考慮與 ISO 14001：1996《環境管理體系標準——規範和使用指南》相互趨近，以增強標準時間的相容性。

② 與管理體系標準的關係。在組織整體管理系統中，除質量管理和環境管理之外，還包括職業衛生與安全管理、財務管理或風險管理等。ISO 9001 標準雖然不包括對其他管理體系的特定的要求，但是能夠使組織自身的管理體系與其他相關的管理體系進行結合，形成一體化的管理體系。

9.4.2　ISO 9004 標準簡介

ISO 9004 是《質量管理體系業績改進指南》，是以八項質量管理原則為基礎，採用此標準是組織最高管理者的一項戰略性決策。

9.4.2.1　宗旨

① 改進組織過程。

過程是質量管理體系的基礎。通過對過程的進一步重組、優化和增值，可以提高組織的業績。例如減少資源耗費，縮短對顧客和其他方的需求和期望的回應週期，提高產品質量，不斷降低成本，從而增強市場競爭力。

② 評價質量管理體系的完善程度。

通過 ISO 9004 中介紹的自我評定方法，可以根據 ISO 9004、先進的質量管理體系標準（如 QS—9000）或優秀模式（如美國國家質量獎，即波多里奇獎），評定質量管理體系的完善程度和成熟度，找出差距，特別是識別現行管理體系的「瓶頸」，從而更有針對性地實施持續改進措施來改善組織的業績。

③ 全面深入貫徹質量管理基本原則。

ISO 9004 強調了質量管理原則的應用，專門增加了「質量管理原則的應用」這部分內容，強調這些原則是為最高管理者制定的，以便最高管理者領

導組織進行業績的改進活動。該標準系統地應用了質量管理八項原則為改進組織的業績服務。

④ 與其他管理體系的相容性。

與 ISO 9001 標準一樣，ISO 9004 與組織的其他管理體系，如環境管理、職業衛生與安全管理、財務管理或風險管理能夠相容。實施 ISO 9004，可能導致組織管理體系的變更，但是組織的質量管理體系仍可與其他管理體系結合或整合，可以實現管理體系的一體化，從而提高效率和有效性。

9.4.2.2　ISO 9004 標準內容

GB/T 19004.1－1994（idtISO9004－1：1994）質量管理和質量體系要素第 1 部分指南。

GB/T 19004.2－1994（idtISO9004－2：1991）質量管理和質量體系要素第 2 部分服務指南。

GB/T 19004.3－1994（idtISO 9004－3：1993）質量管理和質量體系要素第 3 部分流程性材料指南。

GB/T 19004.4－1994（idtISO－4：1993）質量管理和質量體系要素第 4 部分質量改進指南。

9.4.2.3　ISO 9004 的基本特點

① 只有存在一個總標準，沒有分標準。

同 ISO 9004：1994 相比較，2000 版 ISO 9004 標準以 ISO 9004－1：1994 標準為基本內容，同時納入其餘 3 個分標準的相關內容，因此不再分「硬件產品、服務、流程性材料和質量改進」4 個分標準；以一個總標準替代 4 個分標準，以適用於任何行業及各種類型的產品。

② 標準結構與 ISO 9001：2000 相一致。

ISO 9004 標準在編排次序和結構形式上充分考慮到同 ISO 9001 的一致性，這將更有利於進一步深化 ISO 9001 的貫徹和 ISO 9004 的應用，避免產生執行兩項標準成為互不相容工作的可能性。

③ 強調了相關方獲益的觀念。

ISO 9004：2000 標準除了強調「應有效和高效地滿足顧客的要求」之外，同時強調質量管理體系的建立還應該使其他相關方共享收益，即極大限度地滿足業主、員工、供方和社會的需求和期望，保障各方的權益。

9.4.2.4　ISO 9004 的過程模式

ISO 9001 的過程模式是從顧客的要求出發，通過產品實現達到顧客滿意，

而 ISO 9004 的過程模式則是從相關方的要求出發，通過產品實現來達到相關方的滿意。如圖 9-1 所示。

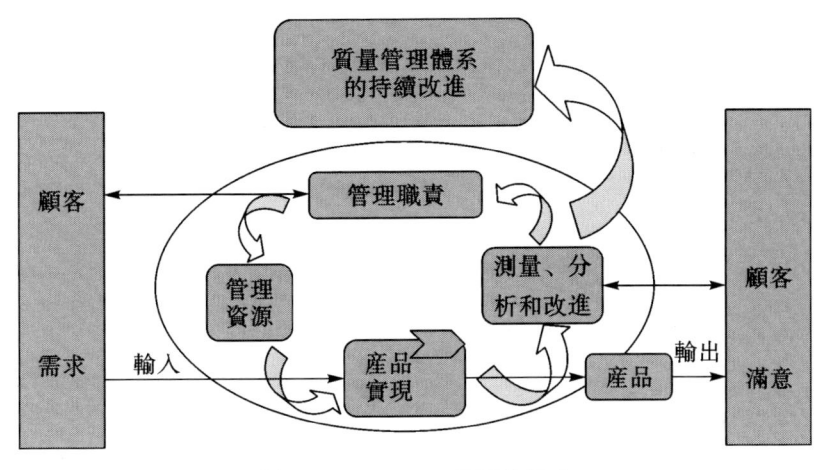

圖 9-1　ISO 9004 的過程模式

ISO 9004 立足於提高每個過程的有效性和效率來改進組織的業績。所以，它更推薦在組織內部建立一個過程系統，並對過程及其相互作用進行識別和管理，以提高過程運作的有效性。深入貫徹過程方法原則是貫穿 ISO 9004 的基本思路。

9.4.2.5　ISO 9004 與 ISO 9001 的比較

① 適用範圍。

ISO 9001「質量管理體系——要求」。ISO 9001 是對質量管理體系的基本要求，其核心是滿足顧客要求的有效性，是國際通用的質量管理門檻。可以作為完善的質量管理體系的核心結構和基礎。組織若採用該標準並實施認證，則其具有強制性。

ISO 9004「質量管理體系——業績改進指南」。ISO 9004 是一個指導性的標準 有著廣闊的目標，特別是在持續改進整體效率、業績以及有效性方面，對組織完善質量管理體系提供了具體的指導。但是 ISO 9004 不能用於質量體系認證。

② 目標。

同 ISO 9001 相比，ISO 9004 的目標發生了明顯的拓展：由顧客滿意到顧客和其他相關方滿意；由產品質量到組織的業績；由體系和過程的有效性到有效和高效，特別講究效率；時域由生產、交付和交付後到產品壽命週期。

③ 過程和活動。

不管是在質量管理體系方面、通用指南、資源管理、產品實現、測量、分析和改進方面，ISO 9004 都增加了許多內容，使整個標準在深度和廣度上都有了很大的提高，對組織建立一個更為完善、競爭力更強的質量管理體系來說，具有重要的參考價值。

9.4.3　ISO 14000 標準的構成及關係

9.4.3.1　ISO 14000 系列標準產生的背景

1972 年，聯合國在瑞典斯德戈爾摩召開了人類環境大會。大會成立了一個獨立的委員會，即「世界環境與發展委員會」，1987 年出版了「我們共同未來」的報告，這篇報告首次引入了「持續發展」的觀念，敦促工業界建立有效的環境管理體系。這份報告得到了 50 多個國家領導的支持，他們聯合呼籲召開世界性會議專題討論和制定行動綱領。

從 20 世紀 80 年代起，美國和西歐的一些公司開始建立各自的環境管理方式，這是環境管理體系的雛形。1985 年，荷蘭率先提出建立企業環境管理體系的概念，1988 年試行實施，1990 年進入標準化和許可證制度。1990 年，歐盟在慕尼黑的環境圓桌會議上專門討論了環境審核問題。英國也在質量體系標準（BS750）基礎上，制定 BS7750 環境管理體系，隨後歐洲的許多國家紛紛開展認證活動，由第三方予以證明企業的環境績效。這些實踐活動奠定了 ISO 14000 系列標準產生的基礎。

國際標準化組織（ISO）於 1993 年 6 月成立了 ISO/TC207 環境管理技術委員會正式開展環境管理系列標準的制定工作，其核心任務是研究制定 ISO 14000 系列標準，規範企業和社會團體等所有組織的活動、產品和服務的環境行為，以標準化工作支持可持續發展和環境保護，同時幫助所有組織約束其環境行為，實現其環境績效的持續改進。

9.4.3.2　ISO 14000 標準的構成

ISO 14000 系列標準是國際標準化組織 ISO/TC207 負責起草的一份國際標準，是一個系列的環境管理標準，它包括了環境管理體系、環境審核、環境標誌、生命週期分等國際環境管理領域內的許多焦點問題。ISO 給 ISO 14000 系列標準預留了 100 個標準號，編號為 ISO 14001—ISO 14100。根據 ISO/TC207 的各分技術委員會的分工，這 100 個標準號分配如表 9-2 所示。

表9-2　　　　　　　　ISO 14000 系列標準號分配表

分技術委員會	任務	標準號
SC1	環境管理體系（EMS）	14001—14009
SC2	環境審核（EA）	14010—14019
SC3	環境標誌（EL）	14020—14029
SC4	環境績效評價（EPE）	14030—14039
SC5	生命週期評估（LCA）	14040—14049
SC6	術語和定義（T&D）	14050—14059
WG1	產品標準中的環境指標	14060
	備用編號	14061—14100

這一系列標準以 ISO 14001 為核心，針對組織的產品、服務、活動逐漸展開，向所有組織的環境管理提供了一整套全面、完整的支持科學環境管理的工具手段，體現了市場條件下「自我環境管理」的思路和方法。

按照 ISO 14000 的要求，組織所建立的環境管理體系，由五個一級要素組成。這五個要素是環境方針、環境規劃（計劃）、實施（運行）、檢查和糾正措施、管理評審。這五個要素概括了環境管理體系建立過程和相互關聯的實施步驟，給定了環境管理體系的基本模式。體系建立後，還要通過有計劃地評審和持續改進的循環，保持體系的完善。

ISO 14000 環境管理系列標準是由國際標準化組織（ISO）制定的，適用於全球商業、工業、政府、消費者和其他用戶等主體行為的環境管理系列標準，是繼 ISO 9000 質量管理與質量保證系列標準之後，國際標準化組織推出的又一套系列標準，對於保護世界環境、促進世界貿易、確保人類社會實現可持續發展具有重大意義。

9.4.3.3　標準之間的關係

ISO 14000 系列標準是一個龐大的標準系統，由若干個子系統構成，這些系統可以按標準的性質和功能來區分，標準間關係如圖9-2 所示。

① 按標準的性質區分。

基礎標準子系統：環境管理方面的術語與定義。

基本標準子系統：環境管理體系標準和產品標準中的環境因素導則。

技術支持系統：環境審核標準、環境績效評價標準、生命週期評價標準。

```
          環境管理
        系列標準(ISO14000)
         ↙           ↘
   ┌──────────┐   ┌──────────┐
   │  環境管理 │   │  生命周期 │
   │   體系   │   │   評價   │
   │┌────┐┌────┐│   │┌────┐┌────┐│
   ││環境││環境││   ││環境││產品標準中││
   ││績效││審核││   ││標志││的環境因素││
   ││評價││    ││   ││    ││          ││
   │└────┘└────┘│   │└────┘└────────┘│
   └──────────┘   └──────────┘
```

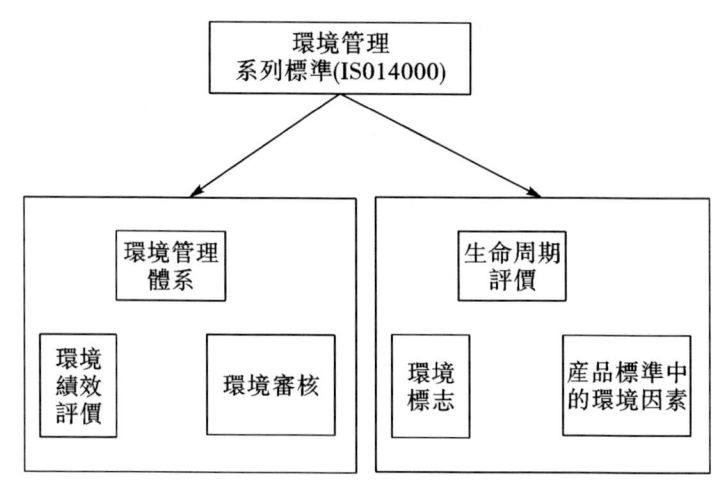

圖 9-2　ISO 14000 系列標準間的關係①

② 按標準的功能區分。

評價組織的標準：環境管理體系標準；環境審核標準；環境績效評價標準。

評價產品的標準：環境標誌標準；生命週期評價標準；產品標準中的環境因素導則。

ISO 14001 是 ISO 14000 系列標準中的主體標準。ISO 14001 環境管理體系——規範及使用指南規定了組織建立、實施並保持的環境管理體系的基本模式和 17 項基本要求。

9.4.3.4　ISO 已公布的 14000 系列標準

① ISO 14001《EMS 規範及使用指南》。

它是 ISO 14000 系列標準中最重要、最關鍵的標準，是 ISO 14000 的主題標準。它規定了組織建立環境管理體系的要求，明確了環境管理體系的各種要素，根據組織確定的環境方針目標、活動性質和運行條件把本標準的所有要求納入組織的環境管理體系中。

② ISO 14004《EMS 原則、體系和支持技術通用指南》。

簡述了 EMS 要素，為建立和實施環境管理體系，加強環境管理體系與其他管理體系的協調提供可操作的建議和指導。同時也向組織提供了有效改進或保持的建議，使組織有序地處理環境事務，從而確保組織實現環境目標。

---

① 資料來源：李江蛟. 現代質量管理 [M]. 北京：中國計量出版社，2002.

③ ISO 14010《環境審核指南通用原則》。

規定環境審核的通用原則。它是 ISO 14000 系列標準中的一個環境審核通用標準。ISO 14010 定義了環境審核及有關術語，宗旨是向組織、審核員和委託方提供如何進行環境審核的一般原則。

④ ISO 14011《環境審核指南審核程序——EMS 審核》。

規定環境審核的程序。這一標準提供了進行環境管理體系審核的程序，以判定環境審核是否符合環境管理體系審核准則。

⑤ ISO 14012《環境審核指南環境審核員資格要求》。

本標準提供了關於環境審核員和審核組長的資格要求，對內審員和外審員同樣適用。

⑥ ISO 14050《環境管理術語》。

9.4.3.5 環境管理體系運行模式及相關術語

① 運行模式。

環境管理體系運行模式遵循 PDCA 的管理模式，將組織的管理活動分為四個階段，即規劃、實施、檢驗和改進（如圖 9-3 所示）。

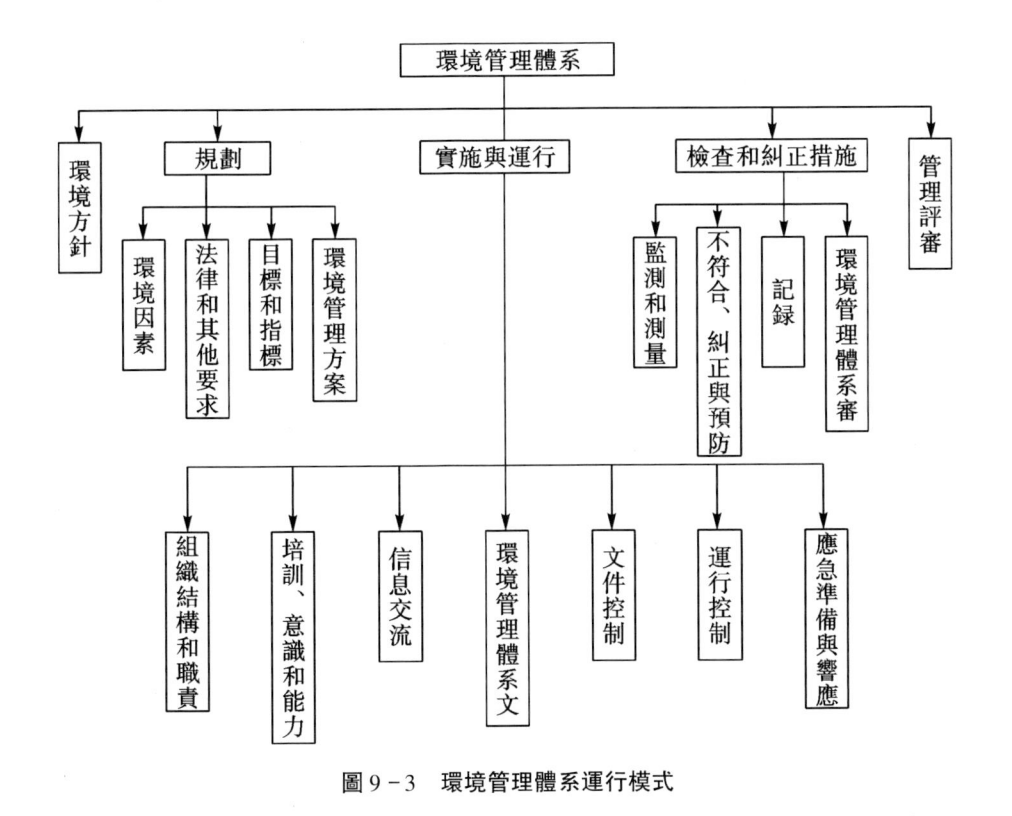

圖 9-3 環境管理體系運行模式

② 相關術語、定義。

環境因素。一個組織的活動、產品或服務中能與環境發生相互作用的要素。

組織的活動、產品和服務過程中的某種特性，會給環境造成變化影響。如在電弧焊這個活動中，會向大氣排放焊接菸塵，菸塵中含有具有一級毒性的金屬錳及其無機化合物微塵，焊接菸塵的排放即為焊接活動中的環境因素。

重要環境因素是指具有或能夠產生重大環境影響的環境因素。

相關方。關注組織的環境表現（行為）或受其環境表現（行為）影響的個人或團體。

相關方是指關心組織的環境影響和環境績效的顧客、員工、供方、社區居民、政府管理部門、新聞媒體、投資方等。受企業環境影響的最直接的相關方是所在社區的居民。

環境方針。組織對其全部環境表現（行為）的意圖與原則的聲明，它為組織的行為及環境目標和指標的建立提供一個框架。

環境目標。組織依據其環境方針規定自己所要實現的總體環境目的，如可行應予以量化。

環境指標。直接來自環境目標，或為實現環境目標所需規定並滿足的具體的環境表現（行為）要求，它們可適用於組織或其局部，如可行應予量化。

9.4.3.6　ISO 14000 系列的特點

① 廣泛的適應性。

ISO 14000 標準適用於任何類型與規模的組織，並適用於各種地理、文件和社會條件。在企業內部，它適用於企業各個部門和管理層次，如生命週期評價方法（ISO 14040 - ISO 14049）可以用於產品及包裝的設計開發，綠色產品的優選；環境表現（行為）評價（ISO 14030 - ISO 14039）可以用於企業決策；環境標誌（ISO 14020 - ISO 14029）則起到了改善企業公共關係，樹立企業環境形象的作用等等；因此，ISO 14000 系列標準實際上構成了整個企業的環境管理構架。

② 系統性。

ISO 14000 系列給我們提供的是一套環境管理的新思維，它站在系統的、整體的高度，提出一整套系統方法，把環境管理滲透到產品設計、生產、商品流通各個環節，貫穿於各個方面。

③ 環境改善目標的漸進性和連續性。

ISO 14000 的根本目的是通過建立和實施環境管理體系，形成一種自覺的環境行為和不斷改善環境行為的有效機制，整個過程是一個漸進和連續的過程。

④ 可操作性強。

ISO 14000 系列標準體現了可持續發展戰略思想，將先進的環境管理經驗加以提煉和濃縮，轉化為標準化、可操作的管理工具和手段，操作性更強。

⑤ 以消費者為根本動力。

ISO 14000 系列標準是非行政手段，依靠市場上消費者對環境問題的共同認識或者對企業產品購買時的「綠色投票」來促進其改善環境行為。

9.4.4　ISO 14000 系列標準與 ISO 9000 系列標準的異同

9.4.4.1　二者共同之處

① ISO 14000 與 ISO 9000 具有共同的實施對象，在各類組織建立科學、規範和程序化的管理系統。

② 兩套標準的管理體系相似。ISO 14000 某些標準的框架、結構和內容參考了 ISO 9000 中的某些標準規定的框架、結構和內容。

9.4.4.2　二者不同之處

① 承諾對象不同。

ISO 9000 系列標準的承諾對象是產品的使用者、消費者，它是按不同消費者的需要，以合同形式進行體現的，而 ISO 14000 系列標準是向相關方的承諾，受益者將是全社會，是人類的生存環境和人類自身的共同需要，主要通過政府代表社會的需要，用法律、法規來體現。

② 承諾的內容不同。

ISO 9000 系列標準是保證產品的質量，而 ISO 14000 系列標準則要求組織承諾遵守環境法律、法規及其他要求，並對污染預防和持續改進做出承諾。

③ 審核認證的依據不同。

ISO 9000 是質量管理體系認證的根本依據，而環境管理體系認證除符合 ISO 14001 外，還必須結合本國與環境相關的法律、法規及相關標準。

【本章案例】 質量審核的應用

　　中國家具行業 ISO 9000 族標準的應用起步較晚，1995 年北京天壇家具公司通過了《軟體家具——彈簧軟床墊》質量體系認證，為國有家具企業首例，至 1999 年底，已有近百家家具生產企業通過了質量體系認證和（或）產品認證。

　　企業為建立質量體系選 ISO 9000 族標準有兩種途徑，稱之為「管理者推動」和「受益者推動」。家具行業多數企業採用後一種。

　　受益者（顧客、員工、所有者、分供方、社會）推動的特點是企業最高管理者，出於對外提供質量保證的需要，為滿足顧客在訂貨時，向供方提出質量體系認證的要求，而尋求質量體系認證，即供方最高管理者處於被動狀態，由受益者推動供方按顧客期望建立質量體系。其途徑是：受益者向供方提出質量體系認證要求—供方管理者決策尋求認證—從 3 個質量保證標準中選擇 1 個適用的模式來建立並實施 1 個質量體系—向認證機構申請認證並取得質量體系認證資格—最高管理者決策改進質量體系—以質量管理標準為指導改進原來的質量體系，使之健全為 1 個全面的質量體系。

　　在家具行業，通常大、中型企業首先選擇 GB/T 19009—ISO 9001《質量體系——設計、開發、生產、安裝和服務的質量保證模式》來建立質量體系，用於證實本企業的設計和生產合格產品的過程控制能力；中、小型企業多選擇 GB/T 19002—ISO 9002《質量體系——生產、安裝和服務的質量保證模式》來建立質量體系，用於證實本企業生產合格產品的過程控制能力。在質量體系的實施中，對照 GB/T 190004.1—ISO 9004—1《質量管理和質量體系要素 第一部分——指南》來補充和完善已有的質量體系。

　　ISO 9000 族標準是用來提供一個通用的質量體系標準的核心，適用於廣泛的工業行業和經濟部門。一個組織的管理體系受該組織的目標、產品和具體實踐的影響，因而各組織的質量體系是不同的。中國家具行業有其自身的歷史背景和行業特點，各個企業的技術、設備條件和管理水平也有不同。因此，必須結合各自的特點和具體條件，在質量體系要素中，找出重點和難點，才能建立一個切合本企業和適應外部環境的質量體系。

　　（1）質量方針：質量方針是供方的質量宗旨和質量方向，內容包括企業的目標和顧客的期望要求；質量方針體現管理者對質量的指導思想和承諾，是企業質量行為準則，要求語言通俗，使各級人員都能理解和執行；質量方針牽動全局，必須由最高管理者主持制訂和簽發。

　　確定家具企業目標的難點是如何將顧客的期望要求轉化為產品特性。顧

客對家具的期望是多種多樣的,儘管可歸納為實用性、舒適性、藝術性、經濟性四個方面,但顧客所表達的內容往往是朦朧的,需要量化為技術、質量指標,並使之與本企業的能力相適應,既要先進,又要可行,便於實施和檢查。

(2) 設計控制:設計控制是從設計策劃到設計確認的全過程中對設計質量進行的控制和驗證,是產品質量形成中的重要環節。理解這個要素,首先要澄清以往家具行業習慣將家具設計理解為單純的造型設計,這是一種狹隘的理解,要明確造型設計僅僅是設計的一個方面,而設計控制則規定了更為全面的內容。

A. 設計和開發的策劃:家具企業中需要設計的產品有客戶訂貨、老產品改造和自行開發的新產品三類。這三類產品都涉及質量改進和或產品形態的創新,均需立項編製計劃,列出應開展的活動,規定實施職責,委派人員和配備資源,並隨設計過程的進展適時修改計劃。

B. 設計輸入:設計輸入是設計工作的依據,包括市場信息、顧客要求、有關法令和法規要求、標準和規範要求以及本企業的要求,除此外,還需考慮合同評審的結果。這些要求應形成文件,並評審其是否恰當。通常列入設計任務書之中,由設計負責人提出。這裡市場信息和顧客要求需由技術人員轉化為技術指標或規範;標準、規範要求指《木家具》《金屬家具》《軟體家具》等國家標準或行業標準、規範要求;本企業要求通常指企業內控標準或特殊工藝、設備要求;有關法令、法規要求主要指安全、衛生和環保方面的要求。

C. 設計輸出:設計輸出是設計過程所投入的資源和活動產生的結果,如圖樣、計算書、產品說明書、樣品、材料及配件清單、驗收規則等,並標出與產品安全和正常工作有重大關係的設計特性。這些技術文件將作為採購、製造、檢驗和服務的依據,須經評審符合要求後才能發布。目前,大多數家具廠設計部門所提供的技術文件只有圖紙和材料分析單,對結構細節和材料性能的要求表達不充分,屬於設計輸出不完備。按照標準的要求,完整的設計輸出應具備產品圖樣,包括裝配圖、零件圖、下料圖、產品安裝示意圖;原輔材料清單、五金配件清單;工藝規範、檢驗規則(可以引用);樣品和使用說明書。

D. 設計評審、設計驗證和設計確認:設計評審和設計驗證的目的分別為評價設計結果是否達到滿足質量要求的能力和證實設計輸出是否達到設計輸入的要求。前者應列入計劃,在設計的適當階段結束前進行,而最終設計階段完成前必須評審,評審工作由上一級主持,相關部門參加;後者是在設計

階段輸出形成結果時，針對計算書、樣品等由設計部門自行完成。設計確認的目的是判定設計結果是否滿足使用要求，通常在成功的設計驗證之後，針對最終產品或樣品來進行。設計確認必須有使用者或其代表參加。家具企業中，營銷人員瞭解市場行情和顧客需求，設計人員熟悉造型、結構和技術規範，工藝人員熟悉生產過程。因此，通過組織和技術接口，使各部門的相關人員結合在一起進行評審和驗證，發揮集體智慧，糾正設計中的偏向和失誤，是使這項工作取得成效的關鍵所在。

資料來源：http://www.cait.cn/ISO9000/sjal/200808/t20080805_2442.shtml

思考題：

1. 質量管理體系的定義及特點是什麼？
2. ISO 9000 族標準的主要內容是什麼？
3. ISO 9000 族標準的特點是什麼？
4. ISO 9001 族標準的主要內容及特點是什麼？
5. ISO 9004 族標準的主要內容及與 ISO 9001 標準的區別是什麼？
6. 簡述 ISO 14000 族標準。

10 六西格瑪

六西格瑪（Six Sigma，6σ）是在20世紀90年代中期開始從一種全面質量管理方法演變成為一個高度有效的企業流程設計、改善和優化技術，並提供了一系列同等地適用於設計、生產和服務的新產品開發工具，繼而成為全世界追求管理卓越性的企業最為重要的戰略舉措。六西格瑪逐步發展成為以顧客為主體來確定企業戰略目標和產品開發設計的標尺，追求持續進步的一種質量管理哲學。

20世紀90年代發展起來的六西格瑪管理是在總結了全面質量管理的成功經驗，提煉了其中流程管理技巧的精華和最行之有效的方法，成為一種提高企業業績與競爭力的管理模式。該管理法在摩托羅拉、通用、戴爾、惠普、西門子、索尼、東芝等眾多跨國企業的實踐證明它是卓有成效的。特別是摩托羅拉的六西格瑪系統成為了質量管理學發展的里程碑之一。六西格瑪管理是一種嚴格地追求在所有過程中降低缺陷的方法，以實現在影響組織最關鍵層面上的持續突破性改進，並提升顧客滿意度。這是一種組織的主動設計，這種設計可以實現在生產、服務和管理過程中每100萬次機會大約出現3.4次缺陷。目前組織的戰略是100萬次機會最高缺陷次數約為6,210次。

10.1 什麼是六西格瑪

10.1.1 六西格瑪的產生

20世紀70年代到80年代，摩托羅拉在與日本的競爭中失掉了收音機的市場，後來又失掉了尋呼機的市場。原因何在？摩托羅拉公司發現，日本同類產品的質量遠優於摩托羅拉。在首席執行官兼董事長保羅·V.蓋爾溫帶領下，摩托羅拉高層管理人員訪問日本進行調查研究，對日本的過程性能優於摩托羅拉大約一千倍留下了深刻印象。

一家日本企業在20世紀70年代併購了摩托羅拉的電視機生產公司。經過日本人的改造後很快投入了生產，並且不良率只有摩托羅拉管理時的1/20。

他們使用同樣的人員、技術和設計。顯然，問題出在摩托羅拉的管理上。1985年，摩托羅拉公司面臨倒閉。在激烈的市場競爭中，嚴酷的生存現實使摩托羅拉高層意識到公司的產品質量太差了，必須對過程進行改進。在首席執行官的帶領下，摩托羅拉開始了六西格瑪質量之路，他們期望5年內消除他們與日本的質量差距。

從市場營銷的觀點出發，蓋爾溫先生要利用新奇事物來吸引人們的注意，他很喜歡「六西格瑪」這個名稱，認為它聽起來像是一輛日本新型轎車。這就是「六西格瑪」的由來。

10.1.2 摩托羅拉、GE（通用電器公司）應用六西格瑪的成效

10.1.2.1 摩托羅拉

1986年由喬治·費舍領導的摩托羅拉通信業務部提出了六西格瑪的創新方案。次年，這一新穎、具有遠見的戰略行動推廣到其他部門。蓋爾溫先生列出三個目標：第一，到1989年改善產品質量和服務質量十倍；第二，到1991年至少改進100倍；第三，到1991年做到六西格瑪。

為了實施上述目標，內部建立了摩托羅拉大學（Motorola University），進行了大規模的六西格瑪培訓，對所有各級員工都分層進行培訓，每年培訓費用超過5,000萬美元。在高層管理者起表率作用，自上而下，說服員工嚴肅認真地推行六西格瑪。推行六西格瑪僅僅一年多，摩托羅拉公司在1988年取得了如下可觀的成績：

第一，在92億美元的營業額中，通過六西格瑪方案估計節約了4.8億美元，有些部門員工的六西格瑪獎金達到工資的20%。

第二，1988年第一家獲得美國國家質量獎——波多里奇獎（National Quality Malcolm Baldrige Award）。

第三，1989年又獲得日本對製造業設立的日經獎（Nikkei Award）。

第四，1991年製造成本節約7億美元，而從開始推行六西格瑪以來的五年，摩托羅拉公司共節約了24億美元。

在1978年到1997年的十年間，摩托羅拉公司取得了驕人成就：銷售額增加了5倍，利潤每年增加約20%，由六西格瑪所帶來的節省累計為160億美元，其股票價格年增加21.3%。

10.1.2.2 GE

有很多人認為六西格瑪在GE的成功實施將杰克·韋爾奇推上了全球第一CEO的寶座。GE從1995年末開始推行六西格瑪，利潤從13.6%（1995年）

提高到16.7%（1998年）；市值突破30,000億美元。六西格瑪、產品服務、全球化，使GE迅速發展成為全球最大、最成功的多元經營的跨國集團。

10.1.3 六西格瑪的含義

六西格瑪是一項以數據為基礎，追求幾乎完美的質量管理方法。西格瑪是一個希臘字母σ的中文譯音，在數理統計中表示「標準差」，是用來表徵任意一組數據或過程輸出結果的離散程度的指標，是一種評估產品和生產過程特性波動大小的統計量。幾個西格瑪是一種表示質量的統計尺度。任何一個工作程序或工藝過程都可用幾個西格瑪表示。例如六個西格瑪可解釋為每一百萬個機會中有3.4個出錯的機會，即合格率是99.999,66%。而三個西格瑪的合格率只有93.32%。六個西格瑪的管理方法重點是將所有的工作作為一種流程，採用量化的方法分析流程中影響質量的因素，找出最關鍵的因素加以改進從而達到更高的客戶滿意度（如圖10-1所示）。

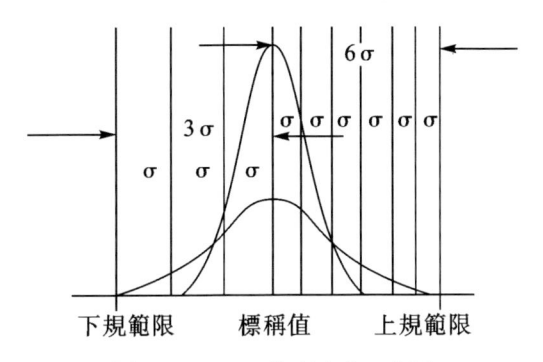

圖10-1 六西格瑪定義示意圖

六西格瑪（6σ）管理法推進了過程能力不能超過規格限容許偏差的一半的理念。當假設觀測值來源於一個穩定和正態的結果分佈，也就是允許最多1.5個標準差的漂移。類似摩托羅拉和通用電氣等組織，其在六西格瑪進程中允許一個過程可以偏離過程均值1.5個標準差。在本章中，我們接受這個通常的行業假設。

圖10-2是均值不變情況下3σ過程的規格與過程能力的對比。圖10-2假定一個過程的分佈就是測量到的數據，並且是穩定、正常的數據，過程結果均值等於標稱值，並且標稱值距規格上下限都是過程結果的3倍標準差。如果這5個條件都滿足的話，我們稱圖10-2描繪的過程是一個均值不變的3σ過程。一個均值不變的3σ過程每百萬次機會可產生2700個缺陷，也就是說，99.73%的結果分佈在規格上限（USL）和規格下限（LSL）之間。

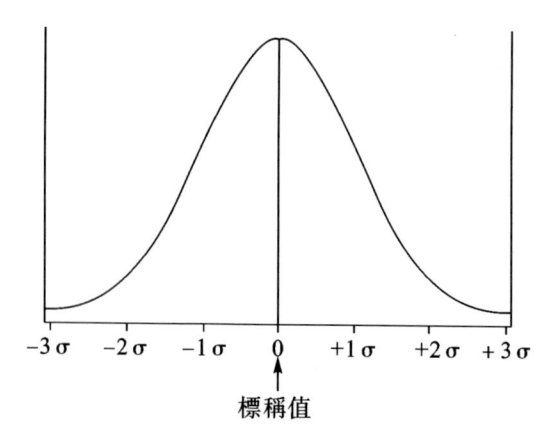

圖10-2 均值不變情況下3σ過程的規格與過程能力的對比

圖10-3描繪了規格與過程能力，質量特性通過測量值表示，數據穩定，呈正態分佈，過程結果均值距標稱值的兩端都有1.5個標準差的漂移，並且標稱值距規格上下限都是過程結果的3個標準差。如果這5個條件都滿足的話，我們就可以稱這是一個3σ的過程，距均值有1.5σ的漂移。這種過程每百萬次機會產生66,811個缺陷，也就是說93.331,89%的結果分佈在規格上限和規格下限之間。

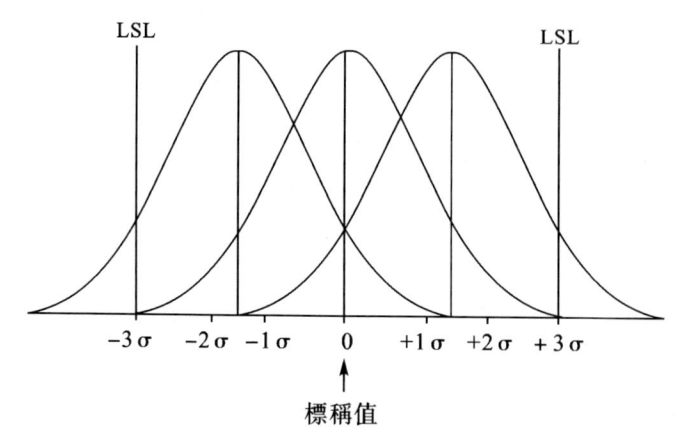

圖10-3 在均值漂移1.5σ的情況下，3σ過程的規格與過程能力對比

圖10-4描繪了與圖10-2相同的場景，但是過程能力只是規程限度的一半。這個過程均值與圖10-2相同，但是通過過程改進工具和方法的應用，過程標準差降低一半。在這程情況下，每10億次機會只出現2次缺陷，也就是說99.999,999,8%的結果都在規格上限和下限之間。這種情況稱作均值無漂移下的6σ過程。

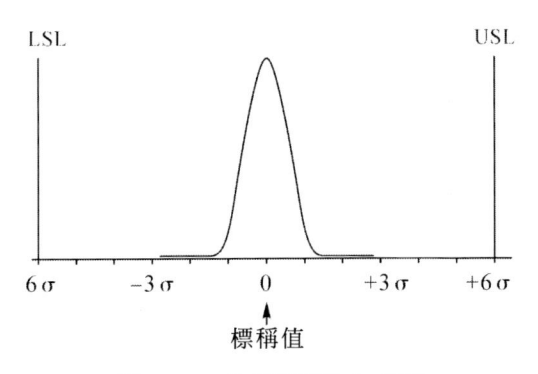

圖 10-4 均值不變的 6σ 過程

　　圖 10-5 描繪了規格與過程能力，質量特性通過測量值表示，數據穩定，呈正態分佈，過程結果均值距標稱值的兩端都有 1.5 個標準差，並且標稱值距規格上下限都是過程結果的 6 倍標準差。如果這五個條件都滿足的話，該過程稱為一個 6σ 過程，距均值有 1.5σ 的偏移。這種過程每百萬次機會產生 3.4 個缺陷，也就是說 99.999,66% 的結果分佈在規格中限和規格下限之間。這就是 6σ 的質量定義。

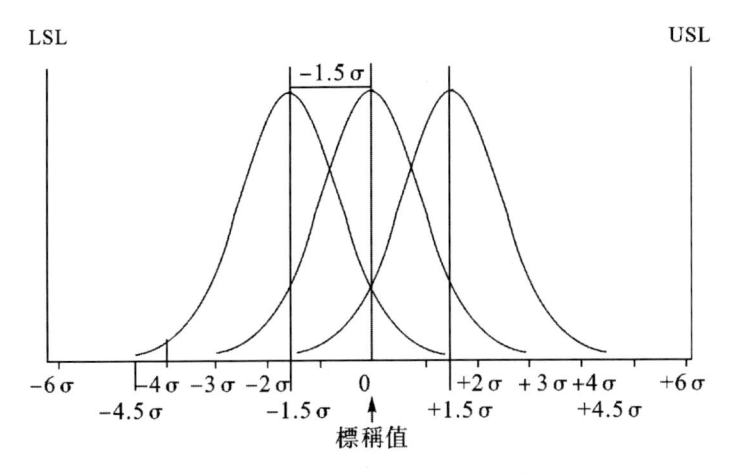

圖 10-5 均值漂移 1.5σ 的 6σ 過程

　　[例 10-1] 圖 10-6 描繪了完成一個月度會計報告所需天數的分佈圖。假設是一個穩定和正態分佈，平均值為 7 天，允許有 1 天的標準差。圖 10-6 同時也描繪了一個正常值是 7 天，規格下限（LSL）是 4 天，規格上限（USL）是 10 天的分佈圖。均值一定的情況下，這個會計報告過程是一個 3σ 過程，因為過程的均值加減 3 個標準差等於規格，這種情況下每百萬次機會缺陷次數為 2700 次，或者說是 30.86 年中會提前或推遲遞交月度會計報告 1

次，即（1/0.0027）/12。

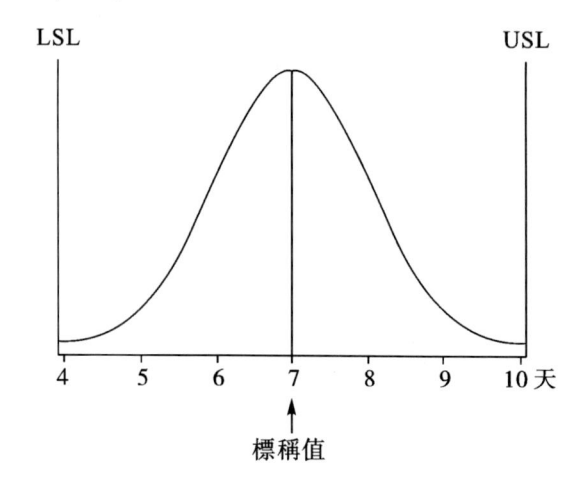

图 10-6　在均值无漂移的情况下，3σ 会计报告过程分布图

图 10-7 描绘了图 10-6 的会计报告场景，但是随着时间的流逝，过程结果漂移 1.5 个标准差，即正常 7 天，实际 5.5 天或者 8.5 天。这种均值结果有 1.5 个标准差的偏离结果是每百万次机会有 66,811 次缺陷。也就是说 1.25 年内会提前或推迟递交月度会计报表 1 次，即（1/0.066,807）/12。

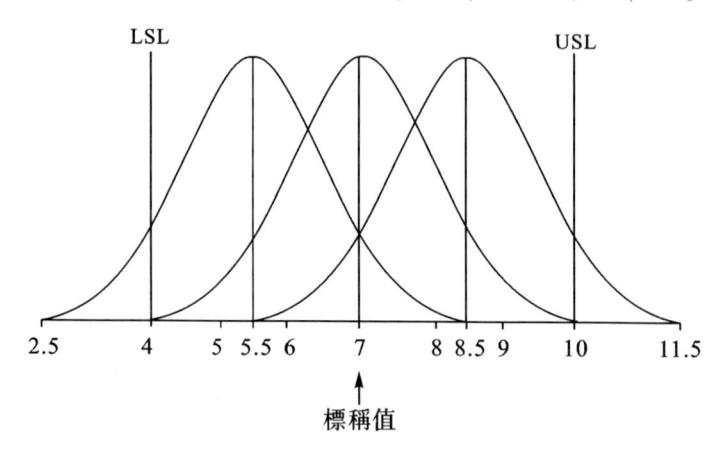

图 10-7　在均值漂移 1.5σ 的情况下，3σ 会计报告过程分布图

图 10-8 描绘了除了通过过程改进活动将标准差降低到 0.5 天以内，图 10-6 中月度会计过程分布。这个会计过程现在是一个均值不变的 6σ 过程。它每 10 亿次机会将出现 2 次缺陷，或者说 41,666.667 年中会出现提前或推迟交月度会计报表 1 次，即（1/0.000,000,002）/12。

图 10-8 均值不变的 6σ 会计报告过程

图 10-9 描绘了同样的会计过程分佈：随著时间的流逝，过程平均偏移 1.5 个标准差，即正常 7 天，实际 6.25 天或者 7.75 天。这种均值结果有 1.5 个标准差的偏移结果是每百万次机会有 3.4 次缺陷，也就是说 24,510 年中会提前或推后递交月度会计报表 1 次，即（1/0.000,000,34）/12。

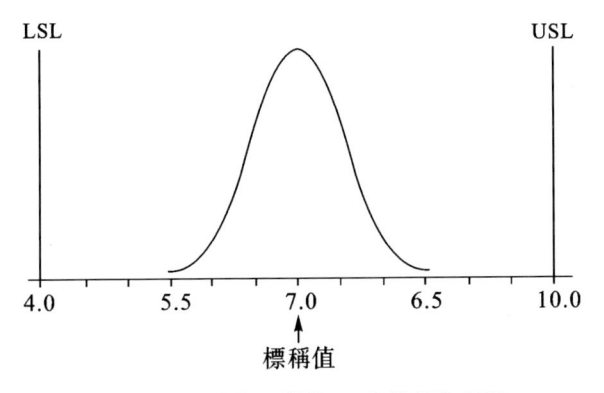

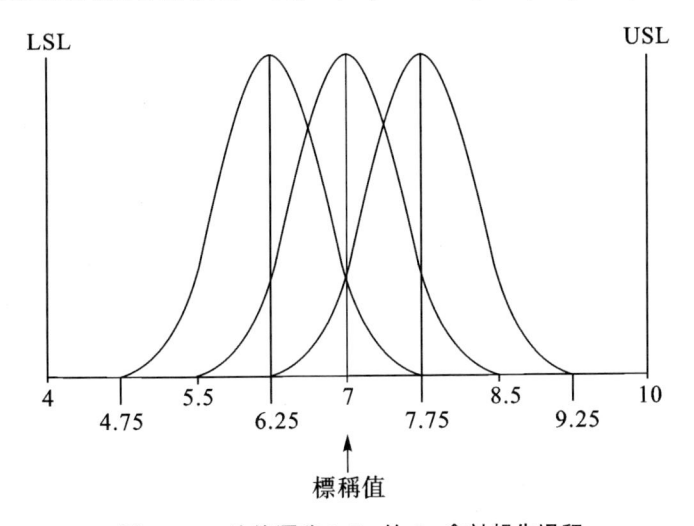

图 10-9 均值漂移 1.5σ 的 6σ 会计报告过程

10.1.3.1 六西格玛是一个标准尺度

作为一个标准，是客观衡量每一件事或过程的标准尺度，可以用表 10-1 表示。

表10-1　　　　　　　　　西格瑪對應標準值

6σ	DPMO 值	Cp 值	正品率（%）
1σ	691,500	0.33	30.85
2σ	308,537	0.667	69.15
3σ	66,807	1	93.32
4σ	6,210	1.33	99.38
5σ	233	1.667	99.977
6σ	3.4	2	99.999,66

從表中可以看出，當達到6σ時，DPMO值為3.4，正品率99.999,66%，這說明產品和服務處在一個高的水準，這是世界級企業追求的標準。

10.1.3.2　六西格瑪是一種管理方法

六西格瑪的管理方法，就是通過運用六西格瑪工具和方法，可以使一個人和企業得到根本性的改變，可以進行個人生涯規劃和為股東創造利益。六西格瑪通常使用DMAIC業績改進模型。

10.1.3.3　六西格瑪是一個目標

成功人士心中總有一個目標，而且時時為目標的成功實現付出努力。企業和組織也一樣，必須有一個目標，沒有目標，就會在探索中耗費時間，損失金錢。六西格瑪作為組織奮鬥的目標，是世界級企業的目標。它提供的產品和服務是頂級的，不僅僅是比大多數產品和服務更好而已。如在制定六西格瑪目標時，給這項質量管理任務規定了時間，要求在一定時間內無論在製造和在服務方面的缺陷都低於0.62%，把組織的生產方式引至一個卓越的層次（如圖10-10所示）。這對任何一個企業都是挑戰，有利於企業發揮潛力和獲得益處。尤其是隨著企業西格瑪水平的提高，質量成本大大提高，質量成本大大下降（如表10-2所示）。有了六西格瑪目標，通過不懈的努力，企業一定會獲得成功。

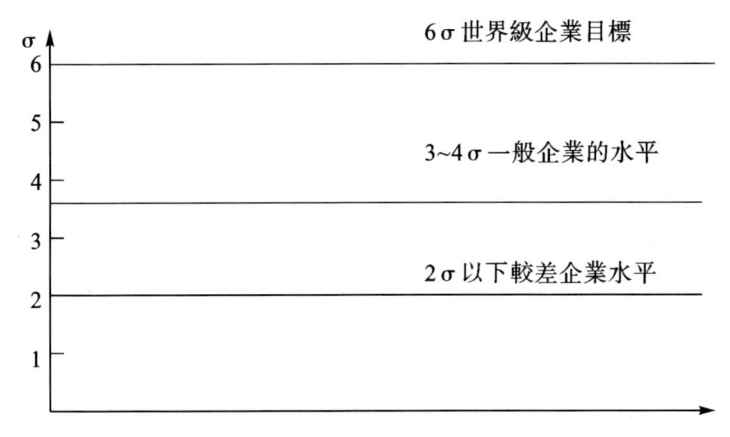

圖 10-10　企業水平及目標

表 10-2　　　　　　　　不同企業水平質量成本狀況

六西格瑪	世界級企業水平	質量成本占銷售額 5%
3~4σ	一般企業水平	質量成本占銷售額 25%~30%
2σ 以下	較差企業水平	質量成本占銷售額 35%~50%

10.1.3.4　六西格瑪是一個卓越的管理系統

　　六西格瑪管理系統有明確的責任以及為確保目標結果而不斷進行的評審。借助責任和常規的評審，管理者可以用六西格瑪作為領導他們的指南。通過對顧客滿意、關鍵過程業績、業務運行情況、損益情況及員工態度的測量，為業績改進提供反饋，以回應關鍵業務要求，把預防的、以顧客為關注焦點的管理方法根植到日常活動中。在管理系統中，有培訓制度，培訓出能在各層次實行六西格瑪的團隊。所以，六西格瑪是一個強有力的領導與基層活力、參與結合起來的管理系統。

　　六西格瑪管理系統以顧客為關注焦點，以數據為基礎，以統計技術為突破口，實施 SIPOC（供方、輸入、過程、輸出、顧客）的六西格瑪項目達到最佳效果，所以六西格瑪是一個卓越的管理系統。

10.1.4　六西格瑪管理的基本原則

　　① 以顧客為關注焦點。

　　六西格瑪是以顧客為中心，強調關注顧客的需求。按照六西格瑪管理的原則，過程業績的測量應該從顧客開始，通過對顧客之聲（VOC）的調查、分析，通過質量功能展開（QFD），將顧客要求轉化為過程的關鍵質量

(CTQ)，並通過 SIPOC（供方、輸入、過程、輸出、顧客）模型分析來確定六西格瑪項目。因此六西格瑪是根據顧客的需求來確定管理項目，將重點放在顧客最關心、對組織影響最大的方面。

② 關注數據和事實。

六西格瑪高度重視數據，根據數據進行決策，強調「用數據說話」。六西格瑪管理從識別影響經營業績的關鍵指標開始，收集數據並分析關鍵的變量，發現、分析並解決問題。因此六西格瑪管理廣泛採用各種統計技術工具，使管理成為一種可測量、數字化的科學。

③ 以項目為驅動力。

六西格瑪管理方法的實施是以項目為基本單元。通過各種項目的實施來實現。通常項目是以黑帶為負責人，牽頭組織項目團隊，通過項目成功完成來實現產品或流程的改進。

④ 關注過程。

六西格瑪管理強調任何工作或活動都可以視作過程，包括經營管理活動在內。無論是產品和服務的設計、業績的測量、效率和顧客滿意的提高，還是業務經營方面的改進，六西格瑪管理都把過程視為成功的關鍵因素，認為過程是構建向顧客傳遞價值的途徑。

⑤ 積極管理。

六西格瑪管理提倡在問題發生以前就採取積極的措施進行預防。積極的管理意味著制定明確的目標並經常進行評審，設定明確的優先次序，重視問題的預防。六西格瑪用動態的、即時反應的、有預見的、積極的管理方式取代那些被動的習慣，促使企業在激烈競爭環境下能夠快速向前發展。

⑥ 無邊界合作。

「無邊界」是通用電氣成功的秘籍之一。杰克·韋爾奇致力於消除部門及上下級間的障礙，促進組織內部橫向和縱向的合作，使企業獲得了許多受益機會，而六西格瑪擴展了這樣的合作機會。推行六西格瑪管理，需要加強自上而下、自下而上和跨部門的團隊合作，改善公司內外部的協作，使組織打破部門間、組織間的界限，實現無邊界合作。

⑦ 追求完美，容忍失敗。

六西格瑪以追求卓越為目標，為企業提供了一個近乎完美的努力方向。組織不斷追求卓越的業績並在營運中全力實踐，當然在這個過程中，組織不可避免會失敗，這就要求組織要積極鼓勵創新，容忍失敗。

10.1.5　六西格瑪管理的意義

六西格瑪管理在過去僅僅被視為一個統計學上的概念或者是一種過程的

改進工具，用來幫助企業改進製造過程，降低產品的缺陷。然而當通用電氣把六西格瑪演變成一種提升企業競爭力的戰略和變革的方法後，六西格瑪儼然是一種文化，它在不斷地改變著人們的工作方式，它要求企業高管對六西格瑪高度負責，並將這種精神滲透到整個企業中；它要求企業高管必須意識到顧客滿意度問題，必須與關鍵人員一起參與到執行六西格瑪的活動中來。六西格瑪以嚴格的科學方法和對經營業績的穩步改進模式為企業實現經營目標，聯結過程與員工、集中各種資源實現底線和頂線結果，提供共同的手段和語言。它將組織的所有組成要素緊密相連，幫助企業走向成功。具體表現在以下幾方面：

① 能夠提升企業管理的能力。

韋爾奇在通用電氣公司 2000 年年報中所指出的：「六西格瑪管理所創造的高質量，已經奇跡般地降低了通用電氣公司在過去複雜管理流程中的浪費，簡化了管理流程，降低了材料成本。六西格瑪管理的實施已經成為介紹和承諾高質量創新產品的必要戰略和標誌之一。」對國外成功經驗的統計顯示：如果企業全力實施六西格瑪革新，每年可提高一個 σ 水平，直到達到 4.7σ，無需大的資本投入。這期間，利潤率的提高十分顯著。

② 能夠節約企業營運成本。

對於企業而言，所有的不良品不管是廢棄、維修還是重新返工，都需要花費企業成本。美國的統計資料表明，一個執行三西格瑪管理標準的公司直接與質量問題有關的成本占其銷售收入的 10%～15%。從實施六西格瑪管理的 1987—1997 年的 10 年間，摩托羅拉公司由於實施六西格瑪管理節省下來的成本累計已達 140 億美元。

③ 能夠增加顧客價值。

六西格瑪管理要求以顧客為關注的焦點，要求企業首先瞭解、掌握顧客的需求，然後通過採用六西格瑪管理原則減少隨意性和降低差錯率，從而提高顧客滿意程度。通用電氣的醫療設備部門在導入六西格瑪管理之後創造了一種新的技術，帶來了醫療檢測技術革命。以往病人需要 3 分鐘做一次全身檢查，現在卻只需要 1 分鐘了。醫院也因此而提高了設備的利用率，降低了檢查成本。這樣，出現了令公司、醫院、病人三方面都滿意的結果。

④ 能夠改進服務水平。

由於六西格瑪管理不但可以用來改善產品質量，而且可以用來改善服務流程，對整個服務流程的優化可以使對顧客服務的水平得以大大提高。

10.2 六西格瑪的組織設計

在眾多企業的實踐中,六西格瑪管理逐漸形成了一套特有的組織實施模式,即由企業的最高管理層推進,由六西格瑪黑帶和綠帶等關鍵角色實施架構,以六西格瑪項目的形式組織的圍繞企業經營績效持續提升而開展的管理活動。

10.2.1 六西格瑪組織形式

10.2.1.1 六西格瑪管理的組織形式之一

實施六西格瑪管理的組織系統(如圖 10-11 所示),其管理層次一般分為三層:領導層、指導層和操作層。

領導層由倡導者、各個職能部門領導以及財務主管等組成的六西格瑪推行委員會構成;指導層由組織的資深黑帶或從組織外聘請的諮詢師組成;操作層由執行改進項目的黑帶、綠帶組成。

各層次職責如下所示:

領導層制定規劃、提供資源、審核結果。

指導層組織培訓、指導項目、檢查進度。

操作層按照 DMAIC 方法展開改進活動。

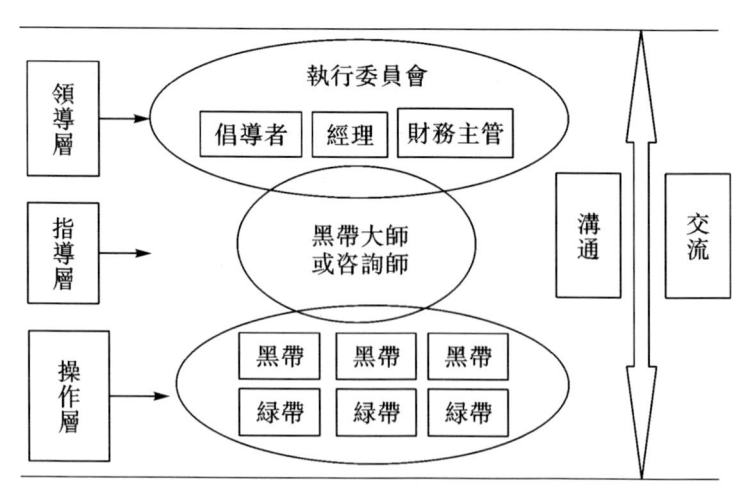

圖 10-11 組織結構圖一

10.2.1.2 六西格瑪管理的組織形式之二

從全公司的整體的、宏觀的角度構建組織結構,如圖10-11所示,而從人力資源和技術的角度,可以構建另一種六西格瑪管理的組織圖如圖10-12所示。

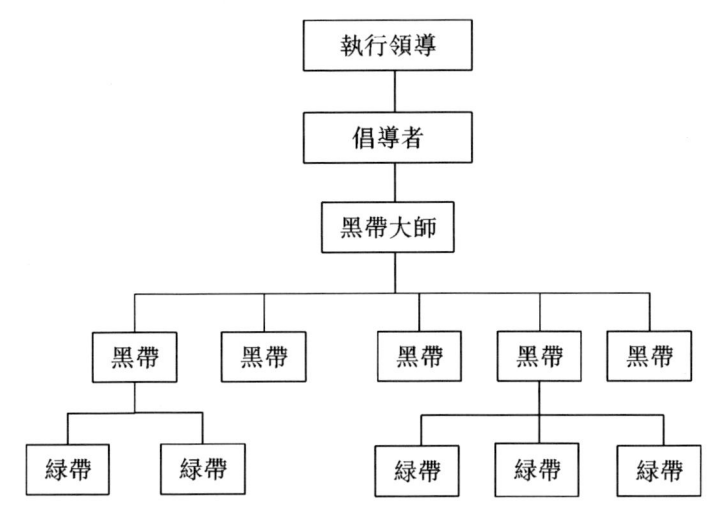

圖10-12 組織結構圖二

10.2.2 六西格瑪管理各層級的職責

通常,組織的六西格瑪管理是由執行領導、倡導者、大黑帶、黑帶、綠帶和項目團隊傳遞並實施的。其中的關鍵角色與職責有:

10.2.2.1 執行領導(Executives)

①建立企業的六西格瑪管理願景。
②確定企業的經營重點。
③確定企業的戰略目標和企業業績的度量系統。
④建立促進應用六西格瑪管理方法與工具的環境。

10.2.2.2 倡導者(Champion)

倡導者是六西格瑪管理的領航員,是企業實施六西格瑪管理的關鍵角色,其職責如下:
①充分認識變革,為六西格瑪確定前進方向。
②構建六西格瑪管理基礎,包括部署人員培訓,制定六西格瑪項目選擇標準並批准項目,建立報告系統,提供實施資源等。
③負責六西格瑪管理實施中的協調與溝通。

④檢查進度，確保按時、按質完成既定目標，並向最高管理層報告六西格瑪管理的進展。

⑤管理及領導黑帶大師和黑帶。

10.2.2.3　大黑帶（MBB – Master Black Belt）

大黑帶又稱為黑帶大師或黑帶主管。在企業推進六西格瑪管理的過程中起著承上啓下的作用。一般來說，他們是六西格瑪管理的專家，負責在六西格瑪管理中提供技術指導。他們熟悉所有黑帶所掌握的知識，深刻理解六西格瑪管理理念和技術方法，並將這種管理理念和技術方法傳遞到企業中。他們的職責如下：

①協助倡導者部署六西格瑪在企業的實施，並提供諮詢。

②幫助最高管理者、倡導者選擇合適的人員，協助篩選最能獲得潛在利潤的項目。

③擔任培訓師，為黑帶學員培訓六西格瑪管理及統計方面的知識。

④為黑帶和綠帶的六西格瑪項目提供指導。

⑤協調和指導跨職能的六西格瑪項目。

10.2.2.4　黑帶（BB – Black Belt）

黑帶是六西格瑪管理中最重要的一個角色，他們專職從事六西格瑪改進項目，並具有一定的技術與管理工作背景。他們的職責如下：

①領導六西格瑪項目團隊，實施並完成六西格瑪項目。

②向團隊傳達六西格瑪管理理念，建立對六西格瑪管理的共識。

③向倡導者和管理層報告六西格瑪項目的進展。

④向團隊成員提供適用的工具與方法的培訓。

⑤識別過程改進機會並選擇最有效的工具和技術實現改進。

⑥將通過項目實施獲得的知識傳遞給組織和其他黑帶。

⑦為綠帶提供項目指導。

10.2.2.5　綠帶（GB – Green Belt）

綠帶是非全職參加六西格瑪管理的基層管理者或員工，他們需要接受六西格瑪技術培訓，但培訓內容相對於黑帶來說層次較低，他們必須結合自己的本職工作完成六西格瑪項目。一般來說，他們是黑帶領導的項目團隊成員。他們的職責如下：

①提供相關過程的專業知識。

②建立綠帶項目團隊，並與非團隊的同事進行溝通。

③促進團隊觀念的轉變。

④執行改進計劃以降低成本。
⑤與黑帶討論項目的執行情況及今後的項目。

10.2.2.6 西格瑪項目團隊

六西格瑪項目通常是通過團隊合作完成的。項目團隊由項目所涉及的有關職能（比如：技術、生產、工程、採購、銷售、財務、管理等）人員構成，一般由3至10人組成，並且應包括對所改進的過程負有管理職責的人員和財務人員。

10.3　DMAIC 模式

六西格瑪誕生於摩托羅拉，經過二十年的發展，現在已經演變成為一套行之有效的解決問題和提高企業績效的系統方法論。通用電器公司總結了眾多公司實施六西格瑪的經驗，提出了實施六西格瑪的DMAIC模式，DMAIC模式現在被廣泛認可，被認為是實施六西格瑪更具操作性的模式。DMAIC分別代表六西格瑪改進活動的五個階段：

D：Define 界定階段，包括低質量成本、目標、過程能力、問題和項目團隊等；

M：Measure 測量階段，包括測量系統研究、輸出的測量評價和F的識別以及影響因素的初步識別和篩選。

A：Analyze 分析階段，主要是針對測量階段找到的 X_i 進一步分析確認，採用很多統計工具來量化 X_i 對輸出 Y 的影響度。

I：Improvement 改進階段，針對分析階段找到影響因子，制訂相應的解決方案。

C：Control 控制階段。制訂控制方法和措施，確保改善的成果得以保留。

在六西格瑪項目選定以後，團隊成員一起合作，按照這五個步驟，就可以有效地實現六西格瑪突破性改進。DMAIC是一個邏輯嚴密的循環過程，是在總結了全面質量管理幾十年來的發展及實踐基礎上產生的。

10.3.1　DMAIC 過程活動

DMAIC過程共分五個階段實施，每個階段的工作內容如下：

界定階段：確定顧客的關鍵需求並識別需要改進的產品或過程，決定要進行的測量、分析、改進和控制的關鍵質量特性，將改進項目界定在合理的範圍內。

測量階段：通過對現有過程的測量和評估，制定期望達到的目標及業績衡量標準，識別影響過程輸出 Y 的輸入 X_s，並對測量系統的有效性作出評價。

分析階段：通過數據分析確定影響輸出 Y 的關鍵因素 Xs，即確定過程的關鍵影響因素。

改進階段：尋找優化過程輸出 Y，並且消除或減小關鍵因素 Xs 影響的方案，使過程的缺陷或變異（或稱為波動）降至最低。

控制階段：將改進後的成果程序化，並通過有效的監測方法保持過程改進的成果，尋求持續改進方法。

10.3.2 DMAIC 過程活動要點及其工具

各階段使用的工具和技術如表 10－3 所示。

表 10－3　　　　　　　各階段使用的工具和技術

階段	活動要點	常用工具和技術	
D（界定階段）	項目啟動 尋找 $Y=f(x)$	頭腦風暴法 親和圖 數圖 流程圖 SIPOC 圖 平衡計分卡	力場圖 SDCA 分析 因果圖 顧客之聲 劣質成本 項目管理
M（測量階段）	確定基準 測量 Y, Xs	排列圖 因果圖 散布圖 過程流程圖 測量系統分析 實效模式與影響分析 過程能力指數	劣質成本 PDCA 分析 水平對比法 直方圖 趨勢圖 檢查表 抽樣計劃
A（分析階段）	確定要因 確定 $Y=f(x)$	頭腦風暴法 因果圖 PDSA 分析 審核 水平對比法 方差分析	試驗設計 抽樣計劃 假設檢驗 多變量圖 迴歸分析 劣質成本分析
I（改進階段）	消除要因 優化 $Y=f(x)$	試驗設計 質量功能展開（QFD） 正交試驗 回應曲面法	調優運算（EVOP） 測量系統分析 過程改進
C（控制階段）	保持成果 更新 $Y=f(x)$	控制圖 統計過程控制 防差錯措施	過程能力指數 標準操作程序（SOP） 過程文件控制

10.4　六西格瑪案例研究：
上海移動通信推行六西格瑪管理

10.4.1　對六西格瑪質量管理的認識

　　通常認為製造業最先提出六西格瑪管理法概念，其採用統計方法來檢驗產品的質量特性，只適用於製造業。而通信服務業的生產過程與消費過程同時產生。如何使用六西格瑪來實行質量控制，推動企業從優秀走向卓越，這對通信業來說，是一件新事。

　　上海移動認為，六西格瑪管理法作為一種先進的管理理念，可以有效地降低缺陷、節約成本。通信服務企業完全可以應用六西格瑪管理法，來提高服務質量，推動企業從優秀走向卓越。

10.4.1.1　移動通信企業應用六西格瑪管理法的條件

　　移動通信企業的服務對象是社會大眾，服務具有連續性、高技術性特點，加上顧客對服務期望的差異化明顯，移動通信企業服務質量的高低，往往決定了其在市場中的競爭力，更是移動通信企業從優秀走向卓越的關鍵衡量指標。公司認識到：在移動通信企業導入六西格瑪管理法，具備著相關先決條件。

　　① 存在流程。

　　移動通信企業的服務流程也是工作過程。既然是工作過程，就必然有改進的可能，必然有可以界定過程範圍。所以，也就能應用六西格瑪的「SIPOC」流程分析法來找出流程中有待改進之處。

　　② 存在成本。

　　移動通信企業存在營運成本。服務過程往往貫穿在營運商在產品推廣、業務受理、費用收取和投訴處理等一系列營運流程之中，營運商在這些流程中，投入了大量營運成本。正是由於移動通信企業存在這些「營運成本」，所以公司就能利用六西格瑪管理法，通過提高服務質量來取得成本收益。

10.4.1.2　應用六西格瑪管理法充滿機遇

　　近年來，上海移動始終堅持「客戶滿意是一切工作的出發點，以客戶為中心設計工作流程，不斷提高產品和服務質量」的工作文化；持續推進「ISO 9001」「TL 9000」等質量認證體系的貫標工作，使上海移動在激烈的市場競爭環境中，佔據了主導地位。但要使服務質量有顯著的提高，並推動上海移

動從優秀走向卓越，六西格瑪是最好的工具和方法。

① 上海移動質量管理體系的現狀。

上海移動已通過了「ISO 9001」和「TL 9000」的貫標，逐步建立和完善質量管理體系。通過多層次的「用戶滿意度（CSI）」調查，不斷發現上海移動業務發展和服務中的熱點、難點問題；歸納起來，形成了「ISO 9001」和「TL 9000」為骨架，「用戶滿意度」等工具為肌肉的質量管理體系。公司認為引入六西格瑪管理法，則是提供了經脈和血管。六西格瑪的一系列方法論，如 DMAIC、DMADV/DFSS、MFSS、SFSS 等等，是解決質量問題的思路。這三者結合，相得益彰，也基本凸現了上海移動目前質量管理體系的現狀。

② 服務質量的六西格瑪水平普遍不高，有較大的改進空間。

應該來說，在移動通信業中，由於服務質量受到顧客期望、技術發展和流程瓶頸等因素的影響，質量水平普遍不高。根據上海移動在 2003 年全年的 CSI 測試，顧客滿意度為 85.3，折算成六西格瑪水平，約為 2.58。顯而易見，公司服務工作的質量改進空間巨大，昭示了應用六西格瑪管理法改進上海移動的服務質量的工作，充滿機遇。

10.4.2　推行六西格瑪管理

上海移動應用六西格瑪管理法，充分借鑑製造業的成功經驗，摸索總結了富有上海移動特色的六西格瑪推廣應用法，總結起來就是，「兩大策略，三個階段」。

所謂「兩大策略」，就是上海移動選擇哪些六西格瑪項目來提升整體的服務質量的策略。

策略一，關注上海移動的「製造」部門，提升內部客戶的滿意度。

首先，從上海移動的部門職責來看，能發現上海移動內部也有「製造」性質的部門，像計費信息中心、運行維護中心。這些部門有清晰的工作流程，雖然流程中所有產品（話單、呼叫過程等）都是「虛的」，但這些東西，卻是實實在在地存在，更有具體的數據可以測量。公司就對這些「存在」的產品的質量進行改進。如改進話單處理的準確性、呼叫的成功率等等。在這些部門先推廣六西格瑪管理法，可以實現在公司營運性指標中基礎指標的準確性保障。

其次，站在服務鏈的角度，從這些部門往前看，可以發現這些部門或多或少地支撐著前臺服務界面。換句話說，對前臺服務界面而言，這些「製造部門」是他們的內部客戶，他們的產品經過顧客的使用後，使用意見直接反饋到前臺服務界面，這時，前臺界面又需要這些「製造部門」進行原始查證，

便於向用戶解釋。所以，如果應用六西格瑪管理法，使得這些「製造部門」的產品質量提升了，就自然形成了「內部客戶」—「前臺服務界面」—「外部顧客」的良性循環。降低了產品缺陷發生的概率，就能有效提升顧客滿意度和服務質量。

策略二，尋找客戶服務流程連續性中關鍵流程，使隱形服務流程逐漸顯性。

移動通信行業的「全程全網」特性，賦予服務流程高度的連續性，但試著站在用戶使用移動產品的角度，將上海移動的服務流程，強行地分離出相關流程，可以得到：

用戶購卡、購機的流程（一般）

用戶正常使用網絡的流程（最重要）

用戶計費、付費的流程（重要）

用戶諮詢、投訴的處理流程（重要）

挽留用戶的流程（重要）

……

於是在這些流程中，就能分辨哪些是關鍵服務流程，哪些流程對公司營運和成本收益起到至關重要的作用，當然這些流程還可以分成具體的子流程，其中再去尋找關鍵流程。

舉例來說，圖10-13是一個普通用戶用移動電話進行語音呼叫的流程示意圖，其中，作為客戶非常關注的流程是：是否正常通話，是否準確計費，是否精確扣款。所以，在移動通信公司業務營運流程中，關注這些關鍵流程，並嘗試用六西格瑪去改進這些關鍵流程的質量，就可以顯著提高客戶滿意度。

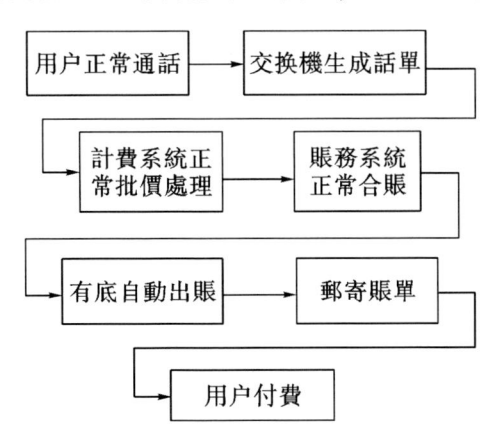

圖10-13　用戶語音呼叫的流程示意圖

不可否認，這些流程中服務是隱形的，但傳遞服務的人和表現方式卻可能是實體，同樣這些流程，可以得到對應的實體：

正常使用網絡的流程——信號的覆蓋、呼叫的成功率和通話的掉話率

計費、付費的流程——帳單的及時到達、計費的準確率和清單的完整率

用戶諮詢、投訴的流程——用戶排隊等候的時間

挽留用戶的流程——豐富且有效的挽留協議

……

針對這些流程所對應的實體，以六西格瑪管理法，有效改進其質量特性，就可以使隱形的服務，變成顯形服務。從而滿足顧客對移動通信服務的期望，提升服務質量。

所謂「三個階段」，就是上海移動應用六西格瑪管理法的三個階段。

① 自上而下的導入階段。

上海移動自 2003 年下半年開始，就進行了六西格瑪的理論概念導入。通過專題講座和書面材料的方式，向公司高中層管理人員，系統地介紹了六西格瑪管理法的基礎理論。在公司組織中形成一種自上而下的推動，尤其值得指出的是，在導入推進過程中，上海移動特別注重領導驅動和財務驅動兩個基本原則，通過決策者的支持，並嚴格強調從整個企業的經營的角度出發，上海移動逐漸培育了良好的六西格瑪實施氛圍。

② 形式多樣的培訓階段。

在公司高層的支持下，上海移動實施六西格瑪的氛圍已經形成，從 2004 年初開始，上海移動開始進行有針對性的人員培訓。通過編製培訓教材、邀請專家來公司組織專場的六西格瑪理論介紹和綠帶培訓班。最重要的是，公司對受培訓人員提出要求，希望他們以六西格瑪方法，來指導自己的日常工作。經過培訓，上海移動完成了以下目標：培養了 5 名黑帶人員；培訓了 50 名綠帶人員；同時上海移動也把長期負責質量管理的 3 人往「黑帶大師」的方向培養。這些人員的培養完成，標誌著上海移動的六西格瑪管理法推進工作已經可以進入實質的項目實施階段。

③ 有的放矢的推進階段。

隨著黑帶人員、綠帶人員的成熟，上海移動在 2004 年開展了多個六西格瑪的項目。根據上海移動選取六西格瑪項目的策略，計費準確性、通話掉話率和 1860 帳務查詢優化項目等項目先期展開，其中計費準確性項目的改進重點是改善公司計費批價處理的準確性。項目的意義在於從提高計費準確性的角度，盡可能實現「不錯收、不多收、不少收一分錢」的目的，從而改善用戶對上海移動計費準確性的評價。通話掉話率項目的改進重點是提高用戶通

話在網絡切換等過程中的正常接續率，盡可能保證用戶使用網絡的正常需求，從而提升用戶對上海移動網絡質量的評價。1860 帳務查詢項目是縮短用戶自助查詢帳務的排隊時間，在給用戶提供便捷服務的同時，提高用戶對上海移動「1860」服務的認知度。

10.4.3　應用六西格瑪的成果

通過一年多的六西格瑪管理法實踐，公司深深意識到六西格瑪質量管理法，幫助上海移動找到了長期忽視了的「缺陷冰山」，通過了具體的項目實施，上海移動

達到了期望的效果，表現為：

10.4.3.1　率先探索了移動通信企業應用六西格瑪管理法實現卓越企業的實踐之路

上海移動實踐六西格瑪質量管理法的道路，也是移動通信企業系統地運用六西格瑪質量管理法提升服務質量的先例和摸索之路。在服務業尚就應用六西格瑪管理法提高服務質量進行爭論和試驗的同時，上海移動對於六西格瑪管理法的牛刀小試，或許可以看做是一次最為直接和正面的回答。通過嚴謹的數據收集、系統的分析方法和明顯的改進效果，上海移動的實踐可以為其他移動通信企業的質量改進提供有益的借鑑。

10.4.3.2　有效提升了上海移動服務指標和降低成本

通過六西格瑪項目的開展，公司切切實實地在這些薄弱環節上有了明顯改善，客戶的滿意服務感知程度大為改善。其中客戶對計費準確性的滿意度從 75（2003 年第四季度）上升至 86.6（2004 年第三季度上海市質量協會測評成績）；1860 帳務查詢排隊等候時間從 2 分鐘左右（2003 年）至 15 秒內（2004 年）；其中查詢帳戶信息最頻繁的神州行用戶對 1860 熱線的滿意度從 78（2003 年測評指標）上升 79（2004 年第四季度測評指標）；試點項目直接經濟效益約 600 萬，而由服務改善的間接效益，從公司連續獲得「全國優質服務月先進單位」「全國質量效益性先進企業」「全國推進用戶滿意工程先進單位」等獎項，12 個服務窗口獲得「上海市用戶滿意服務窗口」，通過「上海質量管理獎」評審等榮譽，可見一斑。

10.4.3.3　以六西格瑪管理法整合上海移動的服務質量評價體系

上海移動推行六西格瑪質量管理法，還有一個重要的收穫，就是有效地整合了公司目前的服務質量評價體系。選擇六西格瑪管理法，切入上海移動的質量管理領域，使得原來上海移動已經具備質量管理體系更加健全和完善。

而原先我們普遍採用的 CSI、TQM 的質量管理工具和基礎體系，又得以在六西格瑪管理法的推進中延續和補充。

10.4.4 推廣應用六西格瑪管理的方向

鑒於六西格瑪質量管理法在上海移動的成功實踐，堅定了持續開展六西格瑪的設想和打算。根據上海移動選擇項目的策略，同時考慮 SERVQUAL（服務質量標尺）關於服務質量應具備「可靠性、回應性、保證性、情感性、有形性」等基本特性。上海移動也將對應在這些特性方面，選取關鍵部門和關鍵流程來推進六西格瑪項目實踐。比如[①]：

可靠性——上海地區信號覆蓋率達到 5.5σ 水平（99.996,8%）；

回應性——對 VIP 客戶提出服務需求後的客戶經理到場時間縮短至 2 小時內；

營業廳平均排隊時間縮短到 8 分鐘內；

用戶服務熱線 15 秒接通率達到 5σ 水平（99.976,7%）；

保證性——計費準確性達到 5.5σ 水平（99.996,8%）；

帳單投遞及時率達到 5σ 水平（99.976,7%）；

有形性——每個營業廳提供都提供自助查詢終端方式；

……

思考題：

1. 簡述六西格瑪的定義。
2. 簡述六西格瑪管理的基本原則。
3. 簡述倡導者的角色和職責。
4. 簡述黑帶的角色和職責。
5. 請解釋 DMAIC 模式如何提高六西格瑪管理。

---

① 資料來源：陳曉峰. 上海移動通信推行六西格瑪管理改善 [EB/OL]. http://www.sbtion-line.com.cn/Online_news_Intro.aspx？id = 138.

附錄　GB/T 2828.1-2003 中的抽樣檢驗用表

附表 1　　　　　　　樣本大小字碼表

批量	特殊檢驗水平				一般檢驗水平		
	S-1	S-2	S-3	S-4	I	II	III
2~8	A	A	A	A	A	A	B
9~15	A	A	A	A	A	B	C
26~25	A	A	B	B	B	C	D
26~50	A	B	B	C	C	D	E
51~90	B	B	C	C	C	E	F
91~150	B	B	C	D	D	F	G
151~280	B	C	D	E	E	G	H
281~500	B	C	D	E	F	H	J
501~1200	C	C	E	F	G	J	K
1201~3200	C	D	E	G	H	K	L
3201~10,000	C	D	F	G	J	L	M
10,001~35,000	C	D	F	H	K	M	N
35,001~150,000	D	E	G	J	L	N	P
150,001~500,000	D	E	G	J	M	P	Q
500,001 及其以上	D	E	H	K	N	Q	R

附表 2

正常检验一次抽样方案

样本量字码	样本量	接收质量限(AQL) 0.010 Ac Re	0.015 Ac Re	0.025 Ac Re	0.040 Ac Re	0.065 Ac Re	0.10 Ac Re	0.15 Ac Re	0.25 Ac Re	0.40 Ac Re	0.65 Ac Re	1.0 Ac Re	1.5 Ac Re	2.5 Ac Re	4.0 Ac Re	6.5 Ac Re	10 Ac Re	15 Ac Re	25 Ac Re	40 Ac Re	65 Ac Re	100 Ac Re	150 Ac Re	250 Ac Re	400 Ac Re	650 Ac Re	1000 Ac Re
A	2	↓															↓	0 1		1 2	2 3	3 4	5 6	7 8	10 11	14 15	21 22
B	3															↓	0 1	↑	1 2	2 3	3 4	5 6	7 8	10 11	14 15	21 22	30 31	44 45
C	5														↓	0 1	↑	1 2	2 3	3 4	5 6	7 8	10 11	14 15	21 22	30 31	44 45	←
D	8													↓	0 1	↑	1 2	2 3	3 4	5 6	7 8	10 11	14 15	21 22	←			
E	13												↓	0 1	↑	1 2	2 3	3 4	5 6	7 8	10 11	14 15	21 22	←				
F	20											↓	0 1	↑	1 2	2 3	3 4	5 6	7 8	10 11	14 15	21 22	←					
G	32										↓	0 1	↑	1 2	2 3	3 4	5 6	7 8	10 11	14 15	21 22	←						
H	50									↓	0 1	↑	1 2	2 3	3 4	5 6	7 8	10 11	14 15	21 22	←							
J	80								↓	0 1	↑	1 2	2 3	3 4	5 6	7 8	10 11	14 15	21 22	←								
K	125							↓	0 1	↑	1 2	2 3	3 4	5 6	7 8	10 11	14 15	21 22	←									
L	200						↓	0 1	↑	1 2	2 3	3 4	5 6	7 8	10 11	14 15	21 22	←										
M	315					↓	0 1	↑	1 2	2 3	3 4	5 6	7 8	10 11	14 15	21 22	←											
N	500				↓	0 1	↑	1 2	2 3	3 4	5 6	7 8	10 11	14 15	21 22	←												
P	800			↓	0 1	↑	1 2	2 3	3 4	5 6	7 8	10 11	14 15	21 22	←													
Q	1250		↓	0 1	↑	1 2	2 3	3 4	5 6	7 8	10 11	14 15	21 22	←														
R	2000	↓	0 1	↑	1 2	2 3	3 4	5 6	7 8	10 11	14 15	21 22																

↓ —— 使用箭头下面的第一个抽样方案。如果样本量等于或超过批量，则执行100%全检。
↑ —— 使用箭头上面的第一个抽样方案。
Ac —— 接收数。
Re —— 拒收数。

附表 3 加严检验一次抽样方案

样本量字码	样本量	接收质量限(AQL)																																
		0.010		0.015		0.025		0.040		0.065		0.10		0.15		0.25		0.40		0.65		1.0		1.5		2.5		4.0		6.5		10		15		25		40		65		100		150		250		400		650		1000	
		Ac	Re	Ac	Re	Ac	Re	Ac	Re	Ac	Re	Ac	Re	Ac	Re	Ac	Re	Ac	Re	Ac	Re	Ac	Re	Ac	Re	Ac	Re	Ac	Re	Ac	Re	Ac	Re	Ac	Re	Ac	Re	Ac	Re	Ac	Re	Ac	Re	Ac	Re	Ac	Re	Ac	Re	Ac	Re	Ac	Re
A	2	↓																																																			0	1
B	3																																													0	1	↑			
C	5																																								0	1	↑				1	2		
D	8																																				0	1	↑				1	2	2	3				
E	13																																0	1	↑				1	2	2	3	3	4						
F	20																											0	1	↑				1	2	2	3	3	4	5	6								
G	32																							0	1	↑				1	2	2	3	3	4	5	6	8	9										
H	50																				0	1	↑				1	2	2	3	3	4	5	6	8	9	12	13										
J	80																0	1	↑				1	2	2	3	3	4	5	6	8	9	12	13	18	19												
K	125													0	1	↑				1	2	2	3	3	4	5	6	8	9	12	13	18	19	↑													
L	200									0	1	↑				1	2	2	3	3	4	5	6	8	9	12	13	18	19	↑																	
M	315						0	1	↑				1	2	2	3	3	4	5	6	8	9	12	13	18	19	↑																				
N	500			0	1	↑				1	2	2	3	3	4	5	6	8	9	12	13	18	19	↑																							
P	800	0	1	↑				1	2	2	3	3	4	5	6	8	9	12	13	18	19	↑																									
Q	1250			1	2	2	3	3	4	5	6	8	9	12	13	18	19	↑																													
R	2000			2	3	3	4	5	6	8	9	12	13	18	19	27	28	41	42	↑																											
S	3150																																															

↓ —— 使用箭头下面的第一个抽样方案。
↑ —— 使用箭头上面的第一个抽样方案。如果样本量等于或超过批量，则执行100%全检。
Ac —— 接收数。
Re —— 拒收数。

附表 4　放宽检验一次抽样方案

样本量字码	样本量	接收质量限(AQL)																										
		0.010		0.015		0.025		0.040		0.065		0.10		0.15		0.25		0.40		0.65		1.0		1.5		2.5		4.0		6.5		10		15		25		40		65		100		150		250		400		650		1000	
		Ac	Re	Ac	Re	Ac	Re	Ac	Re	Ac	Re	Ac	Re	Ac	Re	Ac	Re	Ac	Re	Ac	Re	Ac	Re	Ac	Re	Ac	Re	Ac	Re	Ac	Re	Ac	Re	Ac	Re	Ac	Re	Ac	Re	Ac	Re	Ac	Re	Ac	Re	Ac	Re	Ac	Re	Ac	Re	Ac	Re	Ac	Re
A	2	↓																																																		0	1		
B	2																																												0	1	↑				30	31
C	2																																									0	1	↑		←		21	22	30	31
D	3																																						0	1	↑		→		14	15	21	22		
E	5																																		0	1	↑		→		1	2	10	11	14	15	21	22				
F	8																																0	1	↑		→		1	2	2	3	6	7	8	9	10	11	←					
G	13																													0	1	↑		→		1	2	2	3	3	4	5	6	6	7	8	9	10	11	←							
H	20																									0	1	↑		→		1	2	2	3	3	4	5	6	6	7	8	9	10	11	←									
J	32																					0	1	↑		→		1	2	2	3	3	4	5	6	6	7	8	9	10	11	←											
K	50																			0	1	↑		→		1	2	2	3	3	4	5	6	6	7	8	9	10	11	←													
L	80															0	1	↑		→		1	2	2	3	3	4	5	6	6	7	8	9	10	11	←																	
M	125													0	1	↑		→		1	2	2	3	3	4	5	6	6	7	8	9	10	11	←																			
N	200											0	1	↑		→		1	2	2	3	3	4	5	6	6	7	8	9	10	11	←																					
P	315									0	1	↑		→		1	2	2	3	3	4	5	6	6	7	8	9	10	11	←																							
Q	500							0	1	↑		→		1	2	2	3	3	4	5	6	6	7	8	9	10	11	←																									
R	800					0	1																										↑																						

↓ —— 使用箭头下面的第一个抽样方案。如果样本量等于或超过批量，则执行100%全检。
↑ —— 使用箭头上面的第一个抽样方案。
Ac —— 接收数。
Re —— 拒收数。

附表5：常用正交表

(1) $L_4(2^3)$

列號 試驗號	1	2	3
1	1	1	1
2	1	2	2
3	2	1	2
4	2	2	1

(2) $L_8(2^7)$

列號 試驗號	1	2	3	4	5	6	7
1	1	1	1	1	1	1	1
2	1	1	1	2	2	2	2
3	1	2	2	1	1	2	2
4	1	2	2	2	2	1	1
5	2	1	2	1	2	1	2
6	2	1	2	2	1	2	1
7	2	2	1	1	2	2	1
8	2	2	1	2	1	1	2

(3) $L_{12}(2^{11})$

列號 試驗號	1	2	3	4	5	6	7	8	9	10	11
1	1	1	1	1	1	1	1	1	1	1	1
2	1	1	1	1	1	2	2	2	2	2	2
3	1	1	2	2	2	1	1	1	2	2	2
4	1	2	1	2	2	1	2	2	1	1	2
5	1	2	2	1	2	2	1	2	1	2	1
6	1	2	2	2	1	2	2	1	2	1	1
7	2	1	2	2	1	1	2	2	1	2	1
8	2	1	2	1	2	2	2	1	1	1	2
9	2	1	1	2	2	2	1	2	2	1	1
10	2	2	2	1	1	1	1	2	2	1	2
11	2	2	1	2	1	2	1	1	1	2	2
12	2	2	1	1	2	1	2	1	2	2	1

(4) $L_9(3^4)$

列號 試驗號	1	2	3	4
1	1	1	1	1
2	1	2	2	2
3	1	3	3	3
4	2	1	2	3
5	2	2	3	1
6	2	3	1	2
7	3	1	3	2
8	3	2	1	3
9	3	3	2	1

(5) $L_{16}(4^5)$

列號 試驗號	1	2	3	4	5
1	1	1	1	1	1
2	1	2	2	2	2
3	1	3	3	3	3
4	1	4	4	4	4
5	2	1	2	3	4
6	2	2	1	4	3
7	2	3	4	1	2
8	2	4	3	2	1
9	3	1	3	4	2
10	3	2	4	3	1
11	3	3	1	2	4
12	3	4	2	1	3
13	4	1	4	2	3
14	4	2	3	1	4
15	4	3	2	4	1
16	4	4	1	3	2

(6) $L_{25}(5^6)$

列號 試驗號	1	2	3	4	5	6
1	1	1	1	1	1	1
2	1	2	2	2	2	2
3	1	3	3	3	3	3
4	1	4	4	4	4	4
5	1	5	5	5	5	5
6	2	1	2	3	4	5
7	2	2	3	4	5	1
8	2	3	4	5	1	2
9	2	4	5	1	2	3
10	2	5	1	2	3	4
11	3	1	3	5	2	4
12	3	2	4	1	3	5
13	3	3	5	2	4	1
14	3	4	1	3	5	2
15	3	5	2	4	1	3
16	4	1	4	2	5	3
17	4	2	5	3	1	4
18	4	3	1	4	2	5
19	4	4	2	5	3	1
20	4	5	3	1	4	2
21	5	1	5	4	3	2
22	5	2	1	5	4	3
23	5	3	2	1	5	4
24	5	4	3	2	1	5
25	5	5	4	3	2	1

(7) $L_8(4 \times 2^4)$

列號 實驗號	1	2	3	4	5
1	1	1	1	1	1
2	1	2	2	2	2
3	2	1	1	2	2
4	2	2	2	1	1
5	3	1	2	1	2
6	3	2	1	2	1
7	4	1	2	2	1
8	4	2	1	1	2

(8) L_{12} (3×2^4)

列號 實驗號	1	2	3	4	5
1	1	1	1	1	1
2	1	1	1	2	2
3	1	2	2	1	2
4	1	2	2	2	1
5	2	1	2	1	1
6	2	1	2	2	2
7	2	2	1	2	2
8	2	2	1	2	2
9	3	1	2	1	2
10	3	1	1	2	1
11	3	2	1	1	2
12	3	2	2	2	1

(9) L_{16} $(4^4 \times 2^3)$

列號 實驗號	1	2	3	4	5	6	7
1	1	1	1	1	1	1	1
2	1	2	2	2	1	2	2
3	1	3	3	3	2	1	2
4	1	4	4	4	2	2	1
5	2	1	2	3	2	2	1
6	2	2	1	4	2	1	2
7	2	3	4	1	1	2	2
8	2	4	3	2	1	1	1
9	3	1	3	4	1	2	2
10	3	2	4	3	1	1	1
11	3	3	1	2	2	2	1
12	3	4	2	1	2	1	2
13	4	1	4	2	2	1	2
14	4	2	3	1	2	2	1
15	4	3	2	4	1	1	1
16	4	4	1	3	1	2	2

國家圖書館出版品預行編目(CIP)資料

質量管理學 / 游浚 主編. -- 第二版.
-- 臺北市：崧博出版：財經錢線文化發行, 2018.10
　　面 ；　　公分
ISBN 978-957-735-626-0(平裝)
1.企業管理
494　　107017404

書　名：質量管理學
作　者：游浚 主編
發行人：黃振庭
出版者：崧博出版事業有限公司
發行者：財經錢線文化事業有限公司
E-mail：sonbookservice@gmail.com
粉絲頁　　　　　　網　址：
地　址：台北市中正區延平南路六十一號五樓一室
8F.-815, No.61, Sec. 1, Chongqing S. Rd., Zhongzheng Dist., Taipei City 100, Taiwan (R.O.C.)
電　話：(02)2370-3310　傳　真：(02) 2370-3210
總經銷：紅螞蟻圖書有限公司
地　址：台北市內湖區舊宗路二段 121 巷 19 號
電　話：02-2795-3656　傳真：02-2795-4100　網址：
印　刷：京峯彩色印刷有限公司（京峰數位）

　　本書版權為西南財經大學出版社所有授權崧博出版事業有限公司獨家發行電子書及繁體書繁體版。若有其他相關權利及授權需求請與本公司聯繫。
定價：450元
發行日期：2018 年 10 月第二版
◎ 本書以POD印製發行